权威·前沿·原创

皮书系列为

“十二五”“十三五”“十四五”时期国家重点出版物出版专项规划项目

智库成果出版与传播平台

中国企业环境、社会与治理报告（2023）

CHINA CORPORATE ENVIRONMENTAL, SOCIAL AND GOVERNANCE REPORT (2023)

组织编写／中华环保联合会　财联社
主　　编／孙晓华　谢玉红
执行主编／林　彬

社会科学文献出版社
SOCIAL SCIENCES ACADEMIC PRESS (CHINA)

图书在版编目（CIP）数据

中国企业环境、社会与治理报告．2023／中华环保联合会，财联社组织编写；孙晓华，谢玉红主编；林彬执行主编．--北京：社会科学文献出版社，2023.11
（企业 ESG 蓝皮书）
ISBN 978-7-5228-3008-7

Ⅰ．①中… Ⅱ．①中… ②财… ③孙… ④谢… ⑤林… Ⅲ．①企业环境管理-研究报告-中国-2023 Ⅳ．①X322.2

中国国家版本馆 CIP 数据核字（2023）第 240630 号

企业 ESG 蓝皮书

中国企业环境、社会与治理报告（2023）

组织编写／中华环保联合会　财联社
主　　编／孙晓华　谢玉红
执行主编／林　彬

出 版 人／冀祥德
组稿编辑／路　红
责任编辑／连凌云
责任印制／王京美

出　　版／社会科学文献出版社（010）59367194
　　　　　地址：北京市北三环中路甲 29 号院华龙大厦　邮编：100029
　　　　　网址：www.ssap.com.cn
发　　行／社会科学文献出版社（010）59367028
印　　装／天津千鹤文化传播有限公司

规　　格／开 本：787mm×1092mm　1/16
　　　　　印 张：18.25　字 数：276 千字
版　　次／2023 年 11 月第 1 版　2023 年 11 月第 1 次印刷
书　　号／ISBN 978-7-5228-3008-7
定　　价／168.00 元

读者服务电话：4008918866

版权所有 翻印必究

《中国企业环境、社会与治理报告（2023）》
编　委　会

主　　任　孙晓华　谢玉红

副 主 任　林　彬　李　群　王晓光　王全宝

委　　员　王海灿　郑　漾　郝　琴　郑庆宝　李瑞东
王统海　宋豫秦　郭　毅　王元丰　王家新
王黎红　张文昌　吴晓年　沈　鹰　王永生
陈　琼　杜建君　巫爱玲　叶正猛　戴德新
张国存　韩　梅　卫　斌　李亚萍　李恩慧
张雪剑　胡　泊　张莉平　郭莹莹　毛世伟
毛巧荣　丁怡雅　许彦君　张　洁　郭府青
刘　军　闫武昆　张　元　支玲玲　梁　轩
赵　蕾

主要编撰者简介

孙晓华 中华环保联合会主席。先后任中央国家机关团委副书记；航空航天部政治部办公室副主任、主任；1991 年 7 月至 2000 年 10 月任中央统战部一局副局长（主持工作）、局长；2000 年 10 月至 2002 年 12 月任中央统战部秘书长；2002 年 12 月至 2012 年 12 月任全国工商联党组成员、副主席，中华职业教育社副理事长；2019 年 3 月起担任中华环保联合会第三届理事会主席。第十一、十二届全国政协委员。

谢玉红 中华环保联合会副主席、秘书长。长期在原国家环保总局、原环境保护部工作，先后任内部审计办公室主任科员、监察部派驻国家环保总局监察专员办公室主任科员、纪检监察局综合室副处级纪检监察员；2004 年 11 月任中华环保联合会副处级干部；2005 年 10 月至 2009 年 3 月任中华环保联合会办公室主任；2009 年 3 月至 2019 年 3 月任中华环保联合会第二届理事会副秘书长；2019 年 3 月至今任中华环保联合会第三届理事会副主席兼秘书长。

林　彬 中华环保联合会 ESG 专业委员会主任委员，中安正道自然科学研究院院长，全国工商联智库委员会委员、绿色发展委员会委员，中国民营经济研究会常务理事，北京企业管理咨询协会会长。曾任中标民营企业综合标准化战略指导中心主任，全国工商联中国民营企业社会责任报告编委会执行副主编，北京师范大学中国公益研究院社会责任（ESG）研究中心主任、研究员。主持研究编写的《中国民营企业社会责任研究报告》出版后，被时任全国政协副主席、全国工商联主席王钦敏评价为："是我国第一次较为全面、系统编制发布的民营企业社会责任报告，传递了我国非公有制经济发展进程中的正能量，向社会公众展示了民营企业正面形象，揭开了民营企业履行社会责任的新篇章"。主要研究成果如《"十四五"民营企业社会责任研究》《共同富裕与民营企业社会责任研究》等先后获得中国民营经济研究会优秀课题成果奖。

主编单位简介

中华环保联合会是经国务院批准、民政部注册，接受生态环境部和民政部业务指导及监督管理，由热心环保事业的人士、企业、事业单位自愿结成的非营利性、全国性的社团组织。中华环保联合会的宗旨是围绕实施可持续发展战略，围绕实现国家环境与发展的目标，围绕维护公众和社会环境权益，充分体现中华环保联合会“大中华、大环境、大联合”的组织优势，发挥政府与社会之间的桥梁和纽带作用，促进中国环境事业发展，推动全人类环境事业的进步。

中华环保联合会主要职能：团结、凝聚各社团组织以及各方面的力量，共同参与和关爱环保工作，加强环境监督，维护公众和社会环境权益，协助和配合政府实现国家环境目标、任务，促进中国环境事业发展。确立中国环保社团应有的国际地位，参加双边、多边与环境相关的国际民间交流与合作，维护我国良好的环境国际形象，推动全人类环境事业的进步与发展。

中华环保联合会工作领域：为政府提供环境决策建议。围绕国家环境与发展的目标和任务，充分发挥政府与社会之间的桥梁和纽带作用，为各级政府及其环境保护行政主管部门提供决策建议。为公众和社会提供环境法律权益的维护。组织开展维护环境权益和环境法律援助的理论与实践活动，推动维护环境权益的立法，建立环境权益保障体系，对环境权益受到侵害的公民、法人尤其是弱势群体进行救助——调查取证、法律援助、调解协商、帮助申诉、支持诉讼等，维护公众和社会的环境权益。为社会提供公共环境信息和环境宣传教育服务。开展环境领域公众参与和社会监督活动，建立公众环境信息网站，提供相关的环境政策和技术咨询服务，搭建环境领域公众参与和社会监督平台，组织开展环境保护、维护环境权益的宣传教育活动，提高全民族和全社会的环境意识。促进中国环保NGO组织健康发展并确立其应有的国际地位。组织开展中国环保NGO调研工作，与国内外环保NGO组织建立广泛联合，多渠道筹集资金，促进NGO组织的能力建设和健康发展。确立联合国经社理事会咨商地位，组织参加双边、多边与环保相关的国际民间交流与合作，维护我国良好的环境保护国际形象；中国政府及其有关组织委托的其他工作。

摘　要

环境、社会和治理（简称“ESG”）是企业可持续发展的核心框架，对推动企业绿色低碳转型和可持续发展起到越来越重要的作用。本书从引导企业环境、社会与公司治理可持续发展的角度，从调研分析、指数构建、典型案例等方面开展研究，总结和提炼企业ESG实践的方式方法和路径模式，为企业ESG发展提供可复制可借鉴可推广的经验。

报告依托中华环保联合会对全国范围内企业ESG情况专项调研和中安正道自然科学研究院ESG数据库获得的数据和材料，结合生态环境部、证监会等有关部门的公开信息，由中华环保联合会ESG专业委员会、财联社政经研究院联合中国质量认证中心，依据中华环保联合会《企业ESG评价指南》团体标准，构建ESG指数体系，对参与中华环保联合会ESG调研和中安正道自然科学研究院ESG数据库共3669家企业进行了系统分析和综合评价，编制ESG指数榜单，梳理、分析、总结我国企业ESG发展的现状、特征和趋势。

首先，基于宏观视角全面梳理我国企业ESG生态体系进展情况，测算我国企业ESG发展指数，并依据中安正道自然科学研究院ESG评价模型评选出综合表现突出的100家上市公司和100家非上市公司，量化分析其发展现状，全方位总结榜单企业的实践亮点。其次，分别从环境、社会和治理3个方面，立足当前企业ESG实践的内外部条件支撑和阶段性特征对数据进行结构化分析，采用数据、图表、案例相结合的形式，梳理、总结、分析企业在承担环境责任、履行社会责任和完善公司治理中的实践进展和发展趋

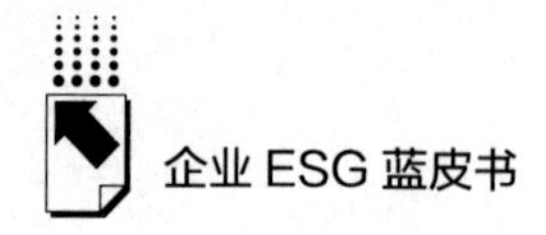

向。同时，聚焦企业参与乡村振兴和践行“双碳”行动情况进行系统研究，分析总结企业实践模式和发展路径，并提供借鉴参考经验。此外，选取10个治理体系健全，ESG实践具有创新性、典型性、示范性，ESG成效突出的企业案例作为典型案例，总结经验，树立典型，供更多企业借鉴学习。

研究发现，当前我国企业ESG生态体系初步形成，ESG发展进入快车道，呈现出本土化、规范化、兼容化、数字化和专业化的趋势。我国企业ESG发展在“由上到下”的政策引导和ESG投资的市场驱动下，逐步形成以国有企业、上市公司为主导，大型企业为中坚，中小型企业跟进的雁阵格局，呈现出起步晚、发展快、总体向上的阶段特征。企业社会维度指数得分最高，治理维度相对较低，但在具体实践中更容易在社会和环境维度方面表现出差异性。

报告指出，我国企业ESG发展尚处于起步阶段，与国际一流企业相比还有一定差距，影响着企业ESG的认识视野与实践效率，主要表现为ESG认知不平衡不充分、实践主体不平衡不充分、ESG能力不平衡不充分。在分析中国ESG发展面临问题的基础上，报告聚焦解决ESG动力机制问题，提出提升ESG重要性认知、持续推进信息披露、发挥市场机制传导作用、加大政策激励扶持力度的相关建议。

关键词： 中国企业　ESG　社会价值　环境治理　企业社会责任

目　录

Ⅰ　总报告

Ⅱ　评价报告

Ⅲ　调研报告

Ⅳ　专题报告

V　典型案例

皮书数据库阅读**使用指南**

总 报 告

General Report

B.1 中国企业 ESG 发展报告（2023）

课题组 *

摘 要： 本报告从政策、投资、市场、企业等方面梳理我国企业 ESG 生态体系进展情况，通过构建指数体系量化分析企业 ESG 发展的主要特征、突出亮点和发展趋势。研究发现，社会维度指数得分最高，治理维度得分相对较低，定性指标得分率远高于定量指标，金融行业表现突出，国有企业整体领先，东部地区领先优势明显，上市公司表现抢眼等。在分析中国企业 ESG 发展面临问题的基础上，提出提升 ESG 重要性认知、持续推进信息披露、发挥市场机制传导作用、加大政策激励扶持力度的发展建议。

---

* 课题组成员：林彬，中华环保联合会 ESG 专业委员会主任委员，中安正道自然科学研究院院长，全国工商联智库委员会委员、绿色发展委员会委员，研究方向为企业社会责任、企业 ESG 研究；郝琴，中华环保联合会 ESG 专业委员会常务委员，中安正道自然科学研究院副院长，主要从事社会责任与可持续性研究与咨询；卫斌，中华环保联合会 ESG 专业委员会委员，全联正道（北京）企业咨询管理有限公司副总经理，主要从事 ESG 战略与投资研究。执笔人：王海灿，中华环保联合会 ESG 专业委员会委员，郑州全联云域大数据科技有限公司总经理，主要从事 ESG 大数据分析。

关键词： 中国企业 ESG 生态 ESG 指数

ESG 是 Environmental（环境）、Social（社会）以及 Governance（公司治理）的缩写，是一种关注企业可持续发展能力与长期价值的投资理念和企业评价标准，目的是驱使企业立足更大社会责任、更长时间维度、更宽广视野格局，在商业价值和社会责任之间取得平衡，最终实现可持续发展。自 2004 年联合国全球契约组织（UN Global Compact）首次提出 ESG 的概念以来，ESG 理念愈加受到各国政府和监管部门的重视，ESG 投资愈益得到资产管理机构的青睐，ESG 实践愈加获得企业家的认同，ESG 理念也逐渐从欧美投资界的小众圈子走进全球公众的视野。

党的二十大报告深刻阐释了中国式现代化的基本内涵和本质要求，强调坚持以中国式现代化全面推进中华民族伟大复兴。企业作为将中国式现代化的宏观愿景转化为具体行动的微观主体，在现代化建设中发挥着重要作用[①]。ESG 作为一项关注企业环境影响、社会责任、公司治理绩效的价值理念和管理模式，所倡导的经济繁荣、环境可持续、社会公平的价值内核与我国高质量发展、共同富裕、“双碳”目标等重要战略目标高度契合，已经成为企业推进可持续发展、加快绿色低碳转型的重要抓手和载体。ESG 已逐渐从单一的金融市场投资决策工具转变为企业行为改善和高质量发展的推动力量。

一 中国企业 ESG 发展回顾与展望

2022 年以来，伴随着各种争议、辩论，国际上 ESG 发展取得积极进展。欧美与亚太等地区相继出台的 ESG 相关政策法规要求日趋严格，政策强制

① 曾学文：《中国式现代化呼唤中国特色 ESG 生态体系》，《金融时报》2023 年 2 月 27 日，https：//www. financialnews. com. cn/ll/sx/202302/t20230227_ 265456. html。

性逐步增强，适用主体范围持续扩大，打击“洗绿”行为的力度不断加大。如欧盟《企业可持续发展报告指令》将报告主体扩大至欧盟所有上市公司和大型企业，要求对可持续发展报告进行认证①。同时，加入 ESG 相关国际组织和倡议的机构数量连年攀升，在整体下行的全球市场中 ESG 资产规模逆势增长。截至 2023 年 6 月底，全球已有超过 5370 家机构签署 PRI，管理资产总规模超过 121 万亿美元。国际可持续信息披露框架取得重大突破，2023 年 6 月，国际可持续准则理事会（ISSB）正式发布了首批准则《国际财务报告可持续披露准则第 1 号——可持续性相关财务信息披露一般要求》及《国际财务报告可持续披露准则第 2 号——气候相关披露》，为企业可持续和气候相关信息的披露提供了一致性的基础框架②。

这场变革同样延伸至国内，随着各领域对 ESG 的关注程度和接受程度持续提高，ESG 标准指引、政策法规、绿色金融、评级体系等不断完善，我国企业 ESG 发展进入快车道，逐渐形成具有中国特色的 ESG 生态体系。

（一）我国企业 ESG 生态体系初步形成

1. 政策体系：ESG 政策体系逐渐完善

中国企业 ESG 体系发展，本质上是一场依托主流政策话语体系所开展的“自上而下”的实践。在践行新发展理念、落实“双碳”战略、促进共同富裕、推动乡村振兴的时代背景下，ESG 理念与中国式现代化发展目标高度契合，为有效推动中国式现代化目标实现提供了体系化支撑，成为中国政府推动高质量发展的主动选择和重要举措。

近年来，中国企业 ESG 相关政策快速涌现，政策框架逐步清晰（见表 1）。从政策类型来看，主要分为三类：第一类是“理念指引”，引导企业践

① 会计准则委员会：《欧洲议会和欧洲理事会就企业可持续发展报告指令达成临时协定》，会计准则委员会网站，2022 年 7 月 4 日，https：//www. casc. org. cn/2022/0704/230941. shtml。

② 会计准则委员会：《国际可持续准则理事会发布〈国际财务报告可持续披露准则第 1 号——可持续相关财务信息披露一般要求〉》，会计准则委员会网站，2023 年 6 月 28 日，https：//www. casc. org. cn/2023/0628/243204. shtml。

行 ESG 理念；第二类是“信息披露”，通过完善信息披露机制提升 ESG 相关实践透明度；第三类是“激励机制”，对企业 ESG 实践行动给予政策支持。从政策涉及的领域看，环境、社会以及公司治理三方面均有覆盖。从政策发布主体来看，中共中央、国务院发布了一系列有关重要文件，对贯彻落实明确提出要求。中国证监会、中国人民银行、财政部、生态环境部、国务院国资委等有关部门和联交所、上交所、深交所都相继制定出台了相关政策措施。从政策作用的对象来看，主要针对上市公司、央企、银行保险业等事关国民经济发展的关键性对象。

表 1　2021 年以来中国企业 ESG 主要政策梳理

年份	主要政策
2021 年	6 月，中国证券监督管理委员会发布《公开发行证券的公司信息披露内容与格式准则第 2 号——年度报告的内容与格式》《公开发行证券的公司信息披露内容与格式准则第 3 号——半年度报告的内容与格式》，新增“第五节 环境和社会责任”，鼓励公司披露减少碳排放、巩固拓展脱贫攻坚成果、参与乡村振兴等工作情况。
	7 月，中国人民银行发布《金融机构环境信息披露指南》行业标准，促进金融机构特别是银行编制环境信息披露报告。
	9 月，中共中央、国务院发布《关于完整准确全面贯彻新发展理念做好碳达峰碳中和工作的意见》，提出激发市场主体绿色低碳投资活力；健全包括信贷、债券、基金在内的绿色金融标准体系；健全企业及金融机构等碳排放报告和信息披露制度。
	11 月，香港联合交易所发布《气候信息披露指引》，鼓励上市发行人根据 TCFD 建议尽快展开报告。
	11 月，香港联合交易所进行《企业管治守则》及《上市规则》的条文修订，重点修订 ESG 中的管治议题部分。
	12 月，《公司法》修订草案新增第十九条规定：“公司从事经营活动，应当在遵守法律法规规定义务的基础上，充分考虑公司职工、消费者等利益相关者的利益以及生态环境保护等社会公共利益，承担社会责任。国家鼓励公司参与社会公益活动，公布社会责任报告。”
	12 月，生态环境部等九部门印发《关于开展气候投融资试点工作的通知》，正式启动试点申报。
	12 月，生态环境部印发《企业环境信息依法披露管理办法》《企业环境信息依法披露格式准则》，提出企业应当披露企业基本信息，企业环境管理信息，污染物产生、治理与排放信息，碳排放信息等相关环境信息，规范环境信息披露格式。

续表

年份	主要政策
2022 年	1 月，上海证券交易所发布《上海证券交易所上市公司自律监管指引第 1 号——规范运作》，阐述了对上市公司披露社会责任信息的具体要求，提及上市公司可以在年度社会责任报告中披露每股社会贡献值。同时，面向科创板公司发布《关于做好科创板上市公司 2021 年年度报告披露工作的通知》，要求在年度报告中披露环境、社会责任和公司治理相关信息，并视情况单独编制和披露 ESG 报告。
	1 月，深圳证券交易所发布《深圳证券交易所上市公司自律监管指引第 1 号——主板上市公司规范运作》，明确要求“深证 100”样本公司应当在年度报告披露的同时披露公司履行社会责任的报告。
	3 月，国务院国资委成立社会责任局，指导国有企业积极履行社会责任。
	4 月，中国证券监督管理委员会发布新版《上市公司投资者关系管理工作指引》，首次将公司的环境、社会和治理信息纳入投资者关系管理沟通内容。
	4 月，中国证券监督管理委员会发布《关于加快推进公募基金行业高质量发展的意见》，提出督促行业履行环境、社会和治理责任（ESG），实现经济效益和社会效益相统一。
	5 月，国务院国资委发布《提高央企控股上市公司质量工作方案》，明确将中央企业的 ESG 披露纳入上市公司完善治理和规范运作的范畴，要求中央企业贯彻落实新发展理念，探索建立健全 ESG 体系；并提出，推动更多央企控股上市公司披露 ESG 专项报告，力争到 2023 年相关专项报告披露“全覆盖”。
	6 月，银保监会发布《银行业保险业绿色金融指引》，要求银行保险机构加大对绿色、低碳、循环经济的支持。
	8 月，国务院国资委出台《中央企业节约能源与生态环境保护监督管理办法》，并于此后召开中央企业碳达峰碳中和工作推进会，要求中央企业有力有序推进碳达峰碳中和重点工作，明确要“一企一策”制定碳达峰行动方案。
2023 年	3 月，香港联合交易所发布《2022 年上市委员会报告》，提出着重将气候披露标准调整至与气候相关财务信息披露工作组（TCFD）的建议及国际可持续发展准则理事会（ISSB）的新标准一致。
	4 月，香港联合交易所发布《优化环境、社会及管治框架下的气候相关信息披露（咨询文件）》，建议强制所有发行人在环境、社会及管治报告中披露与气候相关的信息，以及推出符合国际可持续准则理事会（ISSB）气候相关披露准则的新气候相关信息披露要求。
	7 月，中共中央、国务院发布《中共中央　国务院关于促进民营经济发展壮大的意见》，提出探索建立民营企业社会责任评价体系和激励机制。
	8 月，国务院国资委办公厅印发《关于转发〈央企控股上市公司 ESG 专项报告编制研究〉的通知》，为央企控股上市公司编制 ESG 报告提供了最基础的指标参考和格式参考，提升 ESG 专项报告编制质量。

整体而言，在 ESG 理念指引、ESG 信息披露和 ESG 激励机制三类 ESG 政策体系的重要内容中，目前国内的工作重心主要在前两项。与此相对应，近年来激励机制的推动，主要来自金融领域的 ESG 投资，我国正处于塑造社会层面 ESG 投资偏好的阶段。比如，2021 年 9 月，中共中央、国务院印发的《关于完整准确全面贯彻新发展理念做好碳达峰碳中和工作的意见》，明确提出激发市场主体绿色低碳投资活力。

2. 金融市场：ESG 投资市场热潮兴起

金融资本市场是推动企业 ESG 发展的重要力量之一。ESG 投资在近年越来越受到重视，投资规模快速增加，投资产品和工具更加丰富，参与机构不断扩大。ESG 投资迅猛发展和 ESG 理念普及正在重塑企业价值，以市场力量推动企业可持续发展。

我国绿色金融市场规模居全球前列。2016 年，中国人民银行、财政部等七部门发布《关于构建绿色金融体系的指导意见》，全面部署绿色金融的改革方向，标志着我国 ESG 实践正式步入以“绿色金融”为基底的探索期。我国已经形成以绿色贷款和绿色债券为主、多种绿色金融工具蓬勃发展的多层次绿色金融市场体系。截至 2023 年第一季度末，我国本外币绿色贷款余额超过 25 万亿元人民币，绿色债券余额超过 1.5 万亿元人民币，均居全球前列①。

机构积极开展 ESG 实践。自 2017 年以来，我国资管机构加入联合国负责任投资组织（UN PRI）的数量呈现持续增长。截至 2023 年 6 月，累计加入 UN PRI 的中国机构已达 140 家，中国成为过去 3 年签署加入 UN PRI 数量增长最快的国家之一②。从机构分布类型来看，101 家机构为资产管理者，占比为 72.1%；35 家机构为服务供应商，占比为 25.0%；还有 4 家为资产所有者，占比为 2.9%。2022 年，中国最大的两只主权财富基金之一的全国社会保障基金理事会面向国内启动可持续投资产品招标，这是中国 ESG 投

① 吴雨、桑彤：《易纲：我国绿色贷款和绿色债券余额均居全球前列》，新华网，2023 年 6 月 8 日，http：//www.news.cn/2023-06/08/c_1129680078.htm。

② UN PRI 官网，https：//www.unpri.org/。

资市场具有风向标意义的一个事件。

国内 ESG 产品逐渐丰富。近年来，金融机构深入践行 ESG 理念，以 ESG 框架开展投融资活动，逐步形成以资本倾斜引导和支持产业绿色低碳转型为主的金融服务新模式，ESG 产品逐渐丰富。市场上涌现不同形式的 ESG 产品，包括 ESG 指数、ESG 理财产品、ESG 投资基金、ESG ETF 等金融产品。根据 Wind 数据统计，截至 2022 年 12 月底，国内市场发行 ESG 主题理财产品累计 219 只，仅 2022 年就新发行 118 只。随着 ESG 在全球范围内成为主流投资策略，南方基金、嘉实基金等多家知名基金公司已从制度体系、投资研究、产品创新、市场倡议等方面开展了一系列行动，有力推动了 ESG 投资研究体系的系统建设。

3. 市场基础：ESG 产品服务层出不穷

2022 年以来，ESG 标准、数据、评级和指数如雨后春笋般在市场中涌现，为中国 ESG 发展打下良好基础。数据服务提供方、咨询机构、投资者联盟和倡议等在内的机构分工愈益细化，专业性越来越强，各机构之间的业务互相支持，形成了一个强大的正循环机制。

ESG 标准建设速度加快。ESG 作为一种新的价值理念和企业管理模式，正处于在中国市场发展的关键时期，亟须通过出台相关标准来凝聚共识、建立规范、扩大影响。近两年来，社会组织、研究机构、高等院校等多方力量纷纷参与到标准制定中，基于自愿遵守原则的团体标准“多点开花”，在推动 ESG 生态成熟、赋能参与主体等方面发挥着重要作用。根据在“全国团体标准信息平台”查询的结果，截至 2023 年 8 月，国内正式公布的 ESG 评价相关团体标准共 8 项，ESG 信息披露相关团体标准 2 项，其中 2022 年内发布的就有 8 项。中华环保联合会牵头起草的《企业 ESG 工作指南》《企业 ESG 信息披露指南》《企业 ESG 评价指南》《企业 ESG 从业者评价标准》《企业 ESG 评价机构规范》五项团体标准已正式立项研制。

ESG 数据服务市场活跃。ESG 数据是 ESG 生态圈良好运行的基础设施之一，具体包括与企业 ESG 表现相关的底层数据、争议数据等多种类型。

国际上 MSCI、标普、路孚特等评级机构和数据供应商已逐步对中国上市公司进行数据采集和评级覆盖。国内主流的 ESG 数据服务机构也有 10 家以上，如上海华证指数信息服务有限公司、社会价值投资联盟、北京商道融绿咨询有限公司等，这些机构均自行研发 ESG 评级体系，成为本土 ESG 评级的重要组成部分，进一步丰富了本土 ESG 评级体系。此外，多地兴建数据交易平台，助力 ESG 数据流通。2022 年，上海数据交易所、福建大数据交易所等数据交易平台均挂牌了 ESG 数据库产品，为 ESG 数据的推广应用和价值挖掘创造了有利条件。

4. 企业实践：ESG 实践稳步推进

在政策推动、监管助力、理念普及等多重因素推动下，中国企业深入践行 ESG 理念，积极开展 ESG 实践，持续完善 ESG 治理体系，力图在可持续发展浪潮中抓住转型机遇。

头部企业取得积极进展。一部分 ESG 工作起步较早、基础扎实的企业，已分别在领导层、管理层和执行层建立职责分明的 ESG 治理机制，将 ESG 理念融入战略规划、投资决策、运营管理等流程中，高度关注并主动应对气候变化、污染物排放、员工权益保护、客户服务管理、安全生产等 ESG 重大议题，推动 ESG 实践。尤其是上市公司和一些全球布局的大企业，在 ESG 体系建设方面对标国际主流评价体系，结合自身实际积极进行探索，已经取得不错的成效。2022 年底，全球最大指数公司明晟（Morgan Stanley Capital International，MSCI）上调其对联想集团的 ESG 评级至 AAA 级，为全球最高等级（全球只有 5%的企业能够获评 AAA 级，中国仅有 0.3%）①。联想集团和雅迪控股是中国内地仅有的两家获得明晟 AAA 级评级的企业。小鹏汽车、同程旅游、药明康德、百胜中国、SOHO 中国、神州租车、福寿园国际、新天绿色能源、三生制药、新奥能源、苏宁易购、比亚迪、复星国际等中国企业在 MSCI 的评级中表现突出，获得 AA 评级。

企业 ESG 信息披露数量快速增长。2023 年，以信息披露为核心的全面

① MSCI 官网，https：//www.msci.com/cn。

注册制在 A 股正式实施，标志着我国新一轮资本市场改革迈出了决定性的一步。在此背景下，ESG 信息披露的重要性愈加凸显。截至 2023 年 7 月 31 日，全国共有 1782 家 A 股上市公司发布 2022 年度 ESG 报告，较上年度增加 310 家，A 股整体披露率达到 34.8%①。与 2021 年度相比，以 ESG 命名的报告比例显著上升，增长了 2.1 倍。目前中国上市公司 ESG 报告披露仍以自愿为主，对报告的独立第三方鉴证评价更是少之又少，总体披露率还有很大的提升空间。但随着中国 ESG 信息披露政策日渐完备，制度要求日趋严格，上市公司 ESG 信息披露在质量和数量上有望迅猛发展。

（二）中国企业 ESG 未来展望

中国式现代化创新理论为企业 ESG 发展指明了方向。在中国现代化进程中，加快构建与国际接轨、具有中国特色的 ESG 生态体系，是经济社会高质量发展的迫切需要，也是建设符合国情的企业文化、正确引导社会投资走向、提升 ESG 国际话语权的重要抓手。根据对当前 ESG 发展态势的研判，未来我国 ESG 生态体系建设有望在 5 个方面取得积极进展。

1. 本土化

ESG 理念是建立在欧美等资本主义发达国家背景之上的，对于我国情境存在一定的不适应性②。首先，国际 ESG 体系主要基于私有制经济体制，而我国则以公有制经济为主体，这导致该体系无法对我国国有企业行为提供良好的适配和指导。其次，我国经济发展目标是实现共同富裕，而国际 ESG 体系与我国要通过推动企业 ESG 发展从而实现共同富裕的发展目标并不完全匹配。最后，我国作为发展中国家，存在生产力发展不平衡、不充分等问题，而国际 ESG 体系与我国实际经济发展情况并不匹配。

我国企业 ESG 实践探索是在习近平新时代中国特色社会主义思想和中国式现代化创新理论指导下，围绕社会主义初级阶段根本任务展开的，旨在

① 课题组统计。

② 孙忠娟、郁竹、路雨桐：《中国 ESG 信息披露标准发展现状、问题与建议》，《财会通讯》2023 年第 8 期。

进一步解放和发展生产力，改善民生，满足人民对美好生活的向往[①]。因此，如何强化理论创新，把新发展理念、企业家精神、义利共赢理念等融入ESG 生态体系的构建中，使之丰富中国式现代化建设进程中的企业社会价值，探索构建具有中国特色的本土化企业 ESG 理论及评价体系是当务之急，且已成为各方共识。

2. 规范化

目前，我国政府及相关部门尚未发布统一的企业 ESG 指引、框架和制度，ESG 相关监管文件主要集中在环境、社会责任和公司治理单维度的规则，或绿色金融、碳达峰碳中和等政策文件中零散地提及 ESG 相关要求，亟须构建既接轨国际又符合中国国情的企业 ESG 制度框架。

整合 ESG 信息披露框架性文件，完善财务会计、金融投资、信用体系、环保监管及公司治理等领域主管部门的协同联动机制，建立健全企业信息披露制度，是推进企业 ESG 体系建设的重要基础。可以考虑跨部门设立 ESG 委员会或工作小组，成员来自国家发展改革委、财政部、生态环境部、中国人民银行、国家金融监管总局、证监会、国务院国资委和全国工商联等相关部门，联合出台 ESG 的政策方案或指导性文件，将 ESG 披露要求纳入相关法律法规中，打通政府、企业、项目和市场之间的投融资决策和监管链条，形成中国特色 ESG 体系规范化制度框架。

3. 兼容化

2023 年 6 月，国际可持续准则理事会（International Sustainability Standards Board，ISSB）正式发布了首批可持续信息披露准则《IFRS S1：可持续发展相关财务信息披露一般要求》和《IFRS S2：气候相关披露》的最终文本。目前国际上 ESG 标准正处于加速成型阶段，初步形成以 ISSB ESG 披露准则和以 GRI Standards 为代表的 ESG 信息披露新格局。

面对日趋严重的气候变化和贸易争端，可持续发展已是当今世界各方的

---

① 曾学文：《中国式现代化呼唤中国特色 ESG 生态体系》，《金融时报》2023 年 2 月 27 日，https：//www. financialnews. com. cn/ll/sx/202302/t20230227_265456. html。

最大利益契合点和最佳合作切入点。ESG 作为可持续发展观在企业微观层面的体现，已成为中国企业与国际社会交流的最大公约数和共同语境，我们要加快参与国际 ESG 标准的研究起草工作，主动加强与国际相关标准制定组织的交流与合作，建立既与国际主流 ESG 评价体系兼容又符合本国国情的标准对接合作工作机制。同时，深入研究学习借鉴明晟（MSCI）、富时罗素（FTSE Russell）、道琼斯等全球主流评级机构的评级技术，渐进推动国内外 ESG 评级的互认，增强中国企业 ESG 体系国际话语权。

4. 数字化

ESG 数据往往涵盖企业财务、采购、生产、销售、人力资源、安全环保等多个部门，存在统计口径差异、数据采集困难、量化数据少、时效性差等问题，影响企业信息披露的积极性，制约第三方机构 ESG 数据价值的挖掘。

数字化技术如人工智能、大数据、云计算等有助于解决信息不对称难题，推动公开、透明的 ESG 生态体系建设。统一数据标准、搭建数字化平台两个方面有望实现快速突破。统一的 ESG 数据标准是保证数据可衡量、可对比的基础，有助于消除数据壁垒，促进信息资源共享，并提高数据质量。搭建 ESG 数字化平台，融合大数据、人工智能、物联网等先进技术手段，可以实现 ESG 信息收集测算自动化、数据统计简单化、数据管理流程化。

5. 专业化

近年来，安永、毕马威、普华永道、德勤、德国莱茵等国际咨询机构纷纷在中国拓展 ESG 报告编制和管理咨询服务，这些机构掌握了中国企业的大量数据信息，隐藏着信息安全风险。与此同时，明晟、标普全球评级（S&P Global Ratings）、富时罗素等国际机构推出的 ESG 评级产品在资本市场上认可度高、影响力大，但由于评级体系的适用性问题，中国企业 ESG 评级结果普遍偏低。当前，国内较缺乏具有竞争力的本土咨询机构、中介机构、评级机构和复合型人才。国内 ESG 服务机构虽然正在积极涌现，但成立时间短，专业性、公信力尚未受到广泛认可，影响力难以企及国际机构。

随着 ESG 的快速发展，国内 ESG 专业力量有望实现快速发展。通过市场竞争和政策引导，具有国际视野、本土适用性和市场竞争力的服务机构将快速涌现，为未来中国更加系统规范的 ESG 治理、ESG 信息披露提供有力支撑。同时，通过高校学科设置、国际交流合作等方式，大批具有国际视野和创新理念的应用型、复合型 ESG 专业人才将进入人才市场。

二 中国企业 ESG 指数分析

课题组对标国内外主流 ESG 评级体系，构建接轨国际、符合国情的 ESG 指数体系，对中国企业 ESG 专项调研及公开资料收集所积累的企业 ESG 信息进行系统性对标评价，力求通过指数分析，揭示企业 ESG 发展的阶段特征，探寻企业可持续发展的结构性变化，为深入研究中国企业 ESG 发展规律提供基准性参考。

（一）样本特征

指数样本以大中型企业为主，覆盖 31 个省（自治区、直辖市），18 个行业，3669 家企业，涉及三大产业（第一、二、三产业）、四大区域（东部、中部、西部、东北）、两种类型（国有企业、民营企业），所取样本综合考虑了企业规模、发展阶段、行业特点、地区分布等多方面因素，具有较强的稳定性和代表性。

样本总体上呈现“三多一均衡”特征：

一是大中型企业较多。从企业规模来看，大中型企业共计 2759 家，占样本总量的 75.2%，远高于自然分布状态的大中型企业比例（见图 1）。此类企业多数处于产业链、价值链的关键位置，带动能力突出。

二是制造业企业居多。从行业分布来看，样本覆盖 18 个行业门类。制造业企业样本数占比最大，达到46.5%，接近 5 成；除制造业外，样本数量占比在 5%以上的行业还有批发和零售业，建筑业，农、林、牧、渔业，以上 4 个行业占总样本数的 72.2%，行业分布相对集中（见图 2）。

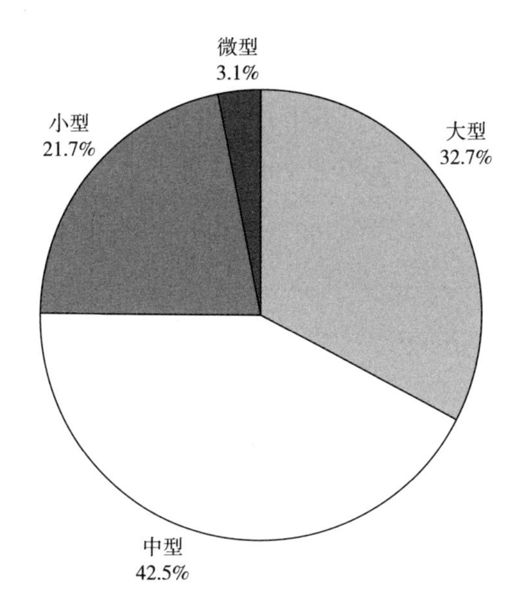

图 1　样本企业规模分布

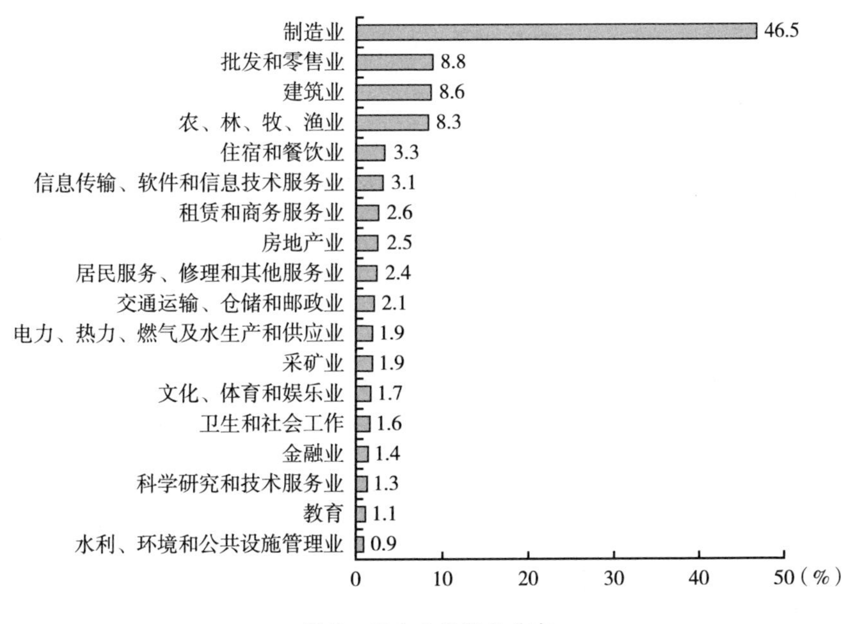

图 2　样本企业行业分布

三是有限责任公司最多。从企业类型来看，有限责任公司占比最高，为 71.4%；其次是股份有限公司和独资企业，分别为 18.2%、9.3%；合伙企业最少，只有 1.1%（见图 3）。其中，包含 534 家上市公司和 307 家国有企业。课题组尽可能纳入更多上市企业和国有企业进行跟踪观察，以保证样本的异质性和代表性。

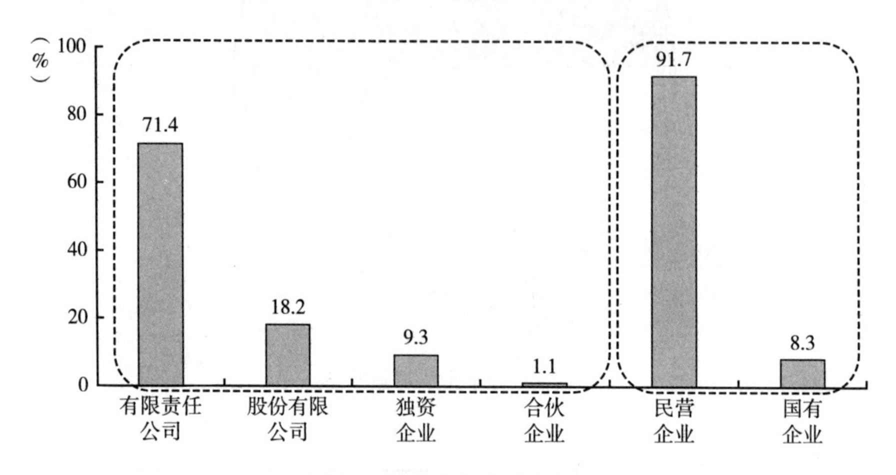

图 3　样本企业类型分布

四是区域分布相对均衡。从地区分布来看，东部、中部、西部和东北四个区域企业数量由高到低呈阶梯状分布，基本与区域经济发展水平保持一致（见图 4）。

（二）主要发现

综合来看，中国企业 ESG 在“由上到下”的政策引导和 ESG 投资的市场驱动下，逐步形成以国有企业、上市公司为主导，大型企业为中坚，中小型企业跟进的雁阵格局，呈现出起步晚、发展快、总体向上的阶段特征。

1. 中国企业 ESG 指数为448.4分，尚有较大成长空间

研究发现，2023 年中国企业 ESG 指数为 448.4 分，仍处于发展初期，呈现快速发展、总体向上态势，尚有较大的提升空间，有待各方聚力推进。

从指数区间企业数量分布来看，呈现“两头小、中间大”的纺锤形结

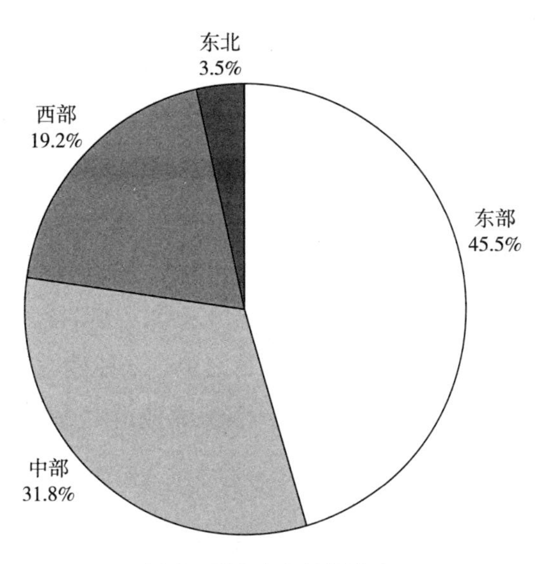

图 4　样本企业地区分布

构，企业集中于 300 分至 600 分区间（见图 5），有 57.2%的企业指数得分低于平均值。研究发现，大部分企业在环境、社会和公司治理方面作出了一定程度的实践和探索，但多数企业尚未形成系统性的规划和战略，未建立向利益相关方披露信息的常态机制，由此导致企业 ESG 竞争力的转化能力普遍较弱，ESG 工作提升空间较大。

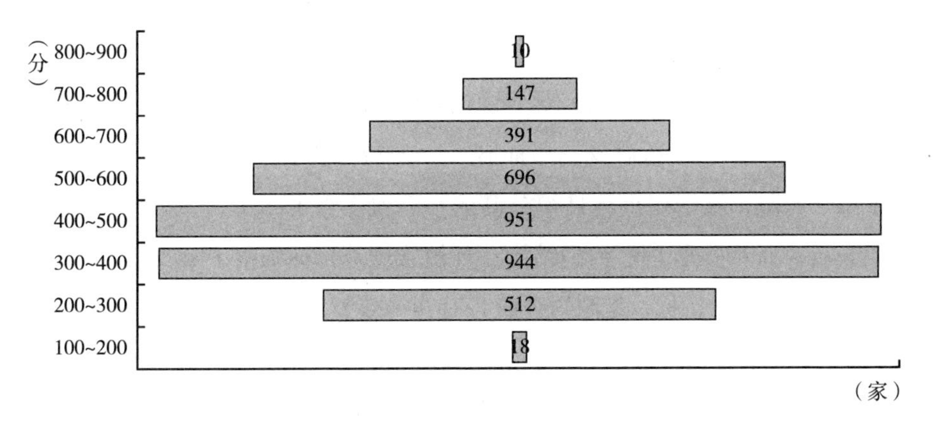

图 5　企业 ESG 指数分布

2. 社会维度指数得分最高，企业外部实践优于内部治理

从 ESG 三大维度来看，社会维度指数得分最高，为 512.4 分，表明企业在员工权益、产品与服务管理、社会贡献等外部性社会活动中表现较好，社会责任感和包容性较强；环境维度次之，为 435.1 分，表明企业在节能减排和循环利用方面表现也相对良好；公司治理维度得分相对较低，仅为 349.7 分，反映出企业在可持续治理架构和机制顶层设计方面较为薄弱，还有很大的提升空间（见图 6）。从 ESG 视角来看，现阶段我国大部分企业尚未将 ESG 理念融入自身战略和管理体系之中，未能建立覆盖企业全链条、全领域、全过程的 ESG 管理机制，缺少激发企业内生高质量发展的新动能。

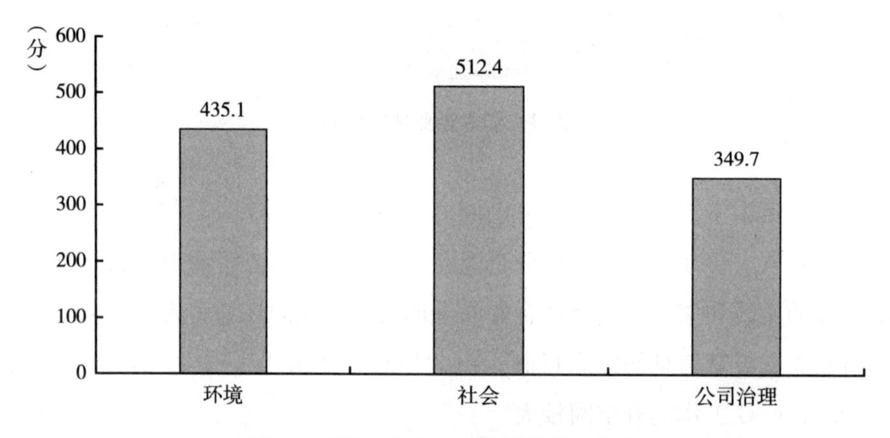

图 6　环境、社会、公司治理维度得分

3. 创新研发、产品客户等议题表现相对较好，国家战略引领 ESG 发展方向

15 个议题中，创新研发、产品客户、公益慈善、废弃物及排放等指标落于第一象限，属于权重高且得分高的“双高”指标，是企业 ESG 实践的主要亮点；而 ESG 管理、治理结构、环境管理等指标则落于第四象限，属于权重高而得分低的指标，是制约企业 ESG 进一步发展的主要短板（见图 7）。

整体来看，乡村振兴、污染防治、“碳达峰”“碳中和”、公益慈善、科技创新等国家倡导的领域是企业 ESG 实践的重点，指标得分率相对较高。国家的一系列发展战略代表了未来中国经济社会的发展方向。因此，企业有效推进 ESG

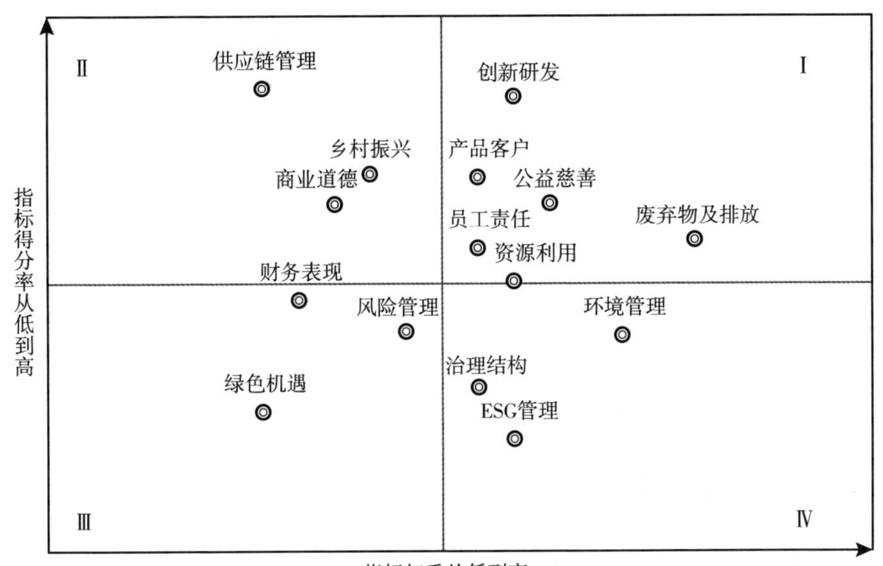

图 7　15 个议题得分率与权重分布

注：指标得分率 = 指标得分 / 指标满分 ×100%。

的路径，就是以共同富裕为目标，以国家重大战略为指引，让企业 ESG 实践服务经济社会发展大局，在满足人民群众美好生活需要的过程中，实现高质量发展、可持续发展。ESG 成为企业连接国家发展战略和自身可持续发展的桥梁。

4. 定性指标得分率远高于定量指标，绩效数据核算与披露有待完善

从指标类型来看，定量指标的得分率与定性指标的得分率存在较大差距（见图 8）。企业在创新工作方法、完善制度与机制、优化工作流程、开展专项行动等实践行动方面得分率相对较高，而在具体成效方面得分率相对较低。ESG 数据较传统财务数据具有更为多元化、跨部门和非结构化的特点，数据采集链条繁杂、统计口径各异、未建立台账记录、缺乏信息收集与计算的方法路径等问题制约了企业定量指标的采集和披露。随着 ESG 信息披露要求和规范性框架的陆续发布，企业 ESG 定量指标的采集和披露有望得到快速提升，通过污染物排放量、研发投入、公益慈善投入、绿色收入占比等数据，来真实衡量并展现企业的 ESG 发展水平。

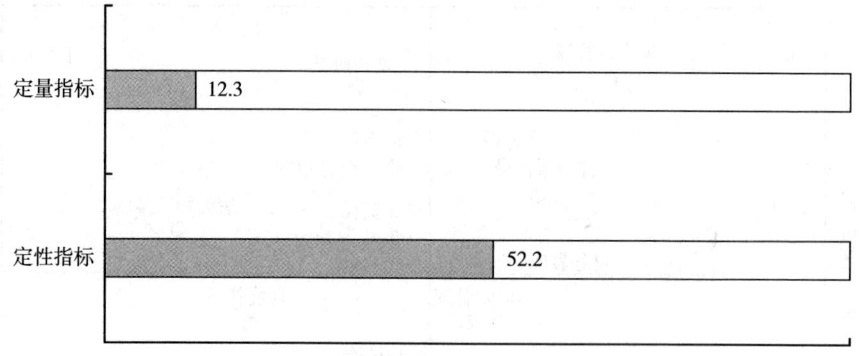

图 8　定量指标和定性指标得分率

注：指标得分率=指标得分/指标满分×100%。

5. 金融业表现突出，各行业 ESG 水平不一

样本企业所覆盖的 18 个行业中，有 6 个行业的 ESG 指数高于整体平均水平，其中金融业居第一位，为 531. 1 分（见表 2）。

表 2　行业 ESG 指数得分

行业	指数得分(分)
金融业	531. 1
信息传输、软件和信息技术服务业	527. 5
电力、热力、燃气及水生产和供应业	493. 6
采矿业	475. 4
制造业	453. 9
科学研究和技术服务业	449. 0
房地产业	441. 3
水利、环境和公共设施管理业	438. 9
建筑业	435. 8
农、林、牧、渔业	420. 1
卫生和社会工作	414. 0
交通运输、仓储和邮政业	399. 1
住宿和餐饮业	389. 8
教育	392. 2
批发和零售业	378. 7
居民服务、修理和其他服务业	374. 7
租赁和商务服务业	340. 2
文化、体育和娱乐业	364. 1

分行业指数箱型分布图上，呈现两个明显的特点：一是部分行业头部企业表现较好，如金融业，信息传输、软件和信息技术服务业，制造业上四分位值相对较高。二是行业内部水平各异。金融业，信息传输、软件和信息技术服务业，科学研究和技术服务业，建筑业相对离散程度低，行业内企业 ESG 表现相对一致；而制造业，房地产业，农、林、牧、渔业，住宿和餐饮业相对离散程度高，行业企业 ESG 表现差异较大（见图 9）。

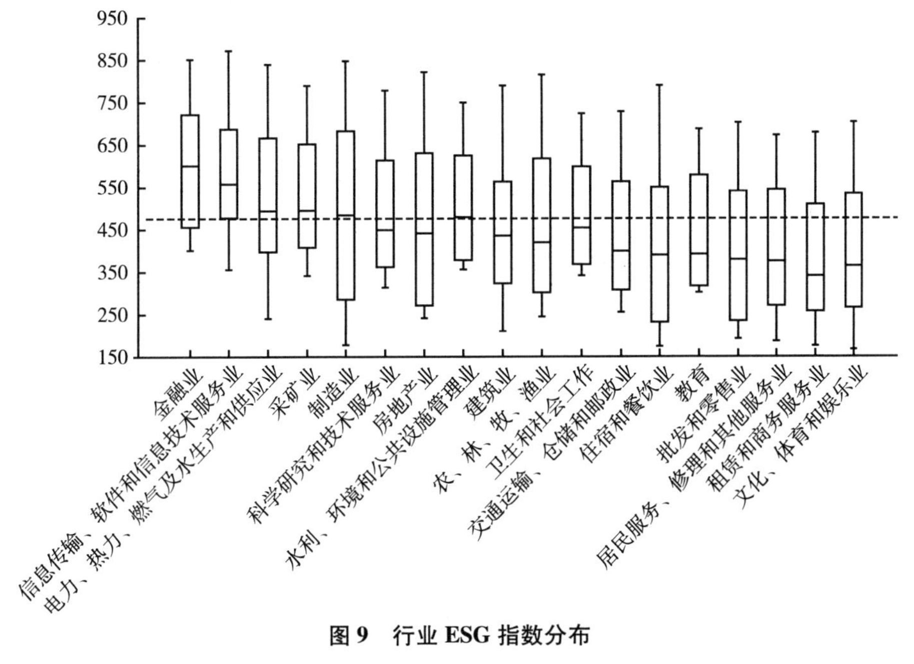

图 9　行业 ESG 指数分布

金融业和制造业两个行业特别值得关注。金融业指数得分最高，分布离散程度低，中位值也远高于平均水平。近年来，绿色金融与 ESG 信息披露的监管要求逐渐明晰，为我国金融业的绿色可持续发展营造了良好的外部环境，大部分金融业企业已开展了 ESG 实践和探索，为自身可持续发展和其他行业赋能奠定了良好基础。制造业样本数量最多，指数得分略高于平均指数得分，分布离散程度高，头部企业与尾部企业差异显著。进一步分析发现，环境维度成为影响制造业 ESG 表现的主要因素。“双碳”目标提出后，需要制造业企业减少能耗和碳排放，降低其对环境的影响，这对企业提出了很大的挑战。

6. 国有企业 ESG 整体领先，民营企业 ESG 发展水平差异明显

国有企业 ESG 指数得分为 602.4 分，民营企业 ESG 指数得分为 432.5 分（见表 3）。国有企业 ESG 工作整体领先，这在很大程度上得益于国务院国资委对 ESG 工作的高度重视。2021 年以来，国务院国资委统筹推进中央企业社会责任工作与 ESG 工作，设立专门的社会责任局进一步加强了推进力量，发布《提高央企控股上市公司质量方案》《关于转发〈央企控股上市公司 ESG 专项报告编制研究〉的通知》推动央企控股上市公司披露 ESG 专项报告。在国务院国资委的指导下，广东、上海、山西、四川、云南等地方国资委也将 ESG 纳入工作范畴，推动国有企业 ESG 工作进入加速发展时期。

表 3　不同类型企业 ESG 指数得分

企业类型	指数得分(分)	标准差
国有企业	602.4	100.2
民营企业	432.5	271.8

值得注意的是，600 分以上的 548 家企业中，民营企业占比为 71.0%，头部民营企业的 ESG 表现不逊色于国有企业。民营企业的差距主要体现在两方面：一方面是 ESG 发展水平差异明显，指数标准差远大于国有企业；另一方面是环境维度差距明显，相较于国有企业低了 102.4 分（见图 10）。2023 年 7 月，《中共中央 国务院关于促进民营经济发展壮大的意见》提出，探索建立民营企业社会责任评价体系和激励机制。这表明未来将在民营企业中推广和试行 ESG 评价，有望扭转民营企业 ESG 发展水平差异明显的局面，整体推动民营企业 ESG 发展。

7. 东部地区领先优势明显，广东、江苏、浙江成 ESG 发展高地

东部、中部、西部和东北四个区域企业 ESG 指数由高到低呈阶梯状分布。东部地区企业 ESG 发展状况最好，无论是总体指数还是分项指数，东部地区都是最高（见图 11）。

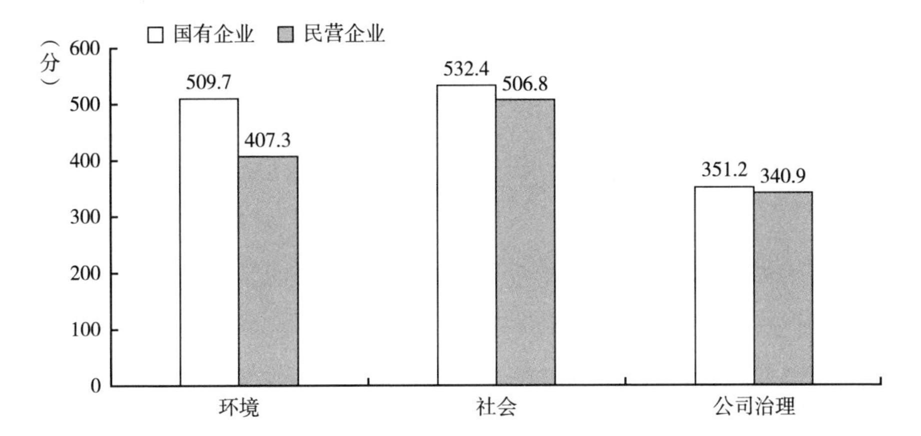

图 10　不同类型企业环境、社会、公司治理维度得分

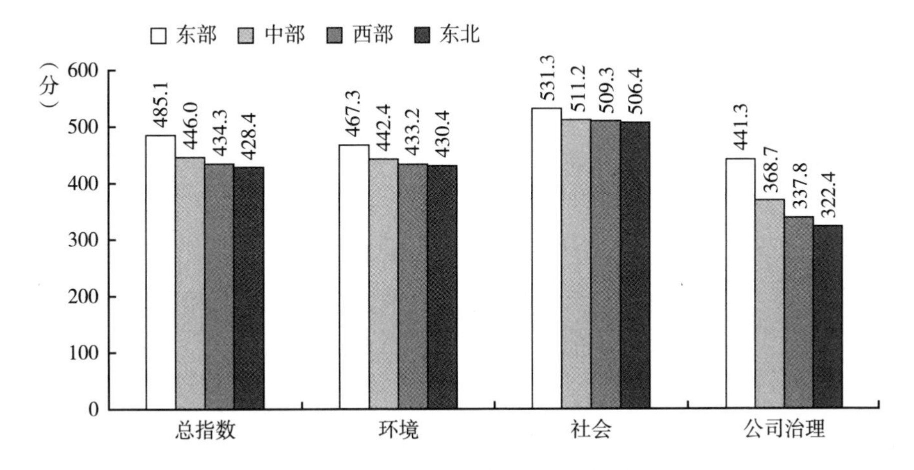

图 11　不同地区企业环境、社会、公司治理维度得分

具体来看，ESG 指数得分排在前 5 位的省、直辖市分别为广东省、江苏省、浙江省、北京市、上海市，都集中于东部地区。作为我国对外开放的前沿，东部地区的企业更早接触到起源于西方的 ESG 理念，对“双碳”等新兴议题追踪及时、反应灵敏，ESG 工作起步较早，因而表现出相对良好的 ESG 发展状况。

8. 上市公司表现抢眼，示范带动效应显现

上市公司 ESG 表现遥遥领先于非上市公司，特别是在公司治理方面，领先优势明显（见图 12）。作为 5000 万家中国企业中的优秀代表，上市公司在我国 ESG 发展过程中充当着“领跑者”的角色，充分发挥着关键引领作用，示范带动广大企业 ESG 实践进一步深入。

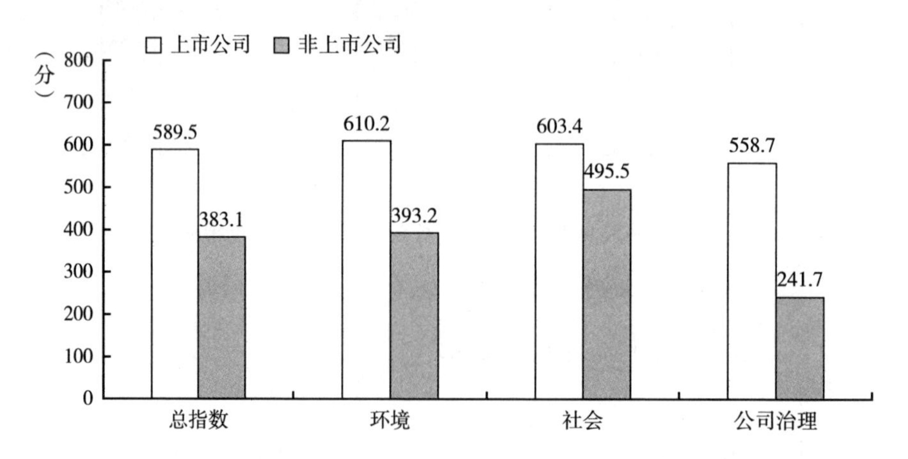

图 12　上市公司与非上市公司 ESG 总指数及环境、社会、公司治理维度得分

进一步分析来看，15 个议题中，上市公司全面保持领先，其中有 6 个议题得分率差距在 20%以上，尤其是 ESG 管理方面，得分率差距超过 30%（见图 13）。上市公司是资本市场的基石，也是践行 ESG 理念的主阵地，在监管部门、投资机构、评级机构、研究机构等多方力量的推进下，上市公司 ESG 起步早、发展快，示范引领强，相对领先优势明显。

9. ESG 管理议题得分垫底，公司治理短板亟待补齐

从 ESG 三大维度来看，公司治理维度得分最低，而 ESG 管理指标得分垫底，成为短板中的短板（见图 14）。从样本企业 ESG 管理情况来看，将环境、社会和公司治理要素综合纳入企业战略规划并进行制度化管理的尚属少数，绝大部分企业尚未设立 ESG 工作部门或工作岗位，其他诸如将管理层薪酬与 ESG 绩效挂钩、构建企业内部 ESG 评价方法、定期发布 ESG 报告等都比较少（见图 15）。一些实施 ESG 管理的企业也落实有限，缺乏从战

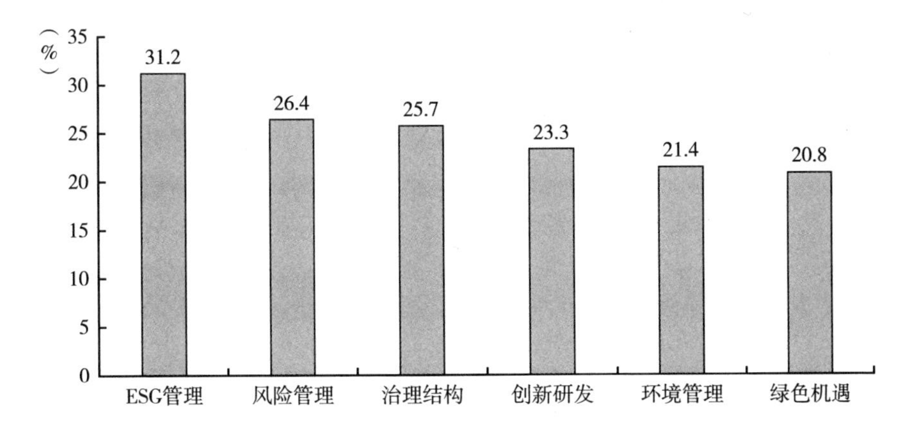

图 13　上市公司与非上市公司得分差距在 20%以上的议题分布

注：指标得分率=指标得分/指标满分×100%。

略高度审视和规划符合企业自身特点的 ESG 组织管理体系，ESG 理念尚未融入企业经营全过程。

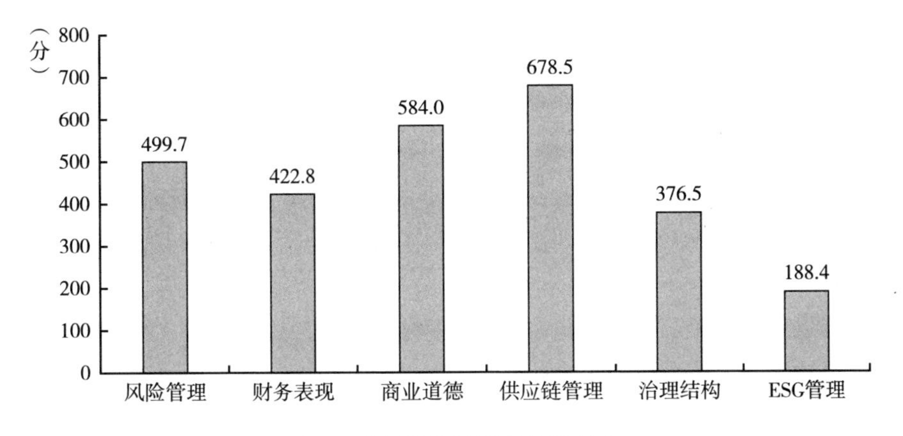

图 14　公司治理维度各议题得分

ESG 归根结底是一种管理实践，需要企业建立健全 ESG 治理机制和 ESG 管理体系，推动 ESG 理念和要求在企业决策和行动中落地，通过全面的管理变革实现企业 ESG 实践的常态化、长效化，确保企业始终保持经营决策和商业活动的透明和合规。

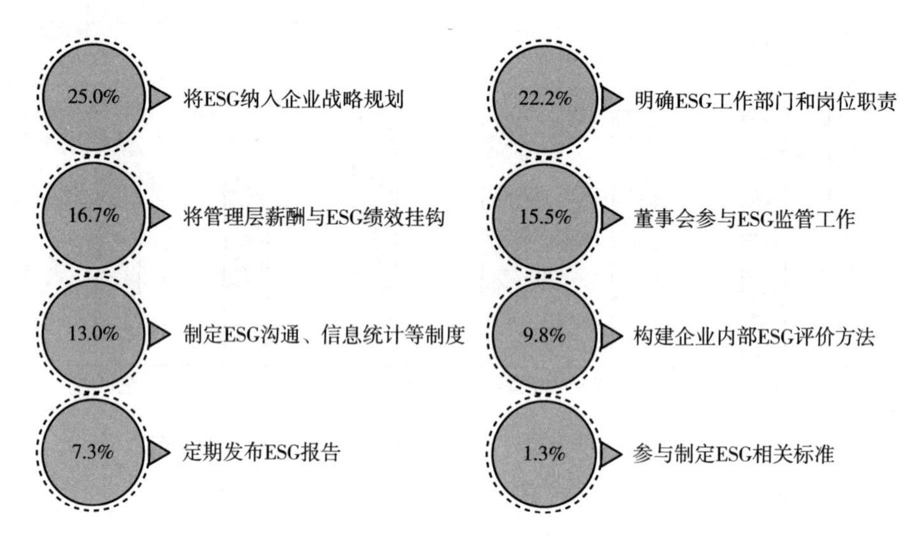

图 15　企业 ESG 治理举措

10. 企业普遍对 ESG 持积极态度，ESG 实践面临多重困难

企业普遍对 ESG 持积极态度。调研数据显示，89.1%的企业将 ESG 作为当前或未来 5 年的战略议题之一。随着我国经济转向高质量发展阶段，相关立法将更加重视公司的环境和社会影响，ESG 能够帮助企业有效管控风险的作用得到凸显。同时，中国企业越来越清晰地意识到企业在整个社会中所承担的重要角色，并愿意为整个社会的可持续发展“承担责任”和“作出贡献”。

需要指出的是，企业普遍对 ESG 持积极态度与企业 ESG 指数相对不高之间的矛盾指向一个问题，即企业 ESG 能力不足和 ESG 动力不足。由于 ESG 具有动态性、区域性、多样性和复杂性等特征，企业在 ESG 推进方面面临诸多困难。调研数据显示，企业 ESG 实践中存在标准指引模糊缺乏行业实用性、缺乏本土化指引、缺乏人才、实施难度大等困难，导致 ESG 在企业的落地举步维艰，阻碍了企业充分利用 ESG 实现综合价值最大化（见图 16）。随着企业探索的深入以及多方合力推动，将提炼和发展出更多有效的、科学的、可复制的 ESG 指引、工具、方法和模型，提升企业 ESG 能力。

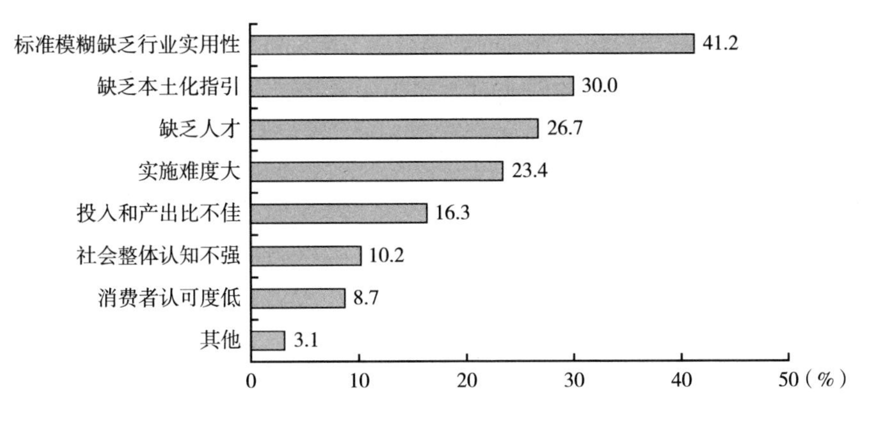

图 16　企业 ESG 实践面临的困难

11. 政府、市场、社会三方合力，多元共促的局面加速形成

调研数据显示，“政策激励与法规约束”“公司高层重视”“供应链审核要求”这 3 个因素受到超过 5 成企业的认同，是推动企业 ESG 实践的重要驱动力量。同时，企业品牌形象需要、改进和政府的关系、获得消费者信任、国际市场竞争需要等因素也逐步进入企业视野，成为企业 ESG 行动的推动因素，多元共促的局面正在加速形成（见图 17）。

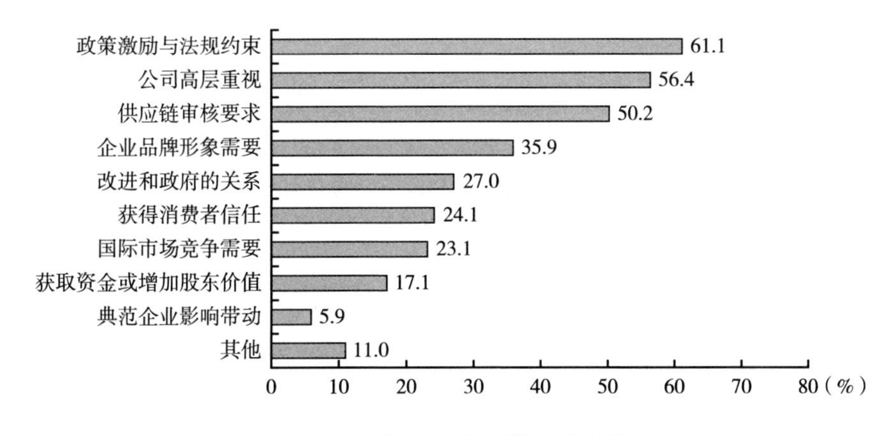

图 17　企业 ESG 行动的主要动因

值得关注的是，“获取资金或增加股东价值”企业认可度不高，仅为17.1%，表明在我国机构投资者的影响可能有限。在欧美国家，机构投资者是资本市场的主角，对公司行为具有很强影响力，他们对 ESG 理念的偏好和倡导可以有效地转化为企业的 ESG 实践。相对而言，中国上市公司的股权结构高度集中，第一大股东持股比例的均值在 30%以上，而民营企业大多是家族企业。大股东在公司的治理结构和决策制定中具有决定性的影响力，他们的观念、愿景和决策将对公司的 ESG 实践产生重要影响。这也解释了“公司高层重视”认可度较高这一现象的原因。

12. ESG 综合价值显现，形成旋转上升的“飞轮效应”

ESG 为企业高质量发展提供强有力的工具，企业高质量发展进一步推动 ESG 实践，从而形成旋转上升的“飞轮效应”。调研数据显示，大多数企业对 ESG 给企业带来的影响给予正面的肯定，主要体现在降低企业风险、帮助公司完善治理结构、降低了环境成本等方面（见图 18）。一些 ESG 实践情况较好的企业，将 ESG 理念融入其决策和活动中，改进企业风险管理，有效地提高了企业声誉、增进了公众信任，取得了企业履责与发展互促、管理水平提升、融资成本下降的效果，更是与政府和社会形成良性互动关系。企业在创造经济社会环境综合价值的同时，也带动了自身价值的提升，形成了一个良性的发展过程。

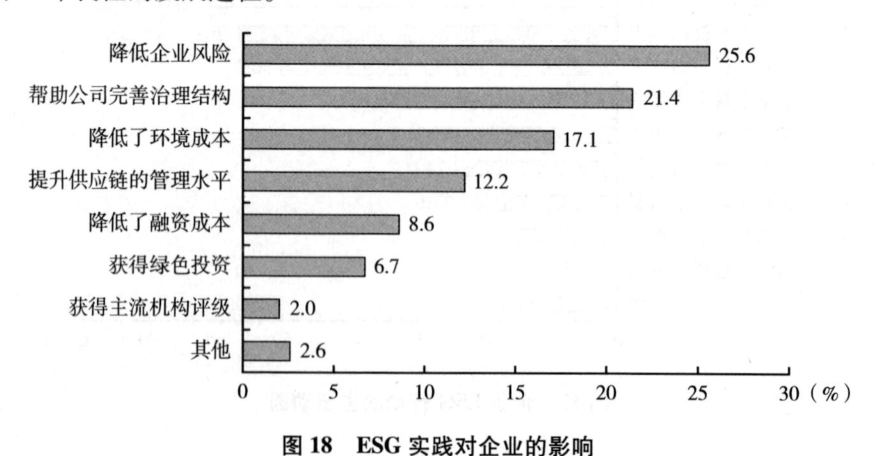

图 18　ESG 实践对企业的影响

三　中国企业 ESG 发展面临的问题及对策建议

虽然 ESG 理念由来已久，但我国企业 ESG 发展尚处起步阶段，企业 ESG 认知、实践主体和实践内容与国际先进企业相比还有一定差距，需要充分发挥政府引导和市场促进作用，推动企业开展 ESG 治理，增强企业 ESG 发展的内生动力。

（一）存在的问题

受发展阶段、所处地域、企业规模、监管强度等因素影响，我国企业在 ESG 认知、ESG 实践、ESG 能力等方面，与国际一流企业相比还有一定差距，影响着企业 ESG 的认识视野与实践效率的提升，主要表现为三个“不平衡不充分”。

1. ESG 认知不平衡不充分

虽然 ESG 已成为我国社会的普遍共识，但是部分企业对 ESG 的认知还停留在表层，将 ESG 简单地等同于“环境保护”“信息披露”，存在“ESG 增加成本负担”“只有上市公司才需要”等认识误区，企业内部对于 ESG 工作的重要性和必要性缺乏深刻的认识，对于 ESG 内涵、体系要求、实践技巧等缺乏系统了解。包括国内大部分研究机构，其研究对象也集中于上市公司，对非上市公司关注有限。由于企业对国际通行的 ESG 标准和评价体系不够熟悉，对党和国家支持企业 ESG 发展的相关政策法规不够了解，对企业 ESG 治理与推进企业长远发展的辩证关系认识不足，企业 ESG 工作没有引起足够的重视，制约着企业 ESG 实践向高水平、高质量方向发展。

2. 实践主体不平衡不充分

由于认知水平的参差不齐以及实践中受经济环境、企业资源等因素的约束，不同企业的 ESG 实践行动不平衡不充分。目前 ESG 实践主体集中于上市公司和一些全球布局的大企业，但大多数企业从“工具理性”出发，ESG 行动仍处于较低层次，即满足国际、国内社会责任标准和规范要求，做好

“必答题”的阶段。企业需要对其 ESG 的内容、方向等重新思考和定位，进一步聚焦于 ESG 的认知理念创新、制度创新、实践范式创新，实现经济效益和社会效益的最大化，促进企业可持续高质量发展。

3. ESG 能力不平衡不充分

ESG 对我国现阶段大多数企业来说，是个全新的课题，对企业能力建设提出了挑战。ESG 作为可持续发展前沿工具，包含但不限于设定企业 ESG 指标框架、统计和追踪、考核和评估等应用层面实际需求，以及数字化动态监测、非结构化数据的转化应用等技术要求，ESG 实践时或面临 ESG 数据责任部门真空、数据统计链条繁杂、数据收集和评判需进一步转化分析等难题，对企业可持续发展角色认知、组织管理效率、数据化应用深度、行业减排降碳研究与技术突破均有着极高的要求，进而会使企业出现“心有余而力不足”的情况。

（二）推进企业 ESG 发展建议

企业推行 ESG 首先要解决动力机制问题，需要政府、企业和市场共同努力，最终形成政策鼓励引导、资金持续投入、企业主动作为的良性循环。

1. 提升对 ESG 重要性的认识

ESG 本质上是一种主动风险管理，可为企业的持续发展提供有效指引，有利于促进企业长远价值实现并可促进环境与社会问题的解决。ESG 在过去常被认为是上市公司的专属，而实际上，中小企业通常对成本和风险更为敏感，ESG 有助于帮助企业降低潜在风险，增强稳健属性。2022 年 6 月，银保监会印发《银行业保险业绿色金融指引》，要求银行保险机构有效识别、监测、防控业务活动中的 ESG 风险，这意味着企业在申请贷款等业务中，ESG 表现可能会成为影响它们融资能力和融资成本的一个重要变量，这对中小企业尤为重要。2023 年 6 月，欧盟理事会投票通过碳边境调节机制（CBAM），这标志着全球第一个针对进口产品征收“碳税”的机制走完立法程序，将对中国相关出口企业产生影响。诸如此类事件充分表明，企业加快 ESG 转型已刻不容缓，要正确理解和把握 ESG 的内涵、内容、落实机制和实践方式，使 ESG 成为企业的思想自觉和行动自觉。

2. 循序渐进推进信息披露

信息披露是实现 ESG 目标的主要抓手。我国企业发展的多样性和阶段性决定了统一的标准制定必须审慎。在这方面，香港作为中国企业主要的上市地之一，已经形成了完备的 ESG 披露体系。中国内地可借鉴港交所的 ESG 披露演进过程，首先制定 ESG 信息披露的可行框架与评价指标，以量化方式呈现 ESG 信息，逐步提升披露的强制程度，实现由“自愿披露”到“半强制性披露”再到“强制性披露”和“不披露就解释”的转变，持续规范披露要求，扩大披露范围，通过信息披露来间接促进公司经营与治理方式不断向高水平、高质量转变。对于非上市公司来说，以鼓励引导为主，搭建信息发布平台，提高经营管理的透明度，为市场参与者、消费者和劳动者等利益相关方“用脚投票”创造更好的制度环境。

3. 发挥市场机制传导作用

ESG 投资是市场机制推动企业可持续发展的重要表现，力量越来越显性化，影响力也日益强大。ESG 投资引导投资者关注长期回报，发掘企业的长期投资价值，为上市公司高质量发展提供内在驱动力。同时，上市公司在供应链中也多处于核心地位，对 ESG 关注水平的提升势必会传导到上下游供货商、经销商，提升整个供应链、价值链的 ESG 水平。因此，需要发挥 ESG 投资效能，助力资本市场投资端改革。一是引导鼓励投资机构以 ESG 理念为导向进行投资决策，为市场提供多样化投资标的，推动资源向满足中国式现代化建设的企业的方向配置。二是加大对个人投资者的教育，A 股市场个人投资者数量超过 2 亿，交易占比在 60%左右，需要教育引导个人投资者基于企业长期价值创造和风险进行投资决策，塑造长期、价值、理性的投资文化，充分发挥 ESG 投资的驱动作用。三是推动市场发行端可持续主题债券标准与国际逐步统一、企业非财务信息披露水平提升，减小国际投资者在中国市场投资中实施 ESG 策略的阻碍。四是培育 ESG 鉴证机构、评级机构、数据供应商和指数公司等中介机构，为 ESG 指数基金、衍生品、绿色底层资产投资者提供多样化投资工具，丰富 ESG 投资生态。

4. 加大政策激励扶持力度

我国企业 ESG 发展尚处于起步阶段，急需各类引导和激励性政策来巩固市场信心、扩大规模体量和促成价值闭环。一是调整财税政策，对 ESG 评价领先的企业给予一定的优惠，包括补贴、贴息、减免税等财税政策，对 ESG 评级高的企业在招标、采购、税收减免等方面给予一定的鼓励，提升 ESG 吸引力。此外，证监会、金融保险监管部门在 IPO、再融资、发行债券等方面可增加 ESG 辅助条件，对 ESG 评价高的公司给予便利。二是引导养老金、保险、社保等具有一定社会属性的长期资金在投资决策中尽快纳入 ESG 原则，有效提升 ESG 投资在市场内的占比，为国内 ESG 投资体系提供更多长期资金支撑。三是将 ESG 纳入产业政策，如对企业和项目做 ESG 评价，将 ESG 因素纳入招商引资的要求等。四是加大宣传表彰力度，通过发布 ESG 优秀案例和榜单，树立 ESG 标杆榜样，将对企业的环境保护、社会贡献和规范治理情况评价与企业家的荣誉表彰相挂钩，激发企业家的荣誉感和获得感。

评 价 报 告

Evaluate Report

B.2

中国企业 ESG 百强分析报告（2023）

张雪剑　张国存*

摘　要： 本报告依据中安正道自然科学研究院 ESG 评价模型评选出的 100 家上市公司和 100 家非上市公司 ESG 的数据情况，分析上榜企业的 ESG 发展现状。研究发现，社会指标得分最高，其次是环境指标和治理指标，企业 ESG 实践水平则更容易在社会和环境维度方面表现出差异性。具体来看，环境指标硬约束层面差异不大，软约束层面差异明显，乡村振兴和员工责任指标差异性明显，供应链管理成为亮点，而治理结构和财务表现需要改进，争议事件主要集中在环境和治理方面。

关键词： 非上市公司　上市公司　ESG 百强

* 张雪剑，中安正道自然科学研究院数据分析师，研究方向为 ESG 评级评价；张国存，中华环保联合会 ESG 专业委员会委员，河南省企业社会责任促进中心副主任，主要从事社会责任与 ESG 标准编制、审核审验。

中华环保联合会 ESG 专业委员会、财联社政经研究院联合中国质量认证中心，依据中华环保联合会《企业 ESG 评价指南》团体标准，对参与中华环保联合会 ESG 调研和中安正道自然科学研究院 ESG 数据库共 3669 家企业进行了系统分析和综合评价，形成中国上市公司 ESG100（2023）（以下简称“上市公司 ESG 100”）和中国非上市公司 ESG100（2023）（以下简称“非上市公司 ESG 100”）两个榜单，课题组在此基础上对榜单企业 ESG 发展现状和具体表现等情况进行了总结和分析，为企业提供更为全面和深入的 ESG 实践参考。

一　榜单总览

（一）中国上市公司 ESG 百强（2023）（见表1）

表 1　中国上市公司 ESG 百强（2023）（除字母外按照公司名称笔画升序排列）

公司名称
TCL 科技集团股份有限公司
三一重工股份有限公司
上海晨光文具股份有限公司
山东嘉华生物科技股份有限公司
山西光宇半导体照明股份有限公司
山西振东制药股份有限公司
广联达科技股份有限公司
飞龙汽车部件股份有限公司
天合光能股份有限公司
无锡先导智能装备股份有限公司
无锡宝通科技股份有限公司
云南贝泰妮生物科技集团股份有限公司
比亚迪股份有限公司
中伟新材料股份有限公司
中国广核电力股份有限公司
中国中铁股份有限公司
中国石油天然气股份有限公司

续表

公司名称
中国交通建设股份有限公司
中国建设银行股份有限公司
中国神华能源股份有限公司
中国核能电力股份有限公司
中国铁路通信信号股份有限公司
中国银行股份有限公司
中航光电科技股份有限公司
中海油田服务股份有限公司
中微半导体设备(上海)股份有限公司
内蒙古伊利实业集团股份有限公司
内蒙古伊泰煤炭股份有限公司
长城汽车股份有限公司
今创集团股份有限公司
龙佰集团股份有限公司
龙湖集团控股有限公司
龙源电力集团股份有限公司
东方电气股份有限公司
立讯精密工业股份有限公司
永兴特种材料科技股份有限公司
圣湘生物科技股份有限公司
亚宝药业集团股份有限公司
百度集团股份有限公司
华泰证券股份有限公司
华润微电子有限公司
江苏中天科技股份有限公司
江苏长青农化股份有限公司
江苏长海复合材料股份有限公司
江苏亨通光电股份有限公司
江苏恒瑞医药股份有限公司
江苏洋河酒厂股份有限公司
江苏神马电力股份有限公司
江苏常宝钢管股份有限公司
安徽华业香料股份有限公司
安徽海螺水泥股份有限公司

续表

公司名称
安徽德力日用玻璃股份有限公司
农夫山泉股份有限公司
阳光电源股份有限公司
苏州赛腾精密电子股份有限公司
利民控股集团股份有限公司
青岛汉缆股份有限公司
杭叉集团股份有限公司
杭州海康威视数字技术股份有限公司
卧龙电气驱动集团股份有限公司
奇安信科技集团股份有限公司
固德威技术股份有限公司
凯莱英医药集团(天津)股份有限公司
牧原食品股份有限公司
京东方科技集团股份有限公司
京东集团股份有限公司
河南双汇投资发展股份有限公司
波司登国际控股有限公司
宝山钢铁股份有限公司
宜宾五粮液股份有限公司
荣盛石化股份有限公司
南阳淅减汽车减振器有限公司
威腾电气集团股份有限公司
重庆智飞生物制品股份有限公司
冠捷电子科技股份有限公司
骆驼集团股份有限公司
格林美股份有限公司
特变电工股份有限公司
浙江华友钴业股份有限公司
浙江兆丰机电股份有限公司
浙江兆龙互连科技股份有限公司
浙江安吉智电控股有限公司
浙江海亮股份有限公司
海尔智家股份有限公司
通威股份有限公司

续表

公司名称
萍乡德博科技股份有限公司
深圳市汇川技术股份有限公司
联化科技股份有限公司
厦门亿联网络技术股份有限公司
晶科能源股份有限公司
晶澳太阳能科技股份有限公司
鹏鼎控股(深圳)股份有限公司
腾讯控股有限公司
新奥天然气股份有限公司
新疆大全新能源股份有限公司
福耀玻璃工业集团股份有限公司
潍柴动力股份有限公司
赛力斯集团股份有限公司
横店集团东磁股份有限公司
赣州富尔特电子股份有限公司

（二）中国非上市公司 ESG 百强（2023）（见表2）

表 2　中国非上市公司 ESG 百强（2023）（按照公司名称笔画升序排列）

公司名称
大力电工襄阳股份有限公司
大康控股集团有限公司
万向集团公司
万洲电气股份有限公司
山东太阳控股集团有限公司
山东利兴新材料科技股份有限公司
山东雷华塑料工程有限公司
山西乐村淘网络科技有限公司
山西宏达钢铁集团有限公司
山西建邦集团有限公司
山西紫金矿业有限公司
山西鹏飞集团有限公司

续表

公司名称
广西湘桂糖业集团有限公司
天士力控股集团有限公司
天能电池集团(安徽)有限公司
无锡江南电缆有限公司
中天钢铁集团有限公司
中骏智能电气科技股份有限公司
公元塑业集团有限公司
邓州市新艺木业有限责任公司
宁波申洲针织有限公司
宁波君灵模具技术有限公司
宁波佳尔灵气动机械有限公司
宁夏宝丰集团有限公司
亚太机电集团有限公司
西子联合控股有限公司
达利(中国)有限公司
传化集团有限公司
华宇新能源科技有限公司
华勤技术股份有限公司
江西安驰新能源科技有限公司
江西佳新控股(集团)有限公司
江西索普信实业有限公司
江西赣电电气有限公司
江苏大中电机股份有限公司
江苏东强股份有限公司
江苏苏讯新材料科技股份有限公司
江苏沙钢集团有限公司
江苏鱼跃科技发展有限公司
江苏乾隆江南酒业股份有限公司
江苏瀚康新材料有限公司
安徽中天石化股份有限公司
安徽长龙电气集团有限公司
安徽省小岗盼盼食品有限公司
安徽省六安恒源机械有限公司
安徽颍盛农业科技有限公司

续表

公司名称
安徽跨宇钢结构网架工程有限公司
牟定明恒农业开发有限公司
苏州汇川技术有限公司
冷水江市华科高新材料有限公司
杭州娃哈哈集团有限公司
杭州富阳申能固废环保再生有限公司
国网江苏省电力有限公司扬州供电分公司
金胜粮油集团有限公司
京马电机有限公司
郑州通达耐材有限责任公司
河北永洋特钢集团有限公司
河南省大方重型机器有限公司
河南省西保冶材集团有限公司
河南省矿山起重机有限公司
河南豫道农业科技发展有限公司
宜昌瓴悦饮食文化发展有限公司
南京中诺建设工程有限公司
蚂蚁科技集团股份有限公司
重庆市忠州曼子建材集团有限公司
重庆邦天农业发展有限公司
重庆凯成科技股份有限公司
恒力集团有限公司
泰昌集团有限公司
蚌埠市江淮粮油有限公司
铁福来装备制造集团股份有限公司
浙江万得福智能科技股份有限公司
浙江中财管道科技股份有限公司
浙江中南建设集团有限公司
浙江乔顿服饰股份有限公司
浙江国祥股份有限公司
浙江金梭纺织有限公司
浙江钙科科技股份有限公司
浙江跃进锻造有限公司
浙江联众文旅集团股份有限公司

续表

公司名称
浙江舒友仪器设备股份有限公司
浙江富钢集团有限公司
海南口味王科技发展有限公司
海澜集团有限公司
通鼎集团有限公司
黄华集团有限公司
常州华利达服装集团有限公司
深圳美丽魔方健康投资集团
湖北中天云母制品股份有限公司
湖北仙鄰化工有限公司
湖北枫林酒业酿造有限公司
湖州太平微特电机有限公司
湖南时光钻石科技有限公司
新乡市口口妙食品有限公司
新凤鸣控股集团有限公司
福建思嘉环保材料科技有限公司
漳州市东方智能仪表有限公司
衡阳瑞达电源有限公司
襄樊富仕纺织服饰有限公司
衢州英特高分子材料有限公司

（三）整体表现

在政府监管、资本市场需求和其他利益相关方的关注等多方因素的影响带动下，可持续发展理念逐渐融入公司战略和运营中。上市公司ESG 100得分为761.9分，较非上市公司ESG 100高出75.1分（见图1）。

从分值结构来看，上市公司ESG 100得分均在700分以上，其中得分在800分以上的有7家，700~800分的有93家。非上市公司ESG 100得分则分布在600分以上，其中800分以上的有3家，700~800分的有51家，600~700分的有46家（见表3）。榜单企业已经在ESG方面做出了积极探

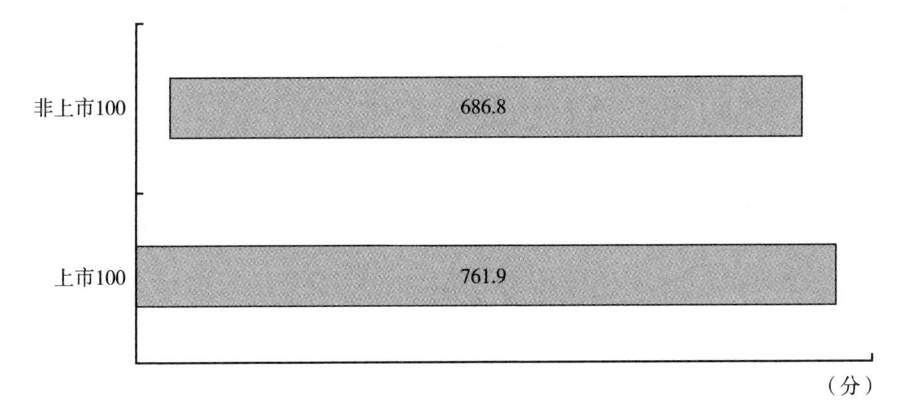

图 1　榜单企业得分情况

索，其中上市公司 ESG 100 在 ESG 方面的表现明显优于非上市公司 ESG 100。但是综合来看，榜单企业整体得分仍有较大的提升空间，榜单企业仍然需要在 ESG 方面投入更多的精力和资源，以确保在经济、社会和环境三个方面取得更好的平衡。

表 3　榜单企业分值结构

单位：家

类型＼分值	600~700 分	700~800 分	800 分以上
上市 100	0	93	7
非上市 100	46	51	3

（四）一级指标表现

根据对环境、社会和治理三个一级指标得分情况的综合分析，可以发现，上市公司 ESG 100 和非上市公司 ESG 100 在各项指标上的得分表现具有相似性。其中，社会指标得分最高，其次是环境指标和治理指标。同时，相较于上市公司 ESG 100，非上市公司 ESG 100 在某些方面仍存在一定的差距。具体来说，非上市公司 ESG 100 在三个一级指标的得分均低于上市公司 ESG 100，其中社会指标的差距最为明显，相差 121.3 分；环境指标相差 90.7 分；治理指标相差 49.8 分（见图 2）。

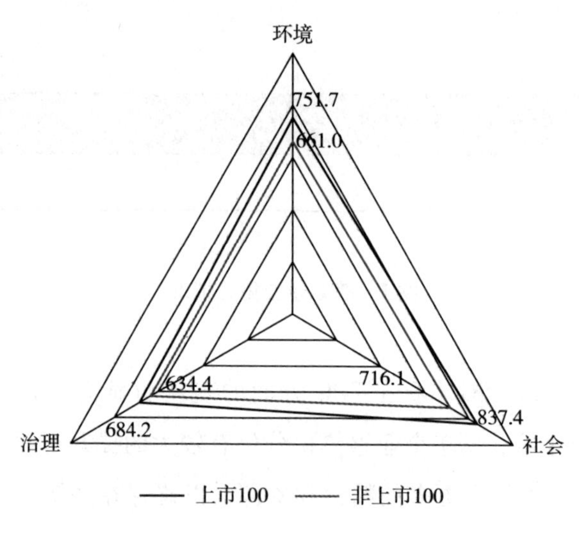

图 2　榜单企业一级指标得分情况

这一现象表明，随着企业 ESG 实践的不断深入，不同企业间的 ESG 实践水平更加容易在社会和环境维度方面表现出差异性。而在治理维度方面，由于大部分企业在积极探索和优化治理运作模式的过程中，能够找到适合自己的相对合理的治理方式，因此在该维度上的差异相对较小。

（五）不同规模企业表现

从榜单企业营业收入来看，营收超万亿元的有 3 家，分别是中国石油、中国中铁和京东集团。榜单企业营收主要集中在 1 亿~1000 亿元的共有 159 家，占比为 79.5%；营收在 1000 亿元以上的有 29 家，占比为 14.5%。

从得分情况来看，随着企业规模的不断扩大，ESG 得分也呈现上升的趋势，表明企业在扩大规模的过程中，也越来越重视环境、社会和治理方面的问题。具体来看，营收在 10 亿元以下和 100 亿元以上的榜单企业 ESG 得分均随着企业规模的扩大保持相对稳定的增长。在榜单企业营收超过 10 亿元之后，迎来了首次 ESG 得分的快速增长期，营收在 10 亿~100 亿元的榜单企业 ESG 得分较营收在 1 亿~10 亿元的企业得分提高了 63.7 分（见图 3）。由此可以看出，10 亿元营收对于榜单企业来说成为 ESG 发展的分水岭。

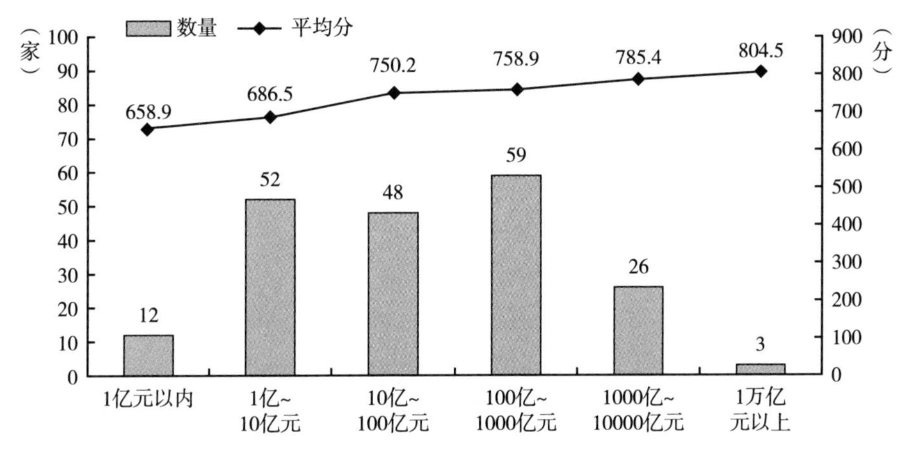

图 3　不同营收榜单企业得分情况

二　发展现状

（一）环境指标硬约束层面差异不大，软约束层面差异明显

从环境二级指标得分来看，上市公司 ESG 100 和非上市公司 ESG 100 得分均在 600 分以上，其中在环境管理指标方面差异明显，上市公司 ESG 100 得分为 880.5 分，非上市公司 ESG 100 得分为 730.2 分，相差 150.3 分；在废弃物及排放方面差异较小，上市公司 ESG 100 得分为 627.5 分，非上市公司 ESG 100 得分为 620.2 分，相差 7.3 分；在资源利用和绿色机遇方面非上市公司 ESG 100 较上市公司 ESG 100 均存在 90 分以上的差距（见图 4）。

在废弃物及排放这些硬约束层面，企业面临政府部门、监管机构和公众等多方面的压力较大，故不论企业上市与否，在废弃物及排放层面的得分差

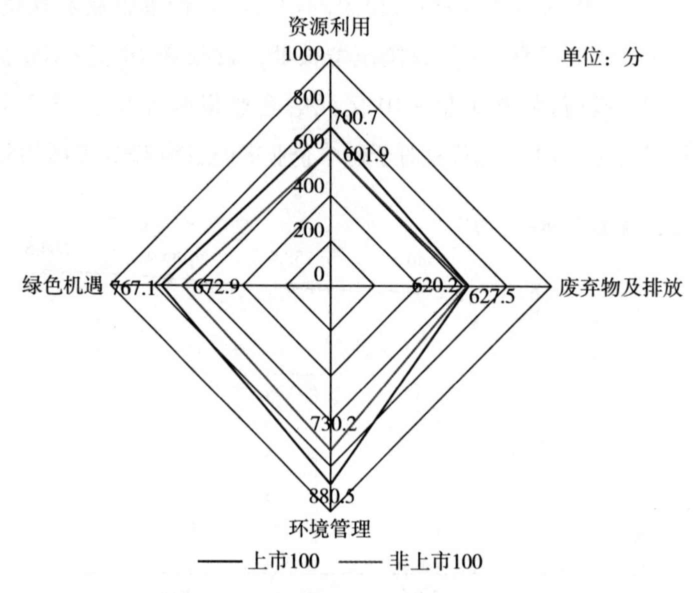

图 4　榜单企业环境二级指标得分情况

异不大。而在资源利用、环境管理和绿色机遇这些软约束层面，上市公司 ESG 100 表现相对较好。此外，从变异系数来看，上市公司 ESG 100 在资源利用、环境管理和绿色机遇方面的变异系数较非上市公司 ESG 100 均小于 10 个百分点以上（见图 5），说明上市公司 ESG 100 在这三个方面的组间差异小于非上市公司 ESG 100，也进一步说明了上市公司 ESG 100 在这些方面表现得比较稳定。

上市公司在资源利用、绿色机遇和环境管理方面的表现较好，这不仅是因为政策法规和规章制度的约束，也是因为公司看到了这些领域中潜在的经济效益。许多公司已经认识到，通过高效的资源利用和可持续的环境管理，可以降低运营成本，提高企业的环保形象，并吸引更多的消费者和投资者。

（二）乡村振兴和员工责任指标差异性明显

从社会维度来看，上市公司 ESG 100 依旧领先非上市公司 ESG 100，但是存在较大的差异性。其中，纵观乡村振兴和员工责任这两个二级指标，非

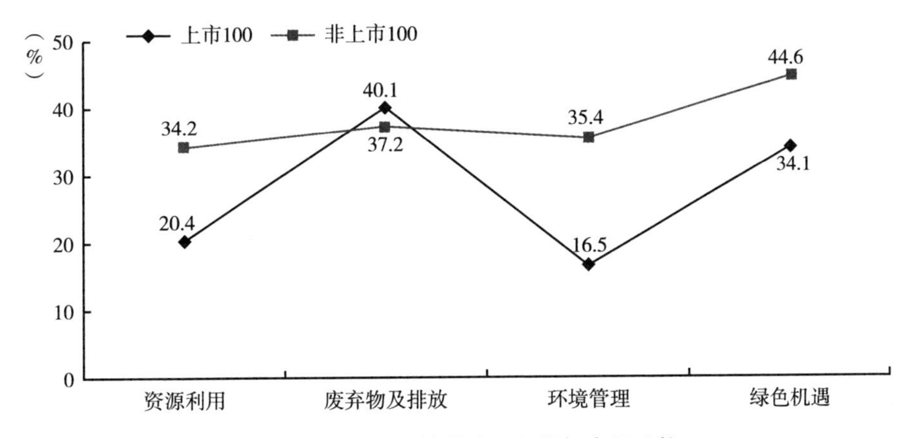

图 5　榜单企业环境维度二级指标变异系数

上市公司 ESG 100 在这两项指标方面较上市公司 ESG 100 分别少 221 分和 167. 1 分（见图 6）。同时，这两项指标也是上市公司 ESG 100 和非上市公司 ESG 100 在社会维度二级指标方面变异系数差距较大的指标。在员工责任方面，上市公司通常有更强的资金实力和更多的融资渠道，这使得它们在员工福利方面有更多的选择，表现也优于非上市公司。在乡村振兴方面，上市公司 ESG 100 目前正处于探索阶段，先行先试，积极探索为乡村振兴提供实践经验和实现路径，而非上市公司 ESG 100 在乡村振兴方面整体处于观望阶段。

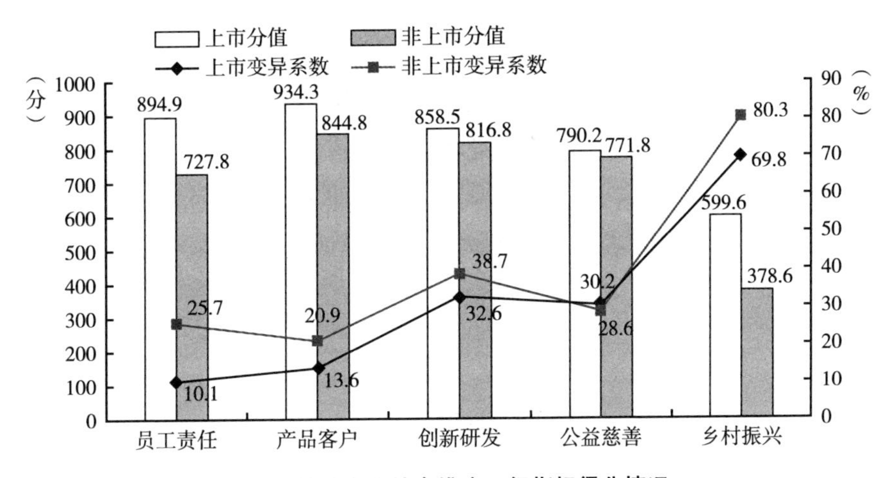

图 6　榜单企业社会维度二级指标得分情况

而在公益慈善方面，上市公司 ESG 100 和非上市公司 ESG 100 得分差异为 18.4，变异系数差异为 1.6%。由此说明，无论公司上市与否，榜单企业在公益活动中的投入都表现出了一致性，这也说明企业的公益慈善行为更多地取决于其内在的价值观和企业文化，而不是其市场地位。

（三）供应链管理成亮点，治理结构和财务表现需改进

整体来看上市公司 ESG 100 和非上市公司 ESG 100 在治理维度上的差距相对较小，其中供应链管理指标是表现最好的指标，上市公司 ESG 100 该项指标得分达到 867.1 分，非上市公司 ESG 100 该项指标得分为 796.6 分。而治理结构和财务表现指标则相对较差，上市公司 ESG 100 和非上市公司 ESG 100 在这些指标方面的得分均在 600 分左右（见图 7）。在具体分析过程中，我们发现部分企业在运营过程中仍然存在一些问题。首先，部分企业权力过于集中，缺乏民主性，这可能导致决策过程中的不公平和不透明，从而影响企业的长期发展；其次，女性董事在企业中的占比较低，这可能会影响到企业的多元化发展；最后，可持续盈利能力较差也是部分企业面临的问题。

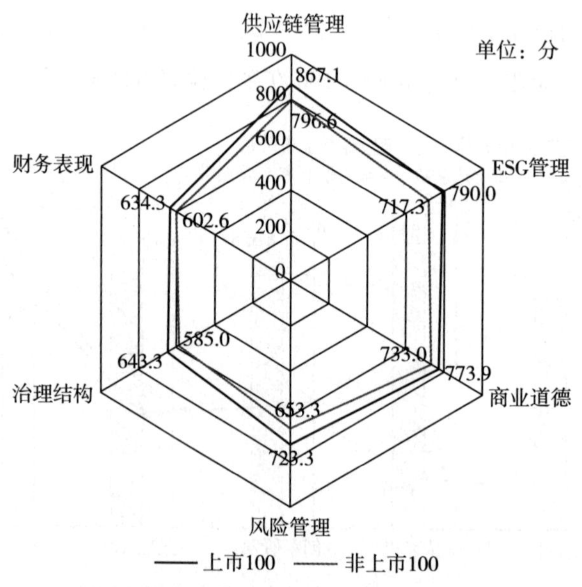

图 7 榜单公司治理维度二级指标得分情况

（四）争议事件主要集中在环境和治理方面

榜单企业争议事件主要集中在环境和治理方面。过去一年内，榜单企业中有 23 家企业发生过争议事件，占比为 11.5%。上市公司 ESG 100 共有 13 家企业发生过争议事件，非上市公司 ESG 100 中共有 10 家企业发生过争议事件（见图 8）。其中，上市公司 ESG 100 在治理方面更容易出现问题。可能是由于上市公司受到更多的监管和公众关注，因此对透明度和合规性的要求较高。同时，由于内部管理不善、利益冲突等多种原因，上市公司 ESG 100 在治理方面亦可能面临更大的挑战。相比之下，非上市公司 ESG 100 在环境方面容易出现问题。可能是部分非上市公司缺乏有效的环境保护措施和监管机制，导致其在环境方面的绩效表现较差。此外，非上市公司更容易受到资源限制和市场压力的影响，从而忽视环境保护的重要性。

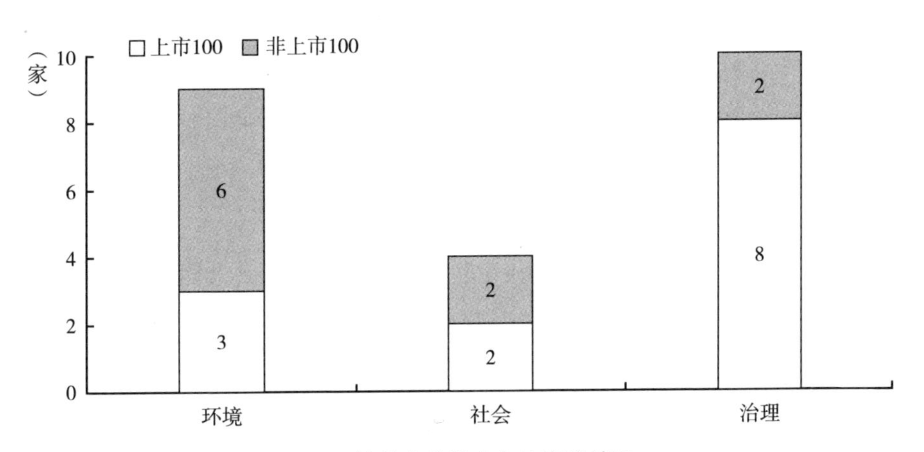

图 8　榜单企业发生争议事件情况

三　实践亮点

（一）践行 ESG 理念，金融行业率先破局

当前 ESG 投资浪潮已经深刻改变了金融服务领域，金融机构不再仅仅

关注企业的财务表现，而是更加关注可持续发展和企业社会责任。无论是制定碳中和行动方案，承诺净零排放，还是发放绿色信贷，抑或研发 ESG 评价体系，又或者是成立环境保护专项基金，都将 ESG 纳入决策投资中。金融业凭借其资金和技术优势，在助力 ESG 发展过程中发挥着重要的作用。

例如，东方证券于 2021 年制定并发布自身及投融资组合的碳中和规划及目标，力争到 2025 年，实现运营层面碳中和；建设银行搭建全业务领域的绿色产品体系，将环境与气候风险纳入全面风险管理体系，在授信环节实施“一票否决制”，构建对公客户自动化 ESG 评价体系；华泰证券捐资发起成立华泰公益基金会并设立“一个长江”环境保护专项基金，助力环保公益行业不同阶段人才的成长，推动资本与保护的跨界联动，引导资本向善。

（二）积极响应“双碳”目标，环保行动正当时

自从“双碳”目标被确定以来，可以明显地看到越来越多的企业开始积极响应并采取实际行动。这些企业不仅在自身运营过程中努力实现碳中和，同时也在推动整个行业向低碳方向发展。它们通过采用更环保的生产方式，提高能源效率，减少碳排放，以此来实现“双碳”目标。这种转变不仅有助于保护环境，也有助于企业的长期发展。

榜单企业中有部分能源企业和互联网企业充当了减碳方面的先行者，例如，阳光电源承诺 2028 年前实现运营层面碳中和，腾讯控股、通威股份计划 2030 年前实现运营层面碳中和。此外，榜单企业中已经有 53 家企业制定了碳中和目标或规划、157 家企业核算了企业的碳排放数据、167 家企业通过了环境管理体系认证、175 家企业正逐渐使用清洁能源来取代传统的能源形式。

（三）吸纳就业与创新发展，推动社会经济繁荣

榜单企业承担着吸纳就业和推动创新发展的重任，它们不仅为社会提供了大量就业机会，还通过持续的创新活动推动了整个行业的发展。在吸纳就业方面，2023 年发布的榜单企业共吸纳了 534.5 万人就业，平均员工增长

率达到 10.8%。同时，这些企业也积极推动创新，不断引入新技术、新产品和新理念，推动整个产业的升级和发展。2023 年发布的榜单企业平均研发投入强度为 4.5%，较全国平均水平高出近 2 个百分点。通过吸纳就业和创新发展的双重作用，榜单企业成为社会经济发展的中坚力量，为社会的繁荣和进步做出了积极贡献。

（四）回应员工需求和期望，展现人性化关怀

为了深入洞察员工的需求和期待，以便做出更符合员工利益的决策，榜单上的 192 家企业均设立了工会。以宝钢股份为例，其在职员工入会率和集体协议签订率均达到了 100%。此外，宝钢股份还为全体员工提供了包括“8088 申诉服务热线”在内的多种申诉渠道，涉及电话、书面、电子邮件和面对面交流等多种形式，以确保员工的声音能够畅通无阻地传达给管理层。

榜单企业在注重民主管理的同时，也充分展现了对员工的人性化关怀。2022 年有 152 家榜单企业公布了困难员工帮扶投入，帮扶金额达 2.6 亿元。其中，中国建设银行困难员工帮扶投入达 4077.3 万元，这体现了榜单企业对员工的关注不仅在工作方面，还包括生活方面，愿意为员工提供必要的帮助和支持。此外还有 154 家榜单企业通过了健康安全管理体系认证；164 家企业有相应的生育关怀措施。这些举措都充分体现了企业对员工的人性化关怀，也有助于提高员工的工作幸福感和忠诚度。

（五）企业捐赠总额超百亿元，追求义利兼顾成为新方向

2023 年发布的榜单企业捐赠总额达到了 116.1 亿元。其中，有 13 家企业的捐赠总额超过 1 亿元，6 家企业的捐赠总额超过 5 亿元，这 6 家企业分别是腾讯控股有限公司、蚂蚁科技集团股份有限公司、中国石油天然气股份有限公司、宁夏宝丰集团有限公司、中国神华能源股份有限公司以及福耀玻璃工业集团股份有限公司。此外，还有 62 家企业的捐赠总额超过了千万元。

近年来，越来越多的企业在追求经济利益的同时，能够积极履行社会责任和道德义务。这种转变不仅体现在公司的经营策略上，也逐渐渗透于企业

文化和价值观中。企业不再仅仅关注短期的利润，而是开始思考如何通过自身的发展，为社会做出更大的贡献。这种追求义利兼顾的理念，已然成为我国企业发展的新方向。

（六）董事会监管，ESG 成为企业可持续发展的驱动力

建立完善的 ESG 管理体系是企业 ESG 规范运作的第一步，榜单企业中有 176 家企业将 ESG 纳入企业战略规划中，通过将 ESG 纳入战略规划，可以更好地识别和管理与 ESG 相关的风险和机遇，从而推动企业可持续发展。

此外，榜单中还有 150 家企业明确了 ESG 工作部门和岗位。专管部门和岗位的设立有助于确保企业在 ESG 方面的管理和监督工作能够有序进行。通过明确的责任划分和专门的团队负责，企业可以更加高效地开展 ESG 实践与管理，并确保相关决策和行动能够得到有效的执行和监督。

值得一提的是，榜单中有 129 家企业由董事会参与 ESG 监管工作。表明这些企业高度重视董事会在 ESG 管理中的作用，并认为董事会应该积极参与 ESG 的监管工作。董事会的参与可以确保企业在 ESG 方面的决策和行动符合法规要求和社会期望，同时也可以增强企业 ESG 工作的透明度和问责性。

通过将 ESG 纳入战略规划、明确 ESG 工作部门和岗位以及董事会参与 ESG 监管工作，企业可以更好地管理和推动 ESG 实践，从而实现可持续发展的目标。这不仅有助于提升企业的声誉和竞争力，还有助于为投资者提供可靠的信息，促进资本市场的健康发展。

（七）ESG 杰出企业，典范引领 ESG 前行

通威股份、腾讯控股和龙源电力三家企业 ESG 实践具有突出的典型性和代表性。

1. 通威股份：首创“渔光一体”发展模式①

通威股份是一家以水产起家，成长于农牧，跨越于新能源领域的企业。

---

① 资料来源：《2022 通威股份有限公司环境、社会与公司治理报告》。

通威股份坚守实体经济，践行实业报国的理念，并首创了“上可发电、下可养鱼”的“渔光一体”发展模式。

根据气候相关财务信息披露工作组（TCFD）的框架，通威股份全面阐释了公司面临的气候相关风险及应对举措，承诺力争 2025 年实现碳排放强度相比于 2020 年下降 19.5%，并在 2030 年前实现运营层面的碳中和，100%使用可再生能源。2022 年，通威股份及其下属子公司每百万元营收温室气体排放量（基于市场）较上年度同比下降 63.69%。此外，公司的可再生能源电力消耗量占总电力消耗量的 81.73%，交易绿色电力证书达 35 万张，销售收入近千万元，公司各系列产品（硅料、电池、组件）共获得 11 项碳足迹认证，涵盖 ISO14067 和法国碳足迹 ECS 认证体系。

通威股份通过融合双主业优势，首创了上可发电、下可养鱼的“渔光一体”模式，实现了国土资源的立体开发，这种模式对于加速能源结构调整和实现“双碳”目标具有重要的推动作用。

2. 腾讯控股：科技推动可持续社会价值创新①

腾讯是一家世界领先的互联网科技公司，致力于用创新的产品和服务提升全球各地人们的生活品质。腾讯秉持用户为本、科技向善的使命愿景，积极探索如何将抽象的善、感性的关心具体化为可执行的战略、行动、产品与运营的过程。

腾讯利用自身核心技术和连接能力，在基础科学研究、乡村振兴、公益平台、碳中和、基础医疗、教育创新、社会应急、银发科技、科技无障碍和数字文化十大领域进行聚焦，构筑用户—产业—社会等多元主体共同参与的生态。通过技术+资金双轮驱动的模式，腾讯致力于共创更大的社会价值。2022 年，腾讯用于可持续社会价值及共同富裕计划领域的支出合计 58.36 亿元。

腾讯计划在未来十年投入 100 亿元，支持科学家进行基础科学研究。截至 2022 年底，已累计资助 200 位优秀青年科学家。在乡村振兴方面，腾讯

① 资料来源：《腾讯 2022 年环境、社会及管治报告》。

出资 5 亿元投入乡村人才培养项目——“耕耘者”振兴计划，截至 2022 年底，该项目已在全国 28 个省区市落地，线下培训超过 2.3 万人，并推广乡村治理数字工具包，覆盖超过 3500 个村庄。在公益平台方面，腾讯创新推出全民共创的公益交互机制“一花一梦想”，在“99 公益日”期间捐出小红花数量超过 1.07 亿朵。

腾讯对公益事业的最大贡献在于让越来越多的人能够参与进来，并通过技术和社交网络的力量改变了传统的公益模式，创造了更加透明、高效、社交化的公益方式。

3. 龙源电力：高质量 ESG 管理推动公司价值提升[①]

龙源电力将 ESG 与发展战略相结合，致力于不断完善 ESG 治理架构和运行机制，支持董事会参与公司 ESG 事务中的监督与推动，并不断提升公司价值。为推进 ESG 工作，龙源电力设立了可持续发展委员会和 ESG 工作办公室，并制定了《ESG 建设三年规划》。

在 ESG 体系建设方面，龙源电力一是对照国内外评级标准，结合 ESG 的最新趋势和相关方的期望，筛选关键实质性议题，细化 ESG 指标体系，搭建信息管理系统，并研究制定管理办法。此外，龙源电力还开展了专项培训，夯实了 ESG 管理的基础。二是召开外部专家研讨会，研讨 ESG 规划方案、议题指标、责任供应链等重要内容。同时，在世界经济论坛全球官方网站、中国企业论坛、中国企业社会责任报告国际研讨会等平台上分享 ESG 实践经验。三是参与中国质量协会牵头的《企业 ESG 评价指南》和《企业 ESG 管理体系要求》标准的制定。

通过参与 ESG 标准的制定，企业可以更好地了解 ESG 的概念和要求，从而更好地管理和披露自己的 ESG 信息。同时，参与标准的制定也有助于企业与政府、金融监管机构等各方合作，共同推动可持续发展目标的实现。

---

① 资料来源：《龙源电力 2022 年环境、社会及治理（ESG）报告》。

调研报告

Research Reports

B.3

中国企业公司治理报告（2023）

李亚萍　李恩慧*

摘　要： ESG背景下的公司治理，强调企业的决策结构和管理机制。本报告主要通过对公司治理要求、现状、特征等方面的分析得出，企业正将ESG作为公司发展的重要工作，逐步发挥董事会在企业ESG治理中的重要作用，并采取多种措施推进合规管理与风险治理，在内部积极开展合规培训，但对上下游企业的培训相对较少，绝大多数企业能够严格完善反贿赂与反腐败治理机制，但企业对ESG信息披露重视程度仍需增强。

关键词： 中国企业　公司治理　ESG

* 李亚萍，中华环保联合会ESG专业委员会委员，中安正道自然科学研究院研究员，研究方向为企业风险管理、ESG战略；李恩慧，中安正道自然科学研究院副研究员，研究方向为企业社会责任、公司治理、绿色金融、ESG信息披露。

良好的公司治理是企业制定有效的 ESG 战略所必需的坚实基础，公司治理是决定企业如何运作和管控的一套规则、实践和流程，其主要目的是确保企业以公开和负责任的方式行事，并确保其领导层以利益相关者的最佳利益行事。ESG 视野下的公司治理，不仅强调公司内部的有效治理和风险的化解，更强调企业将环境议题和社会议题纳入治理体系、治理机制和治理决策之中，避免治理层过度专注于经济议题而忽略环境议题和社会议题[①]。大量的数据表明，良好的公司治理与出色的绩效之间具有一定的关联。

一　公司治理的研究背景

（一）企业加强公司治理的重要作用

ESG 理念中的公司治理“Governance”强调的是公司组织治理架构的合理化，该治理架构合理化安排主要针对的是公司的股东以及董事、监事与高级管理人员（以下简称“董监高”），而公司股东以及董监高恰恰是公司运营管理的核心环节，其作用能力与效果好坏对公司的绩效会产生重要的影响。

从国家的角度来看，2022 年党的二十大报告提出，“完善中国特色现代企业制度，弘扬企业家精神，加快建设世界一流企业”。创建一流的现代企业需要一流的现代治理能力，需要企业从公司使命、长远战略、规章制度、企业愿景等方面进行整体的规划和设计，既要吸收现代企业制度的长处和经验，也要体现中国制度和中国文化的独特性。可以说，公司治理与我国创建一流企业的目标高度契合，且是实现这一目标的重要方式。

从公司股东的角度来看，虽然公司利益与股东利益休戚与共，但是公司作为独立法人主体，其运营过程中对于公司整体利益的追求并不完全与股东

① 黄世忠：《支撑 ESG 的三大理论支柱》，《财会月刊》2021 年第 19 期，https：//ckyk.yunzhan365. com/books/knoa/mobile/index. html。

利益相一致。因此，对于公司而言，整体利益最大化的实现需要在必要的时候限制股东利益，而公司组织架构的合理化能够有效地防止股东权益的无限扩张，从而保障公司整体利益的实现。

从董监高的角度来看，公司董事会的决策能力、公司监事会的监督效力、高级管理人员的管理水平均会对公司绩效产生直接的影响，忠实、勤勉的董监高对公司的绩效增长将起到不可替代的作用。因此，投资者（尤其是财务投资者）在对企业进行投资时，会逐渐将被投资企业的公司治理情况作为关注要点之一。

（二）公司治理与企业合规的一致

公司治理（G）重点关注公司内部治理中不同利益相关者之间的权利、责任和期望，而企业合规是企业为有效防范、识别、应对可能发生的合规风险所建立的一整套公司治理体系。因此，公司治理与企业合规的内在要求完全契合。具体要求如下：

1. 构建合规治理制度和文化

企业在成立之初大多有自己的使命和价值观，结合自身的价值观来构建合规治理的制度对于奠定合规治理的文化基调十分重要。企业在宏观上需要先推行合规制度，使得员工和日常运营浸润在合规治理的氛围之中。

2. 搭建合规治理体系

首先，合规治理应当享有独立的权力和授权。区别于企业经营风险和财务风险，合规治理应当独立于其他部门之外，由较高权威和独立的人员或者机构专门处理。目前大多企业已经由董事会直属的 ESG 委员会进行合规治理。其次，要有足够的资源来保证合规治理体系的畅通。需要企业前期投入大量的资源，但同时合规的治理体系能够为企业带来可持续发展的更大利益。

3. 合规治理保障

合规治理体系的保障主要体现在人员及政策方面。具体的合规治理政策需要结合企业所属不同行业和领域、企业内部不同职能部门、不同层级员工来制定详细的可操作性的政策，特别是针对高风险爆发点需要高级别的应对措施。

4. 合规治理的运行程序

合规治理体系需要在运行中不断监测和完善，同时运行中还需要做到对合规治理体系有效性的考核、合规治理人员尽职度的考核。标准的合规治理程序（如内部举报程序、投诉建议程序、内部奖惩程序等）能够有效识别、防范和应对风险，从而使企业自身应对风险的能力不断加强。

（三）对公司治理信息披露的要求

根据三大国际组织的指引（ISO 26000 社会责任指南，SASB、GRI 可持续发展报告）、ESG 评级公司关于 ESG 评级的披露信息，以及 12 家国际交易所发布的 ESG 投资指引，公司治理方面的要素主要包括公司治理、贪污受贿政策、反不公平竞争、风险管理、税收透明、公平的劳动实践、道德行为准则、合规性、董事会独立性及多样性、组织结构、投资者关系等。

从国际评级机构的 ESG 评价体系来看，MSCI 在公司治理维度上主要考量公司治理以及公司行为两个主题。其中，公司治理对应的是董事会治理、薪酬管理、股东治理、会计管理四个关键问题；公司行为则对应的是商业道德、税务透明度两个关键问题①。汤森路透的公司治理构架则包括了管理层、股东和所有权、打击避税逃税策略三个方面的一级指标。惠誉则列出了"管理策略（操作执行），董事会独立性和有效性、所有权集中，复杂性、透明度和关联方交易，财务披露的质量和及时性"等方面的内容。穆迪的公司治理构架内容为财务政策与风险管理、管理层可靠性、组织框架、合规与报送、董事会结构与政策等一级指标。

对于上市公司来说，更迫在眉睫的是交易所的公司治理标准。港交所的《企业管治守则》更注重公司的内部治理与实际执行，追求将治理框架嵌入上市公司之中。《企业管治守则》中具体列举了 16 项守则，细分为董事、

① 明晟官网，https：//www. msci. com/our-solutions/esg-investing/esg-ratings/esg-ratings-key-issue-framework。

薪酬及董事会评核、问责及核数（审计）、董事会权利的转授、与股东的有效沟通、公司秘书 6 个方面，16 项守则都非常细致详尽，具有很强的可操作性。2022 年 7 月，深圳证券交易所新出台的国证 ESG 指数则从我国监管规则下的治理机制出发，以监管框架内的合规性为标准，将我国 ESG 评价体系中的公司治理维度细分为股东治理、董监高治理、ESG 治理、风险管理、信息披露、治理异常六个主题，相较于 MSCI 提供的 ESG 指数，一方面国证 ESG 指数在标准上更加细致化，将公司治理细分为 6 个主体、12 个关键问题；另一方面在内容上将股东治理、董监治理以及信息披露三个具体化的问题上升为主题，进一步反映了在我国规则体系以及制度安排下公司治理活动应当关注的核心要点。

二　企业公司治理的现状

公司治理是企业实现高质量发展的基础，是公司规避风险、实现长远发展的重要保障。调研数据显示，41.1%的企业开展了 ESG 培训，38.9%的企业制定了 ESG 沟通、信息统计制度，25.0%的企业将 ESG 纳入企业战略规划（见图 1）。互联网企业中，腾讯集团马化腾、阿里巴巴集团张勇都对外宣称将 ESG 作为公司发展的重要工作。

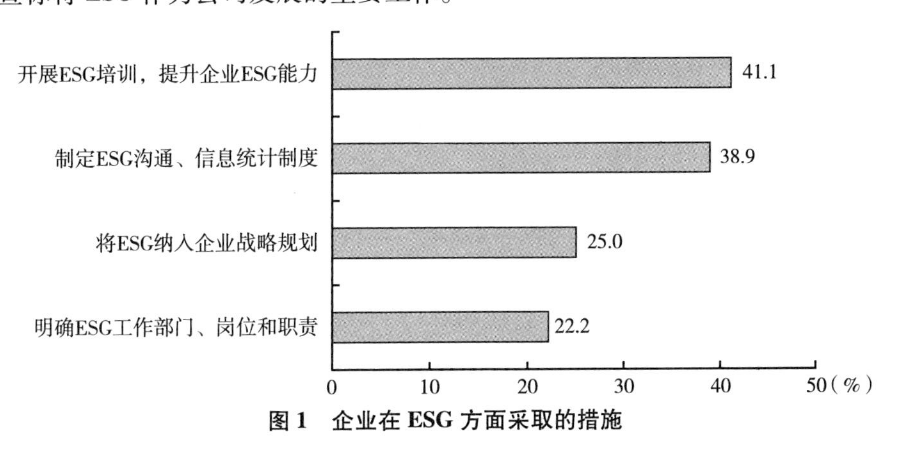

图 1　企业在 ESG 方面采取的措施

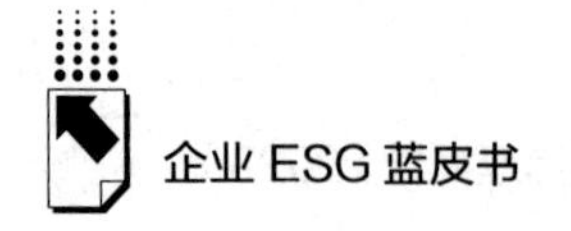

（一）董事会治理情况

董事会在企业 ESG 治理中发挥着重要作用，董事会直接参与企业 ESG 治理，在 ESG 评估、决策、监控环节中承担主导责任，是实现企业可持续发展的重要保障。调研数据显示，独立董事比例为 38.4%，女性董事比例为 12.4%（见图 2）。

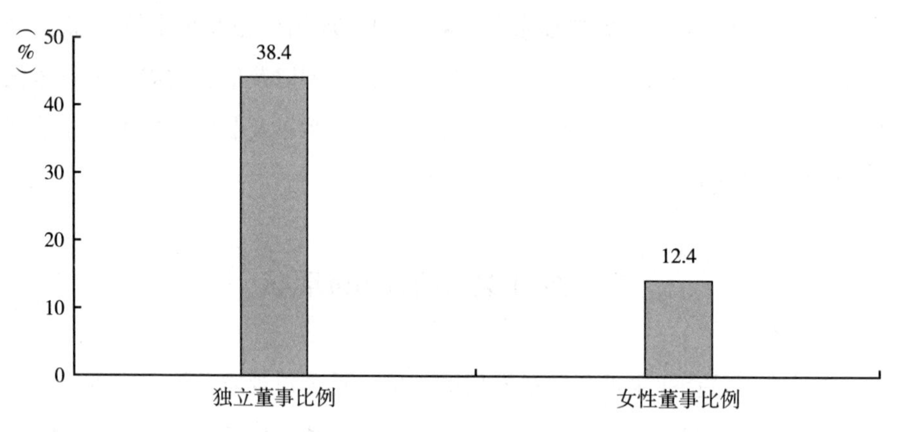

图 2　企业内部的独立董事比例和女性董事比例

调研数据显示，16.7%的企业将管理层薪酬与 ESG 绩效挂钩，15.5%的企业董事会参与 ESG 监管工作，13.0%的企业及时披露 ESG 相关信息（见图 3）。

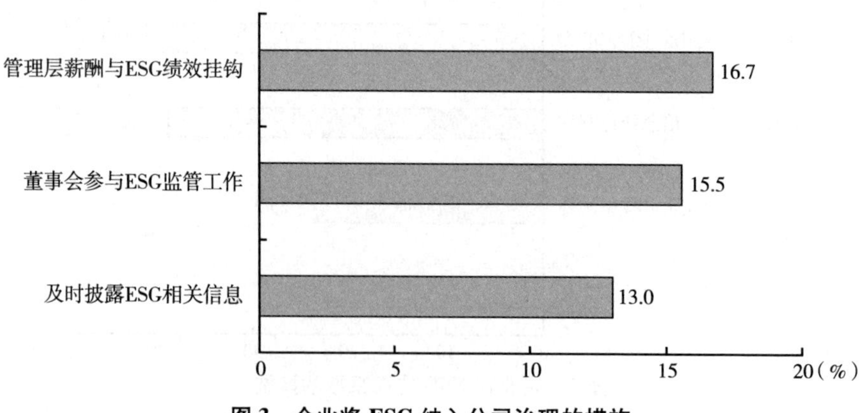

图 3　企业将 ESG 纳入公司治理的措施

智联招聘数据显示，2022 年至少有 46 家上市公司招聘 ESG 相关岗位人才，表明上市公司正在加强 ESG 相关治理工作，更侧重于专业的 ESG 人员落实公司 ESG 工作。

（二）合规与风险治理情况

合规管理也属于公司治理范畴，是企业确保其符合所有的适用法律法规以及公司政策。在合规管理方面，40.0%以上的企业定期对企业的财报、部门人员、签订的合同进行审核，另有 16.1%的企业能够定期形成合规风险评估报告（见图 4）。

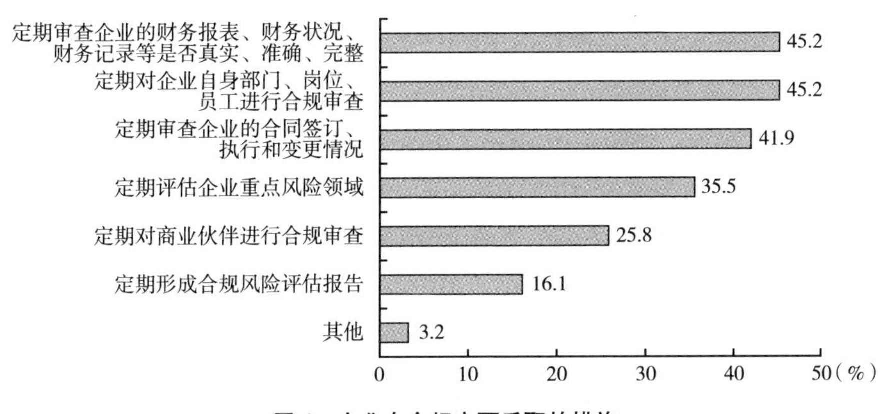

图 4　企业在合规方面采取的措施

在合规培训方面，调研数据显示，企业积极开展合规培训，强化内部人员的合规管理，提升管理层和员工的意识，64.4%的企业开展了合规培训（见图 5）。在开展合规培训的企业中，84.2%的企业更为注重对管理层的培训（见图 6）。

相对而言，注重对上下游企业进行培训的相对较少（见图 6），这为企业在供应链上下游出现风险埋下一定的隐患。尤其是近年来，餐饮行业、食品加工行业因上下游供应商出现问题，进而影响企业的现象屡见不鲜。

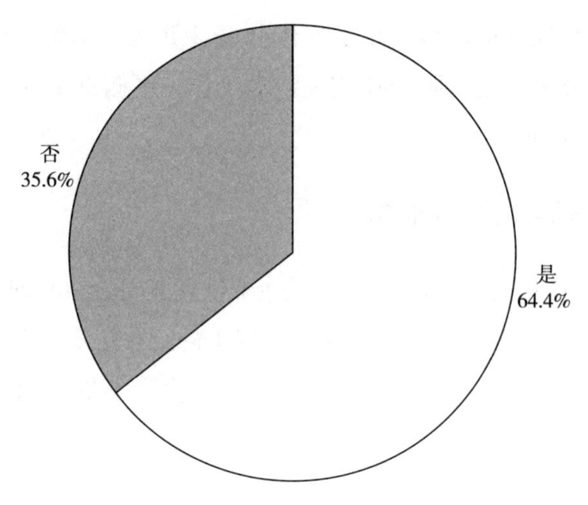

图 5　企业是否开展合规培训

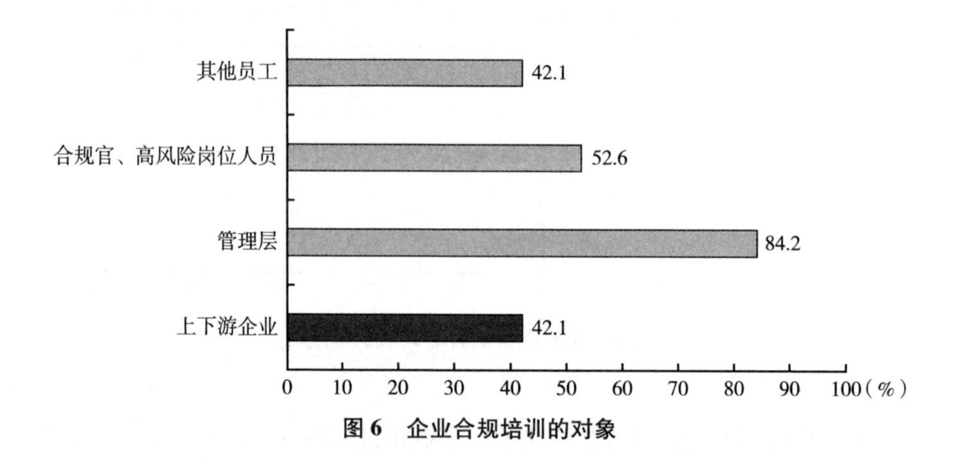

图 6　企业合规培训的对象

（三）反贪污和贿赂治理情况

反贿赂与反腐败是现代企业在法治环境下合规经营不可避免的话题，也是公司治理层面的披露指标之一。调研数据显示，90. 2%的企业拒绝采购涉嫌商业贿赂的产品或服务；69. 1%的企业建立包括商业贿赂在内的腐败风险的识别、监控、预防和惩治制度；66. 4%的企业开展反腐倡廉的相关教育和培训；61. 4%的企业建立腐败事件的举报和保护机制（见图 7）。

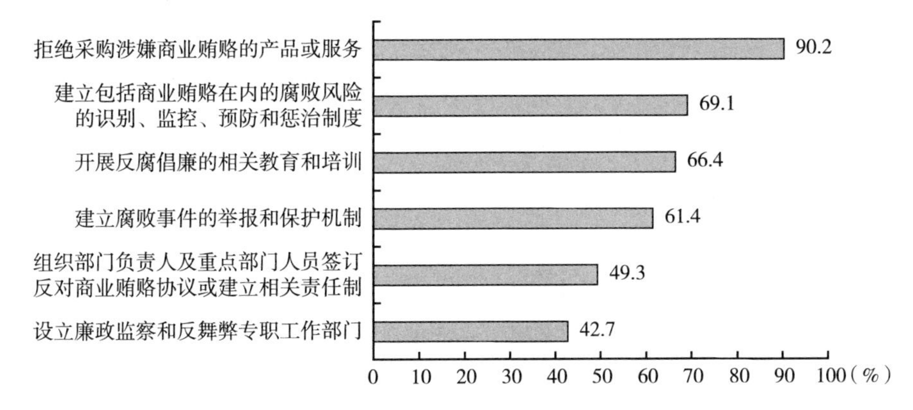

图7　企业在反腐败方面采取的措施

（四）企业 ESG 信息披露情况

公司作为市场的重要参与主体，其信息披露的真实、准确、完整、及时、公平是资本市场健康运行的重要基础。ESG 报告作为企业信息披露的载体，是外界了解企业可持续发展状况的重要来源。

从报告数量来看，根据 wind 数据统计，截至 2023 年 6 月底，A 股超过 1700 家上市公司发布了 2022 年度 ESG 相关报告，相比 2021 年度的 1468 家，数量显著增加。调研数据显示，调研企业中有 17.6%的企业发布了相关报告，其中，66.9%是社会责任报告，17.5%是可持续发展报告，13.6%是 ESG 报告（见图 8）。另外，多数企业的报告由企业自身编制（见图 9）。

从 ESG 报告发布的行业来看，根据 wind 数据统计，医药生物行业上市公司披露的 ESG 相关报告数量最多，超过 150 家；其次是基础化工、电力设备、机械设备、电子行业，披露数量在 104~114 家。相对而言，石油石化、煤炭、社会服务等披露相对较少（见图 10）。由此说明，尽管 ESG 理念得到企业的认可和关注，但在当前不同行业对 ESG 信息披露重视程度不一。

从上市与非上市企业来看，多数上市公司已经把社会责任报告改为 ESG 报告或可持续发展报告，而对于广大非上市公司而言，社会责任报告仍然是其发布的主流。究其原因，一是上市公司受到港交所、深交所等信息披露的

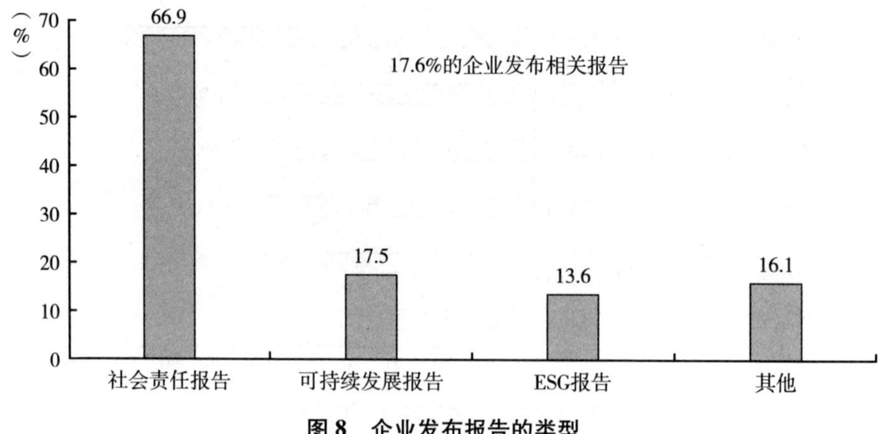

图 8　企业发布报告的类型

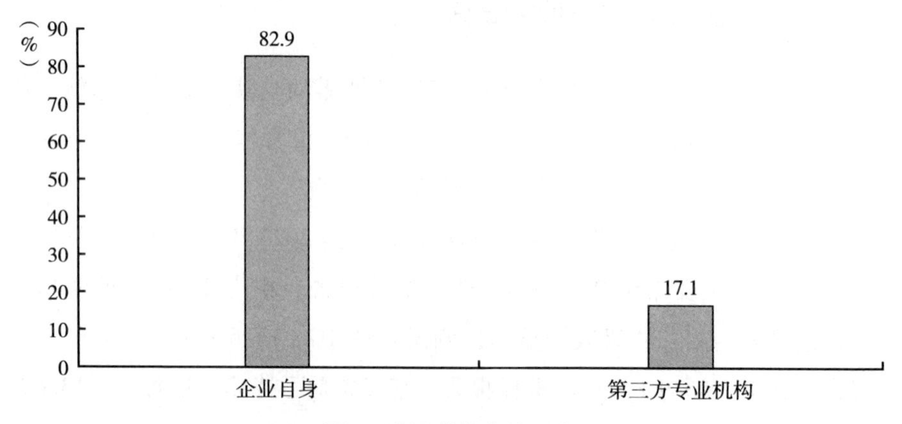

图 9　企业的报告编制方

相关文件要求，发布 ESG 报告更为主动。对于大多数非上市公司而言，缺乏相应的信息披露规定和要求，对信息披露的形式并不在意。

三　企业公司治理的实践进展

公司治理是实现长期目标、创造长期价值的前提，通过对企业公司治理实践的总结，归纳出以下特征。

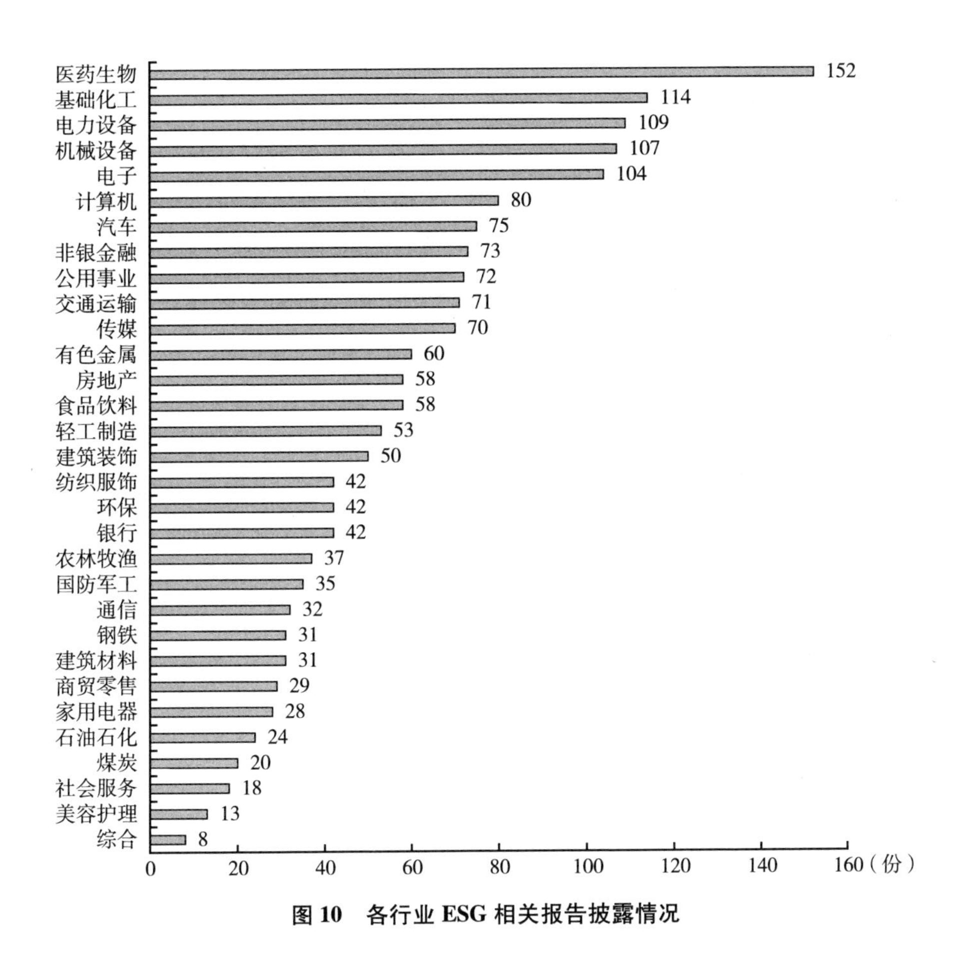

图 10　各行业 ESG 相关报告披露情况

（一）公司治理的三种模式

建立有效的公司治理模式，是企业长远发展的保障。从调研企业来看，当前存在三种公司治理架构。

一是改变原有的公司治理架构。由董事会负责 ESG 事项审议、决策，并在董事会下设 ESG 委员会，或者在董事会专业委员会下设 ESG 委员会，负责企业 ESG 相关事项的监督、指导，下设 ESG 工作小组负责具体 ESG 工作的推进执行。如中化国际的 ESG 治理框架结构（见图 11）。

二是不改变公司治理架构，但对企业 ESG 治理具有监督管理作用。在集团层面设立独立于董事会和专业委员会的 ESG 委员会，委员会下设秘书处或工作小组，推动集团内部各个单位开展 ESG 实践。

三是“虚设”功能性 ESG 治理架构。既不在董事会设立专门的 ESG 委员会，也没有专业的 ESG 委员会，但有专门的程序或机制将 ESG 因素纳入企业决策和活动中。该模式主要在董事人数有限的小型企业，可以在一定程度上减少因常设 ESG 治理架构而增加的运营成本，但同时也存在对 ESG 事项缺乏持续的关注和考量等问题。

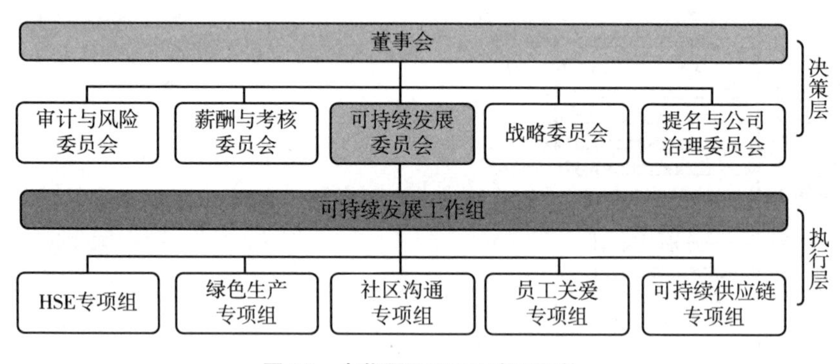

图 11　中化国际 ESG 治理架构

【案例】洛阳钼业：将 ESG 事宜上升为董事会管治层级①

2018 年，洛阳栾川钼业集团股份有限公司将战略委员会更名为战略及可持续发展委员会，将 ESG 理念融入了整体的策略制定中，正式确立了董事会在 ESG 事宜上的领导地位，将 ESG 事宜上升为董事会管治的层级。

洛阳钼业在战略及可持续发展委员会下设立了一个跨部门的机构——“可持续发展执行委员会”（见图 12）。该委员会的成员分别来自董事会办公室、HSE（健康安全与环境）、内控、法务、全球供应链、人力资源和战略发展部等部门。该机构对董事会战略与可持续发展委员会负责，向董事会秘书直接汇报，能够确保 ESG 工作的高效沟通与快速落实，将 ESG 风险深度融入公司整体的风控体系中。

---

①　资料来源：洛阳钼业《2022 年度环境、社会及管治报告》暨《2022 年度社会责任报告》。

内部控制方面，洛阳钼业2020年重新修订和颁布了更严格的集团全面风险管理制度、内部审计管理制度等一系列规章制度，建立和实施风险管理责任制和风险管理述职制等工作机制，进一步强化风险管理和审计监督工作。

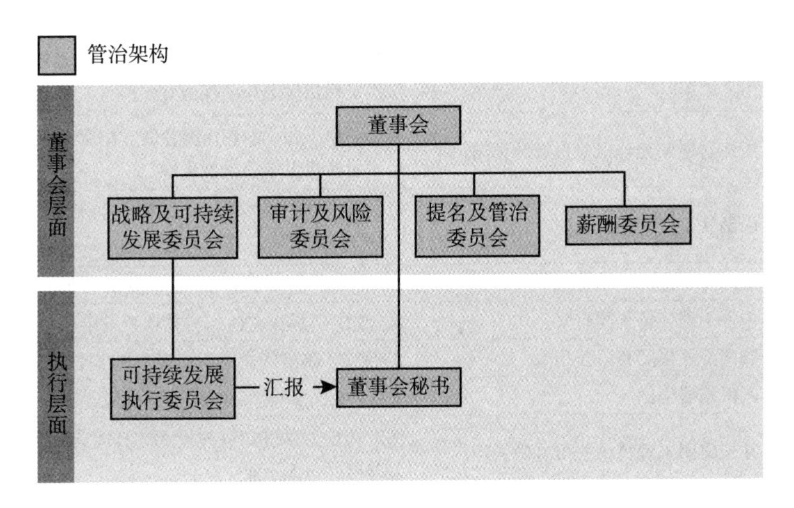

图12　洛阳钼业ESG管治架构

（二）党建是公司治理的独特方式

党建是实现公司治理的重要组成部分。《公司法》（2018年修正）和《上市公司治理准则》（2018年修订）规定了在上市公司中设立中国共产党的组织和开展党的活动，上市公司应当为党组织的活动提供必要条件。国有控股上市公司根据《公司法》和有关规定，还应当结合企业股权结构、经营管理等实际，把党建工作有关要求写入公司章程。此外，《上市公司章程指引》（2022年修订）新增了关于上市公司设立党组织、开展党建活动的规定。

在实践操作中，上市公司一般会在章程中规定党委的主要职责与党委议事决策的前置程序，明确董事会决策重大事项应当听取党委的意见，设立公司纪律检查委员会监督违纪行为，加强公司党员队伍建设，开展党风廉政建设等。当前，我国企业在公司治理的过程中，国企、民企等都在公司内部建立了党组织或相应的部门，开展三会一课、反腐倡廉等活动，是中国独特的公司治理方式（见表 1）。

表 1　党建与公司治理融合做法

序号	企业名称	党建做法
1	成都飞机工业(集团)有限责任公司	国家型号飞机“党建+”工程助推国企党建工作与中心工作深度融合的探索与实践
2	浙江富春紫光环保股份有限公司	共富发展出题、党建引领答题　争做助力共同富裕示范区建设绿色发展先锋
3	中国铁工投资建设集团有限公司	以“生态效能”党建为载体,打造企业高质量发展“红色引擎”
4	中远海运(青岛)有限公司	以“党政同责、一岗双责”推动党政深度融合
5	中铁工程装备集团有限公司	以“党建+”促进党建与科技创新工作深度融合
6	潍柴控股集团有限公司	“三利箭”破解国企意识形态落地虚空难题
7	欧派家居集团	“党建+五个融合”,创领企业发展新高度
8	徐工集团工程机械股份有限公司	探索构建“三棱镜”党建模式　打造具有全球竞争力的世界一流企业

【案例】浙江中南：以党建促进企业健康发展①

浙江中南控股集团有限公司始终牢守法治思维底线，严守廉洁纪律红线，注重以“红色桩基”特色党建品牌为牵引，引领清廉企业建设，争做爱国敬业、遵纪守法、诚信经营、回报社会的表率。

深入学习教育，夯实思想根基。为深入学习贯彻习近平新时代中国特色社会主义思想和党的二十大精神，认真领会习近平总书记关于进一步纠治“四风”、加强作风建设的重要指示精神，筑牢领导干部廉洁自律意识，党委及各支部结合党史学习教育，开展党风廉政教育，深化党员干部的组织纪律观念。组织全体在职党员干部参观革命旧址，重温入党誓词，开展现场教育，引导教育广大党员干部发挥先锋模范作用，带头转变作风、真抓实干，坚决防止和克服形式主义、官僚主义，切实转变思想作风和工作作风。

① 资料来源：《2023 浙江中南控股集团企业社会责任报告》。

聚焦责任落实，完善工作机制。召开年度党建工作、党风廉政工作会议，明确工作要点，对全年党建工作和党风廉政建设工作进行安排部署。成立清廉企业建设领导小组，将清廉企业建设纳入党建工作和企业发展的整体布局中。为增强防范风险能力，确保生产经营稳健发展，集团建立和完善了内控管理体系，形成了内控管理手册；组织各部门、分公司、车间、班组层层签订“清廉自律承诺书”，加强集团公司行风建设，完善廉洁从业行为规范，杜绝各种违法违规行为的发生。

强化班子建设，发挥示范作用。公司选取核心骨干力量组建了一支包含一名纪委书记、一名纪委副书记、三名纪委委员的完整的纪委监督队伍，纪律检查委员会成员均具备“政治坚强、公正清廉、纪律严明、作风优良”的素质；在公司内部深挖廉洁自律员工典型，选树一批廉洁自律先进模范；结合党员先锋岗、工人先锋号、青年文明岗等的创建活动，推动清廉文化进部门、进工地、进项目、进班组、进岗位；通过抓阵地建设、抓活动载体、抓典型案例，有力推动清廉教育，使清廉从业成为全体干部员工的行动自觉。

加强风险防控，筑牢惩防体系。结合公司重点工作，抓准重点领域、关键环节、重要岗位和重要节点开展岗位风险防控排查，落实在项目准备阶段、实施阶段、竣工阶段的全过程管理；建立以公司监事会、纪律检查委员会、审计部为主导的监管惩防联动体系；开通监管举报热线、设立举报箱，畅通举报渠道，做到及时掌握、妥善处理；建立健全腐败行为惩戒警示制度，将廉洁从业列为年终绩效考核的重要内容，充分发挥惩治腐败体系的导向、规范和约束功能，增强全体干部和员工的清廉从业意识。

（三）防范和化解风险是公司治理的重点

能否防范和化解 ESG 风险是衡量企业可持续发展的重要考量标准。目前来看，公司披露的风险管理相关信息，一般包括企业风险管理相关的制度和政策（涵盖风险识别、风险分析、风险评价、风险应对、监督和检查的全流程）、防范不当关联交易的程序规则和制度安排、重大公共危机和灾害事件应对预案等内容。2022 年，重庆华宇集团面对经济下行、头部企业暴雷带来的多重压力，积极防范和化解公司存在的风险，成为百强房企中“三道红线”指标全为绿档的少数企业之一。自“金融 16 条”发布以来，集团与建行、工行、农行、中行等 11 家大型银行签订战略协议，新增授信超 230 亿元，成为全国获得银行新增授信战略支持最多的民营房企之一。在市场持续下滑、合作企业屡陷困境的情况下，地产集团坚持“稳品质、保交付”，克服诸多困难，如期交付项目 23 个，涉及业主 2.4 万户，继续保持“无一房延期交付、无一户延期办证”的优良记录。物业集团坚持做优服务、逆行抗疫守护业主安全。经三方机构适时评估，2022 年，集团服务客户整体满意度 86 分，在赛惟中国房企满意度数据库排名中居第 24 名，在克而瑞中国房企客户满意度 50 强中排名第 36 名。

（四）ESG 信息披露重视程度增强

企业对外发布 ESG 报告是企业愿景、管理现状、实践情况的展现，也是外界了解企业 ESG 表现的重要窗口。上市公司协会中国上市公司 2022 年发展统计报告显示，在 ESG 报告发布方面，逾 1700 家公司单独编制并发布 2022 年度 ESG 报告，数量较上年大幅增加。A+H、央企控股、主板上市公司发布率领先，银行、非银金融等行业 ESG 相关报告发布率超 80%。根据调研企业来看，具有以下特点：

参考标准更具国际化。从 20 世纪 90 年代开始，国际范围内成立了多个 ESG 组织，并逐步制定了各自的 ESG 信息披露标准，典型的 ESG 披露标准包括 GRI、SASB、ISO 26000、IIRC、ISSB 和 CDSB 等。我国企业对现有国际 ESG 标准进行了广泛应用，为我国上市公司编制、发布报告提供了一个可参考的框架，提升了企业报告的规范性、可比性和可信度，推动了我国整体的 ESG 实践。其中，GRI、SASB、ISO 26000 三种标准体系在我国具有较为广泛的影响力。

中国企业日益重视 ESG 鉴证。寻求独立的 ESG 鉴证可以提高报告信息的可信度，这也将是接下来的监管重点。毕马威全球 ESG 信息披露调查

（2022）数据显示，在过去的两年中，寻求 ESG 鉴证的世界财富 250 中，中国企业数量从 2015 年的 15 家，增加至 2022 年的 30 家[①]。国内也有相当企业的 ESG 报告寻求国际或国内机构的认证。如四川水井坊股份有限公司即委托 SGS 通标标准技术服务有限公司对《水井坊 2022 环境、社会、公司治理（ESG）报告》中文版进行独立验证。蚂蚁集团《2022 可持续发展报告》委托 TÜV 莱茵技术监督服务（广东）有限公司（德国莱茵 TÜV 集团成员之一）进行报告的外部审验。

企业 ESG 评级在国际得分不断提升。与此同时，一些公司的 ESG 报告评级也获得国家专业评级机构的认可。如，2022 年，复星国际有限公司被 MSCI ESG 评为 AA 级，是唯一一家在 MSCI ESG 评级中获得 AA 级的大中华地区综合型企业，并连续入选 MSCI CHINA ESG LEADERS 10-40。同时，恒生可持续发展评级也获得了 A 级评价，连续两年入选恒生 ESG 50 指数成分股，连续三年入选恒生可持续发展企业基准指数成分股；首次入选富时罗素社会责任指数（FTSE4Good Index Series）成分股，标普企业可持续发展评估成绩大幅上升，排名超过 91%的全球同行业者。

四　公司治理的发展趋向

从 ESG 发展的角度来看，当前我国公司治理仍然任重而道远。目前，上市公司的公司治理已经初见成效，尤其是国有企业在外部强制因素的影响下，不断加快完善公司治理，但从公司治理的水平、要求以及其他公司治理的实践方面来看，仍然需要继续努力。

（一）从风险管理的角度来看，提升公司治理水平减少 ESG 风险

公司治理是 ESG 的重要组成部分，随着企业 ESG 绩效日渐受到监管方、投资方等重要利益相关方的重视，治理结构、商业道德、合规管理等治理议

---

① 毕马威：《全球 ESG 信息披露调查（2022）》，2022，https：//kpmg. com/cn/zh/home. html。

题也逐渐显性化，受到广泛关注。Wind 数据显示，截至 2023 年 6 月底，沪深交易所已有 60 家 A 股上市公司收到证监会发出的立案告知书，这一数量几乎是 2022 年同期的两倍。此外，还有 24 家公司的实际控制人、控股股东或持股 5%以上的股东、董监高等高层也收到了证监会的立案通知书，与上年同期相比增加了超过三成。这说明企业在风险治理方面还需要进一步强化，不断提升企业自身的能力。

另外，治理领域的董事会成员多元化也一直备受关注。香港证券联交所已经明确提出"成员全属单一性别"的董事会是不可接受的，要求上市公司强制披露董事会成员及员工实现性别多元化目标及时间表等。世界经济论坛发布的《2022 年全球性别差距报告》调研数据指出，尽管中国女性拥有较高的劳动参与率，但董事会中女性成员比例仅为 13.8%，仅有 17.5%的公司拥有女性高管，远远低于大部分经济合作与发展组织（OECD）国家。中国在该报告性别平等指数纳入的 143 个经济体中排名第 102 位，位列中下水平。由此可见，我国上市公司还需要进一步完善公司 ESG 治理结构，加强治理制度，关注董事会多元化建设，提高公司治理水平。

（二）从评价体系的角度来看，公司治理需要本土化、中国化

当前 ESG 背景下的公司治理规则和信息披露主要遵循国外的发展要求。而当前国内外 ESG 评级体系差异较大，在公司治理维度的评价上各有侧重。由于缺乏规范和数据的统一，国际评级公司与国内评级公司对企业的 ESG 评级结果存在天壤之别，甚至一些国内行业中的领先企业，在国外的评级中处于中下游。ESG 将公司治理纳入评估，具有必要性和紧迫性，但对于发达国家和发展中国家来说，由于经济背景不同，发展阶段不同，所面临的实际问题不同，仅仅用一些指标简单替代并不能科学引导企业发展。就当前 ESG 在中国的发展而言，需要弄清楚企业应当履行什么样的责任，公司治理所要解决的实质问题是什么，才能去建立健全中国特色的公司治理体系。

（三）从信息披露的角度来看，ESG 报告的实质性有待提高

当前上市公司发布了 2022 年企业 ESG 报告的数量不断增加，但质量却不能令人满意。正如虎嗅 ESG 组指出的，当前企业 ESG 报告存在着种种实质性议题披露不足，甚至一些企业采用折中的方式，将报告名称命名为“ESG 报告暨社会责任报告”①。这反映出当前 ESG 在发展过程中，企业在从 CSR 向 ESG 转型时期，对信息披露的认识尚有不足。与此同时，另一个问题是当前的 ESG 指标中，对实质性议题和具体指标更为清晰，但企业内部并未形成专门的信息收集和整理部门，也就导致在需要进行信息披露时，缺少相应的数据支撑。

（四）从公司类型来看，非上市公司应当注重对 ESG 的治理和信息的收集

从上市公司与非上市公司的角度来看，当前 ESG 治理主要面向的是大型上市公司，但随着 ESG 理念的传递，上市公司对公司 ESG 治理趋严，作为上市公司供应商的非上市公司，将越来越受到其供应商管理规章制度的约束。尤其是随着上市公司在供应链管理中将供应商的 ESG 合规性作为重要的参考指标，ESG 管理体系的影响将通过大型企业向其供应链中的中小企业进一步传导。这就要求中小企业重视对公司内部 ESG 绩效的管理，考虑其在生产经营中对环境和社会可能造成的影响。

---

① 袁加息：《某些公司的 ESG 报告，好像是被按着脖子写的》，虎嗅 ESG 组，2023 年 4 月 8 日，https：//mp. weixin. qq. com/s/MCljEe3A4QFHbdDqbsau-A。

B.4
中国企业社会价值报告（2023）

李恩慧　毛巧荣*

摘　要： ESG背景下的社会价值，强调的是企业与员工、供应商、社区、客户以及其他利益相关方之间的关系。本报告主要结合相关政策、调研数据和企业案例分析发现，企业在员工权益保障、员工成长、员工关爱等各方面表现良好，并严格进行产品质量管理，积极开展消费者满意度调查，但调查主体基本为企业自身，慈善捐赠是企业参与公益慈善的主要方式，同时越来越多的企业在政策引导下开展公益慈善活动时主动向乡村倾斜。

关键词： 中国企业　社会价值　ESG

ESG中的“S”（Social）代表社会，指的是企业在创造利润、对股东和员工承担法律责任的同时，还要承担消费者、社区等利益相关方的责任。近年来，随着新冠疫情、俄乌冲突等不稳定因素的增多，我国人口老龄化、生育率下降、适老化等社会问题的凸显，都推动了多方对“社会”领域的关注。随着社会风险被不断放大，企业如何对待其所应承担的社会责任、管理所涉及利益相关者的利益，都成为政府、投资者、消费者以及公众等群体对企业进行评估的重要方面，彼此之间形成一种新的基于社会因素的契约模式。

---

* 李恩慧，中安正道自然科学研究院副研究员，研究方向为企业社会责任、公司治理、绿色金融、ESG信息披露；毛巧荣，中华环保联合会ESG专业委员会委员，全联正道（北京）企业咨询管理有限公司ESG项目部经理，主要从事ESG项目策划、咨询、培训。

一　企业社会价值研究背景

（一）从企业社会责任到 ESG 中的社会维度

从 CSR 到 ESG 的发展历程来看。在 ESG 概念进入大众视野之前，企业在社会责任方面更广为人知的衡量标准是其 CSR 水平（Corporate Social Responsibility）。CSR 概念最早于 1923 年由英国学者欧利文·谢尔顿提出，并于 1953 年被美国学者霍华德·R. 鲍恩再定义。鲍恩认为，“商人有义务按照社会所期望的目标和价值，来制定政策、进行决策或采取行动”，这一定义明确了企业及其经营者对社会所需要承担的责任。20 世纪 70 年代后，随着环保问题逐渐突出，联合国和各大投资机构逐渐发展出了 ESG 概念，将“环境、社会和治理”融合为一，形成了一套新型的企业评价和投资决策参考标准[①]。

从 CSR 到 ESG，对“社会”维度的理解也发生了明显的变化。首先是关注点上，CSR 中的社会维度更加关注企业与社会的关系，包括企业如何对待员工、客户、供应商以及如何参与社区和环境保护活动等。而 ESG 中的社会维度更加关注企业与所处的社会环境的关系，包括劳工实践、多样性、包容性和社区关系等因素。其次是涉及范围上，CSR 中的社会维度涉及的方面相对较广，包括企业的各个方面，如员工福利、社区服务、慈善捐赠等。而 ESG 中的社会维度则更加专注于与公司业务直接相关的社会和环境问题，如供应链管理、社会责任投资等。最后是信息披露上，CSR 中的社会维度在披露方面相对更加灵活，而 ESG 中的社会维度信息披露要求则更加规范和标准化。

（二）不同地区对社会维度的关注

目前全球范围内并未形成统一的 ESG 评价与报告标准，欧盟、美国和

① 王晓光、肖红军：《中国上市公司环境、社会和治理研究报告（2020）》，社会科学文献出版社，2020，第 18 页。

中国香港等地出台的 ESG 报告相关信息披露要求，展现了当前对 ESG 中社会维度关注的内容。

2022 年，欧盟先后发布了拟定的《企业可持续发展报告指令》和《企业可持续发展尽职调查指令》，明确需要报告的社会指标包括工作条件、社会伙伴参与、集体谈判、平等、非歧视、多元与包容以及人权，同时涵盖相关做法对于人（包括员工）的影响，如雇佣与收入领域。其中，人权方面应包含价值链中的强迫劳动与童工的相关信息；雇佣与收入方面应载明就业性别平等、同工同酬、残障人士雇佣与职场包容、培训与技能提升以及高级管理层中性别多样化与少数群体代表性情况。

美国纳斯达克证券交易所的 ESG 报告指南则将 CEO 薪资、性别报酬、员工离职情况、性别多元化、临时工、非歧视、职业伤害、安全生产、童工和强迫劳动以及人权作为社会指标的重要内容。

香港证券交易所上市规则关于 ESG 的报告指南中，社会指标内容同样包括就业和劳动规范（雇佣合规、职业健康与安全、发展与培训、劳动基准）、运营规范（供应链管理、产品责任、反腐败）以及社区与利益相关方投资（见表 1）。

表 1　港交所环境、社会和治理报告指南中的社会信息披露要求

港交所社会维度指标		
就业和劳工规范	运营规范	社区
B1 就业 B2 健康与安全 B3 发展和培训 B4 劳工标准	B5 供应链管理 B6 产品责任 B7 反腐败	B8 社区投资

（三）各标准中的社会信息披露要求

国际标准中的社会维度，从 ESG 评级角度（以明晟 MSCI 为例）及报告角度（以 GRI 和 SASB 为例），可以进一步清晰地看出相关要求。

1. 明晟评级体系中的社会维度

国际知名评级机构明晟（MSCI）将“S”社会维度分为4个主题、16个关键指标，并根据每个指标对企业所在行业的影响程度及该行业受该指标影响的时间，赋予指标以不同的权重以区分行业重要性（见表2）。明晟通过制定的一套为考核公司对社会影响程度而设计的指标，督促公司关注员工权益、制定公平的员工管理政策、重视产品安全和质量、保护客户隐私和数据安全、维护社会关系等，并鼓励相关行业公司抓住通信、金融、医疗健康和营养健康方面的社会机遇。

表2　明晟评级社会维度的主题

MSCI ESG 评级社会议题			
人力资本	产品责任	利益相关者反对意见	社会机遇
员工管理 健康与安全 人力资本开发 供应链劳工标准	产品安全与质量 化学品安全 金额产品安全 隐私与数据安全 健康保险与人口风险 负责任投资	社区关系 有争议的采购	通信可及性 普惠金融 医疗保健可及性 营养健康可及性

2. GRI标准中的社会维度

全球报告倡议组织（GRI）以评估企业经营活动和业务关系对经济、环境、社会产生的影响为出发点，制定了广泛适用的、由相互关联的多套标准组成的模块化报告标准——GRI可持续发展报告标准。在社会维度下一共有16个指标（议题标准）（见表3）。2019年GRI启动了版本更新工作，在最新的2021版中，对原有的《GRI 412：人权评估2016》和《GRI 414：供应商社会评估2016》等两个议题标准进行了调整。

改版后的一大重点就是GRI将发布一系列的行业标准。目前已发布《GRI 11 石油和天然气行业2021》《GRI 12 煤炭行业2021》《GRI 13 农业、水产养殖和渔业2021》等三个行业标准，指标体系得到进一步细化，使之更具有行业针对性。

表 3 GRI 可持续发展报告标准中的社会指标

GRI Standards 社会维度指标(议题标准 400 系列)	
GRI 401:雇佣	GRI 409:强迫或强制劳动
GRI 402:劳资关系	GRI 410:安保实践
GRI 403:职业健康与安全	GRI 411:原住民权利
GRI 404:培训与教育	GRI 413:当地社区
GRI 405:多元化与平等机会	GRI 415:公共政策
GRI 406:反歧视	GRI 416:客户健康与安全
GRI 407:结社自由与集体谈判	GRI 417:营销与标识
GRI 408:童工	GRI 418:客户隐私

3. SASB 标准中的社会维度

和 GRI 不同，SASB（可持续发展会计准则）从发布之初就按照行业进行了分类，且 SASB 更侧重于构建对财务绩效有实质影响的 ESG 信息披露指标体系。SASB 标准由五个维度 26 个议题组成，并针对 77 个行业分类编制了各行业的披露准则。企业依据所处行业首先在 26 个议题中挑选出具有行业针对性的议题，明确哪些议题可能构成重大影响，随后根据技术指引对该议题下设的定性或定量的指标进行披露。平均每个行业准则约有 6 个议题和 13 个会计指标，其中约 73%的指标为定量指标。

表 4 SASB 可持续发展会计准则的社会维度指标

SASB 可持续发展会计准则的社会维度指标	
社会资本	人力资本
人权和社区关系 客户隐私 数据安全 可获得性和可承受力 产品质量与安全 客户福利 销售实践与产品标签	劳工实践 员工健康与安全 员工参与、多元化和包容性

二　企业社会价值发展现状

企业是社会中的企业，是推动社会发展、创造社会价值的重要主体之一。调研数据显示，在社会维度的目标设定上，四成以上的企业制定了公益慈善、员工职业健康与安全、职业发展与培训的相应规划目标；三成以上的企业在乡村振兴、女性职工比例方面制定了相应的规划目标（见图1）。

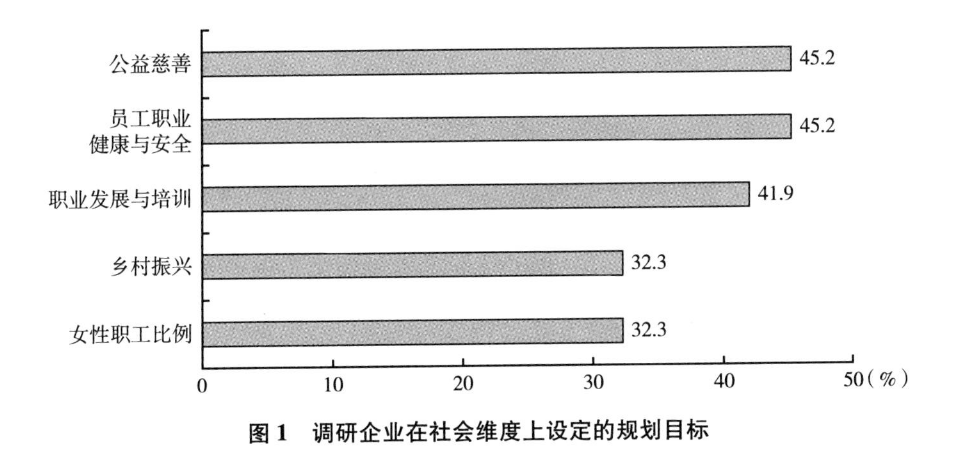

图1　调研企业在社会维度上设定的规划目标

在此基础上，可具体从企业员工权益保护、产品质量与消费者权益保护、公益慈善等方面，进一步了解企业践行社会责任、创造社会价值的情况。

（一）员工权益保护情况

善待员工是ESG的题中之义。员工作为企业生产经营的主要成员，不仅在日常运营环境中扮演重要的角色，更是企业文化、企业价值与社会利益的创造者和分享者。调研数据显示，2021~2022年，企业在员工权益保障方面表现良好，劳动合同签订率、合同履约率在90.0%以上，参保员工占比、员工体检覆盖率、培训覆盖率在80.0%以上，员工工会入会率在70.0%以上（见图2）。

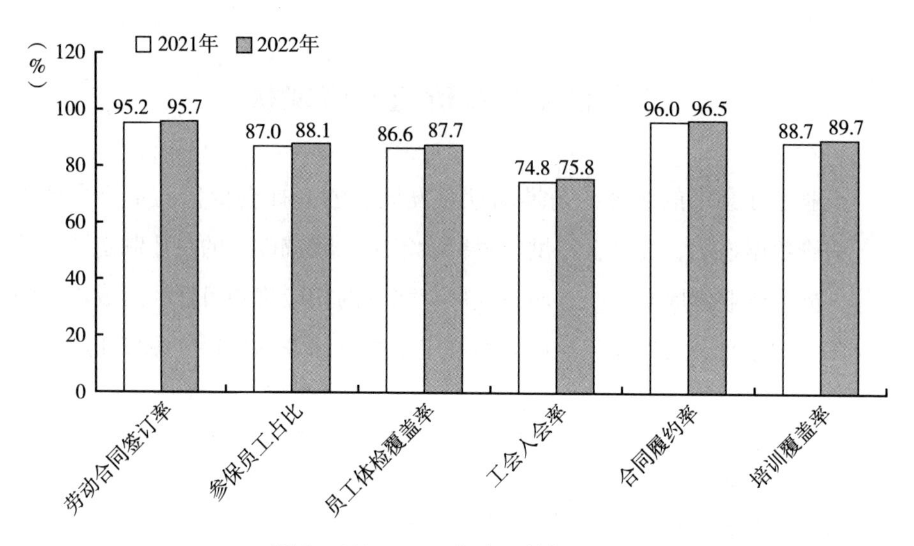

图 2　2021~2022 年企业的相关比例

在促进员工成长方面，70.0%以上的企业针对员工进行入职和转岗教育培训，60.0%以上的企业建立员工的轮岗、交流、外派制度（见图 3）。

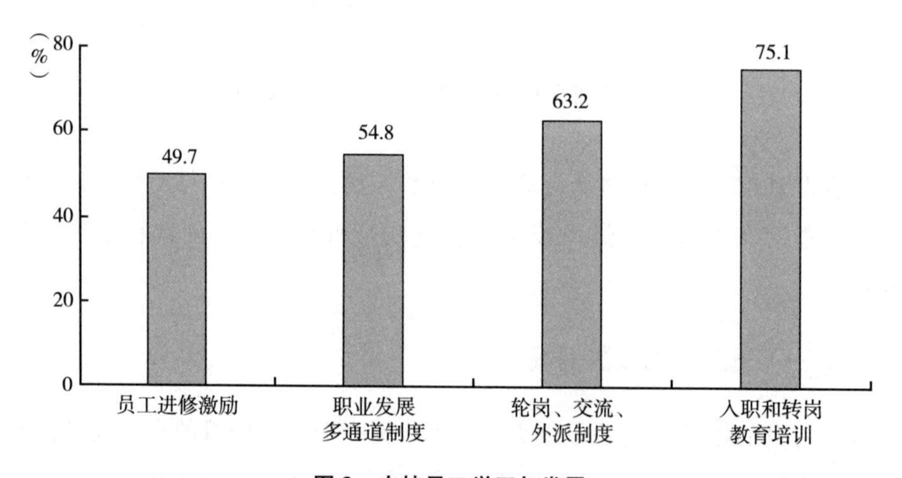

图 3　支持员工学习与发展

在保障员工安全生产方面，为员工进行健康体检、提供劳动保护设施或劳动保护用品、职业健康与安全风险评估是企业的主要方式，占比分别为77.1%、72.6%、70.5%（见图 4）。

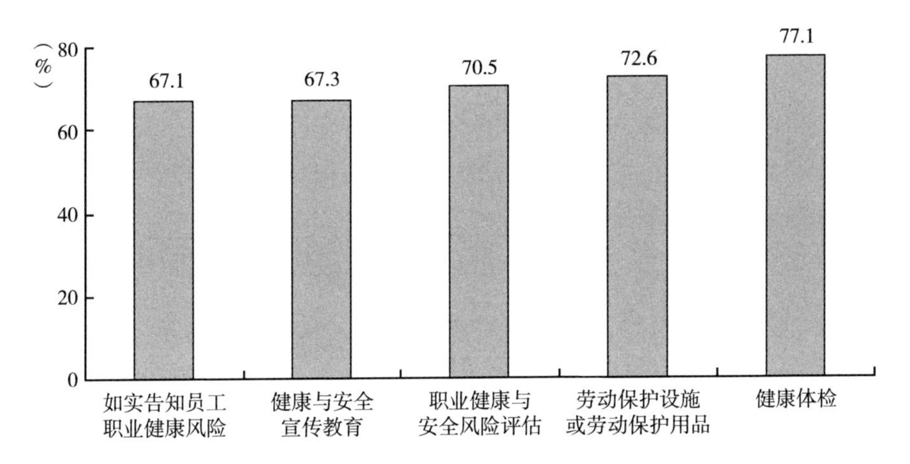

图 4　企业在保障员工安全方面采取的措施

【案例】华利达集团：安全第一、预防为主、综合治理①

常州华利达服装集团有限公司在“安全第一、预防为主、综合治理”方针引导下，将安全生产工作摆到企业中心工作的重要议程，并健全安全生产的领导和组织机制，由各部门一把手组成安全生产领导机构，董事长、总经理作为公司安全生产第一责任人，各部门一把手签订安全生产责任书。同时，公司成立了安全生产管理委员会，组建了兼职安全员队伍，将安全教育、职业健康、消防设施、特种设备管理等具体工作纳入 QES 管理体系，公司的三级安全生产标准化体系连续四年贯标，形成了一个委员会、六种台账、七个应急预案、九项制度等完善的安全生产管理体系。

在日常 7S 管理中，常州华利达服装集团有限公司将安全放在首位，通过系统培训、橱窗展示、广播宣讲、微信公众号推送等多种形式，将安全生产法律法规、企业规章制度、危险源辨识、重点岗位防范、交通安全、灾害天气应对等安全知识及时传达给员工，形成了“人人讲安全，时时讲安全，事事讲安全”的良好氛围。

① 资料来源：根据企业上报材料整理。

在民主管理方面，73.0%的企业建立了工会组织或职工代表大会，加强与员工之间的沟通；61.0%的企业建立内部沟通申诉渠道，听取员工的意见或建议（见图 5）。

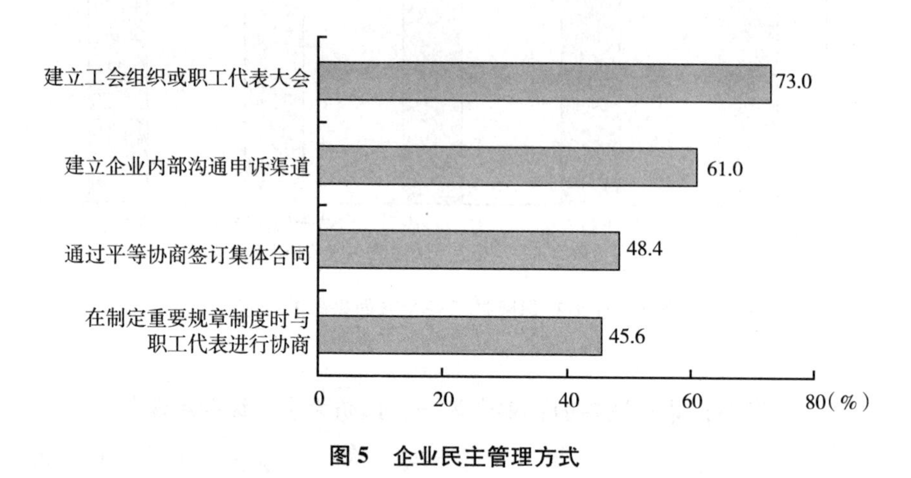

图 5　企业民主管理方式

在关爱员工方面，78.3%的企业表示采取一定的措施帮扶困难员工（见图 6）。同时，随着人口老龄化的加剧，也有部分企业表示通过发放生育补贴、延长产护假期、制定有利于照顾婴幼儿的灵活休假或弹性工作方式的制度，为员工提供更为完善的生育环境（见图 7）。

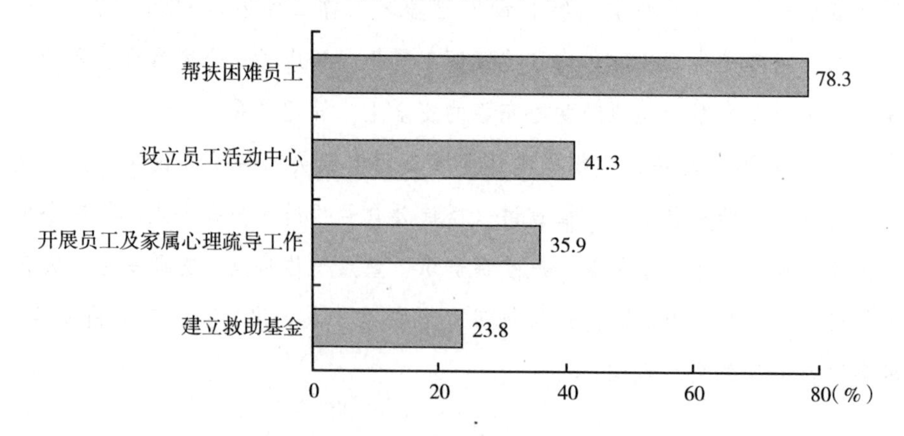

图 6　企业在关爱员工方面采取的措施

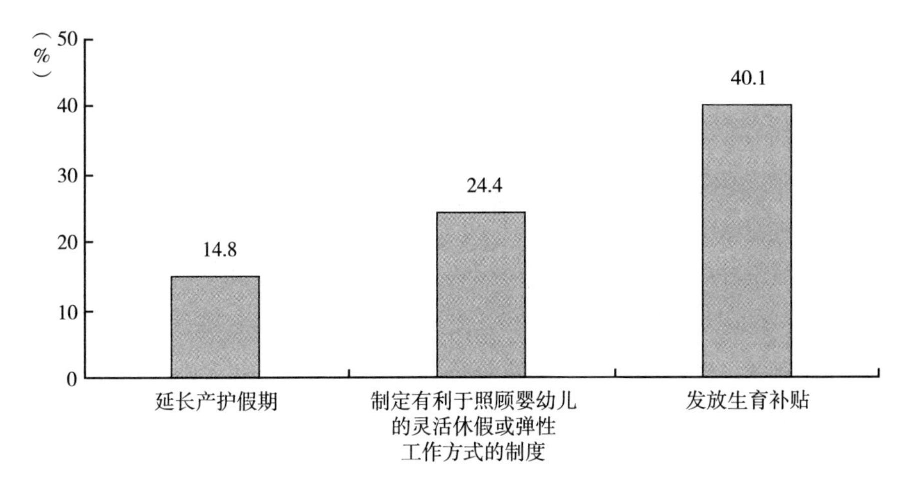

图 7　企业在鼓励员工生育方面采取的措施

【案例】国仪量子：推行“陪产检假”，创新“关怀高招”①

国仪量子（合肥）技术有限公司自成立以来一直将员工家庭的幸福置于公司的战略发展高度。在国仪量子的企业文化中，工作的意义不仅是“致力于帮助客户更高效地推动技术的发展”，也包括提高物质保障，实现家庭幸福。公司在《国仪量子人才观》中写道：“个人追求可以是为人类进步作出贡献，也可以是爱人孩子热炕头。”

2022 年 3 月，公司在《国仪量子休假管理细则》中，创新性地增设了“男性员工陪产检假”，规定当妻子需要产检时，公司男员工可以享有半天的带薪假期，陪伴妻子前去医院产检。《管理细则》明确，“增加男性员工陪产检假，共 8 个半天，用于陪伴爱人进行产前检查”。员工可以通过 OA 系统提交休假申请，申请时只要上传医院产检挂号单，就能顺利通过。国仪量子的这一举措，在全国范围内也是创新之举。出台这项新措施，能促进三孩生育社会配套的完善，这也是企业担当社会责任的一种体现。

国仪量子还通过丰富的福利制度，如采取打造“Q 星坊”的儿童房、

① 资料来源：《全国首个！国仪量子推出“陪产检假”》，国仪量子公众号，https://mp.weixin.qq.com/s/9uHS3hmcwZ_uZJvGYokzRA。

"送货上门"的下午茶、"女王节"的大牌礼物等形式，打造以人为本、快乐奋斗的企业文化。

（二）产品质量与消费者权益保护情况

企业是提升产品和服务质量的主体，产品质量是企业发展的生命。《产品质量法》（2018 年修正）中规定，生产者、销售者应当建立健全内部产品质量管理制度，严格实施岗位质量规范、质量责任以及相应的考核办法，并依照《产品质量法》规定承担产品质量责任。

调研数据显示，近七成的企业进行产品的规范化和标准化生产，六成以上的企业建立严密的质量检测体系，五成以上的企业建立完善的服务质量标准和质量安全追溯体系（见图 8）。

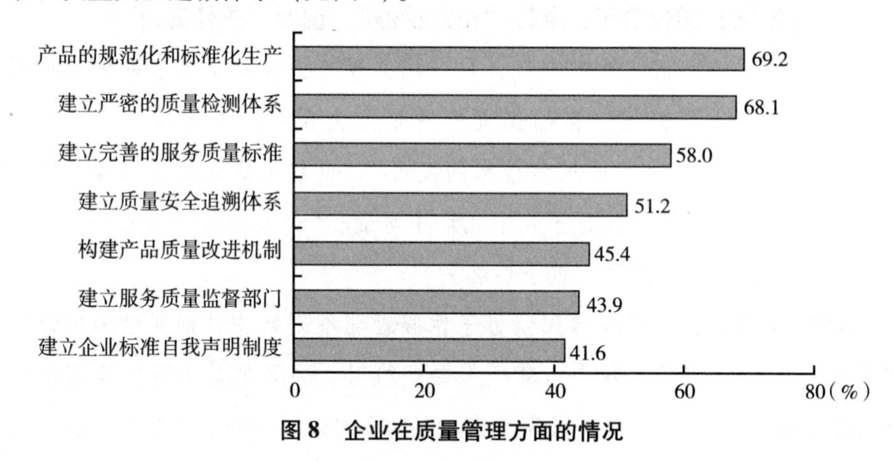

图 8　企业在质量管理方面的情况

【案例】华宇集团：责任华宇、幸福一生①

重庆华宇集团有限公司秉承"责任华宇、幸福一生"的品牌理念，恪守"对社会负责、对企业负责、对自己负责"的企业价值观，在产品的打造上，华宇集团深入数十个城市从用户调研中获取大量数据，从数据中挖掘需求，并将需求付诸产品实践，在原有的"优+1.0"体系的基础上进行了

① 资料来源：根据企业上报材料整理。

升级，推出了“优+2.0”体系，通过58个维度，1820项严格标准，从室内设计、社区景观到物业服务等方面，更贴近业主生活和需求实现服务全面提升。面对行业下行压力，华宇始终坚持稳品质、稳交付，2021下半年至2022年末，在全国如期交付项目45个，以交付率和交付满意度双双达到90分的成绩，为超过4.6万个家庭开启幸福归途。

为提升业主满意度，华宇与世界知名的第一太平戴维斯达成股权合作，制定5C钻石服务标准，以国际领先物业标准为80万业主提供人文、科技、绿色、普惠的华宇幸福生活。除此之外，华宇连续数年对部分已交付小区进行升级改造，2022年开展“宇心·同新”美好品质升级行动，覆盖全国60余个项目，针对424项细节品质提升，维护更新社区空间近5000个细节和角落，切实兑现了“责任华宇、幸福一生”的品牌承诺。

在获奖方面，获得质量奖的企业呈阶梯状分布，多数奖项集中在市级。与此同时，获得产品质量奖提名的企业也不在少数，这进一步说明企业产品质量获得官方认证，产品更有保障（见图9）。

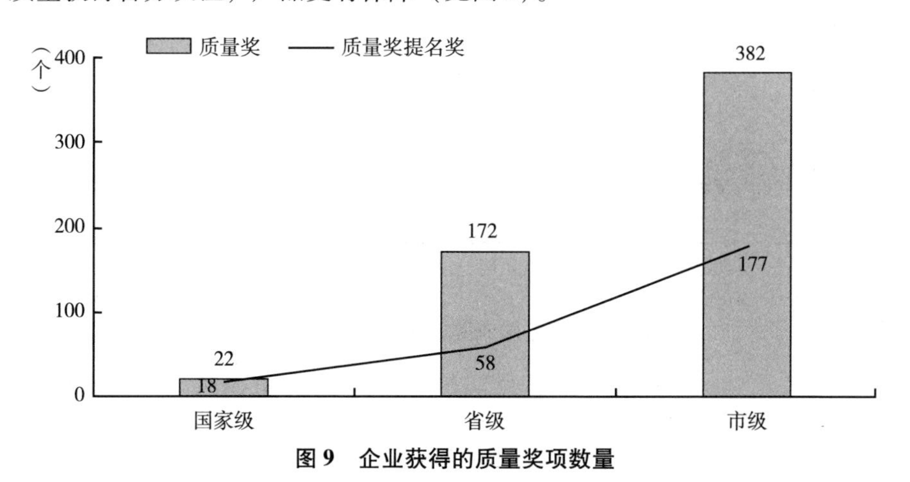

图9　企业获得的质量奖项数量

消费者是企业经营行为最直接的影响者和被影响者。调研数据显示，61.1%的企业开展了年度消费者满意度调查（见图10），以提升对消费者的服务能力。其中，94.3%的消费者调查由企业自身开展（见图11）。

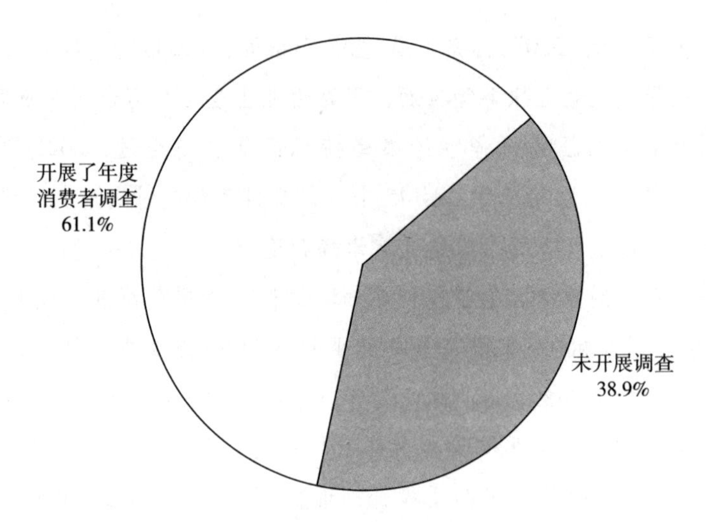

图 10　企业开展消费者满意度调查情况

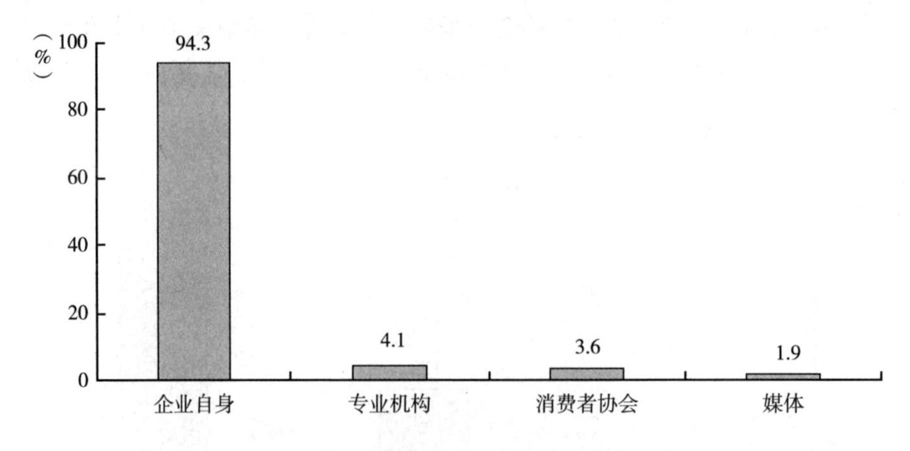

图 11　企业开展消费者满意度调查的主体

与此同时，消费者信息保护是近年来的突出问题。2023 年消费者维权年主题调查报告显示，个人信息泄露问题仍然困扰着消费者，排在众多突出问题的首位①。调研数据显示，企业在消费者信息保护方面的力度不断增

① 中国消费者协会：《2023 年消费维权年主题调查报告》，2023 年 3 月，https：//www. cca. org. cn/zxsd/detail/30632. html。

强，67.1%的企业制定消费者信息处理的内部管理制度和操作规程，53.9%的企业明示信息收集的目的、方式和范围，保障消费者的信息安全（见图12）。

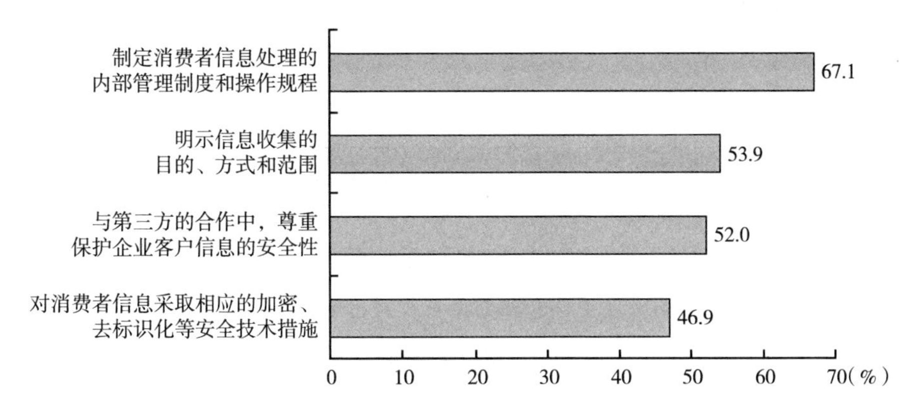

图12　企业在消费者信息保护方面采取的措施

（三）公益慈善与乡村振兴情况

企业参与公益慈善是践行社会责任的重要组成部分。调研数据显示，慈善捐赠、组织企业志愿者队伍、委托慈善组织是企业参与公益慈善的主要方式，占比分别为70.1%、25.4%、14.0%（见图13）。其中，物资捐赠和资金捐赠是企业参与慈善捐赠的两种主要途径（见图14）。

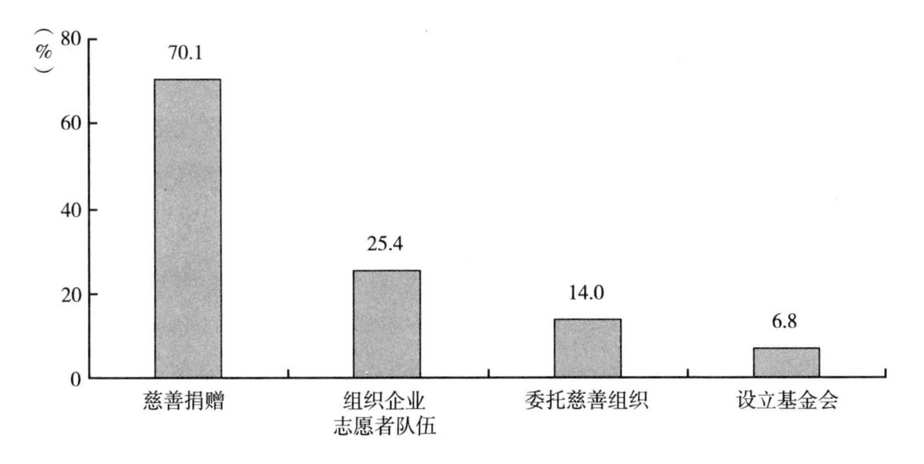

图13　企业参与公益慈善的方式

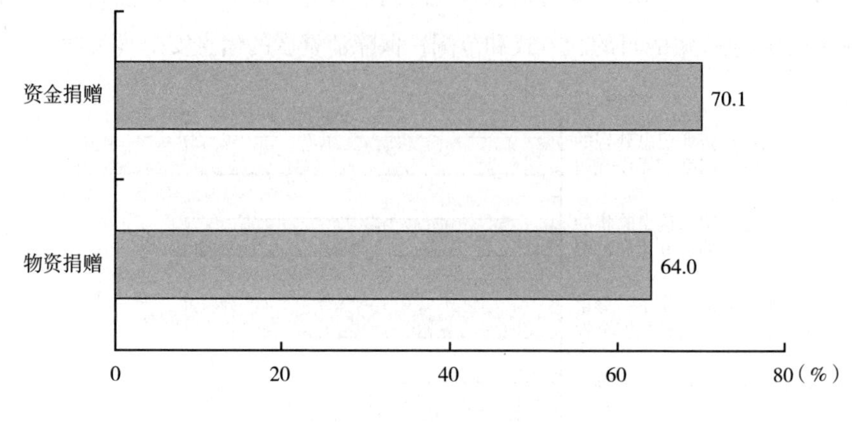

图 14　企业慈善捐赠的方式

【案例】美丽魔方集团：以公益活动弘扬红色精神[①]

深圳美丽魔方健康投资集团始终秉持企业社会责任理念，积极组织公益活动，同时倡导员工参与志愿活动。2018 年 1 月，在深圳团市委及广东川渝商会团委的指导下，美丽魔方集团成立了“美丽魔方集团义工队”，使得企业的公益活动更加科学、规范、有序、健康。

不忘初心，砥砺前行。2018～2020 年，美丽魔方集团出资在各地开启 13 场“健康中国·幸福人生”诚信公益论坛。2020 年 10 月美丽魔方集团在嘉兴正式启动“永远跟党走·筑梦新时代”红色之旅公益行活动。2021 年庆祝中国共产党成立 100 周年期间，美丽魔方集团在全国举办“美丽巾帼心向党”“庆祝五一心向党”“建党百年心向党”“致敬军人铭党恩”“礼赞祖国心向党”等大型红色公益活动 7 场，小型红色宣传活动 3000 余场。美丽魔方集团通过实际行动弘扬红色精神，致力于让更多的人知党史、忆党情、铭党恩、跟党走。

从参与的领域来看，教育、抢险救灾、助老是企业参与的主要领域

① 资料来源：根据企业上报材料整理。

（见图15）。尤其是随着乡村振兴战略的提出，越来越多的企业在政策的引导下，开展公益慈善活动时主动向乡村倾斜。

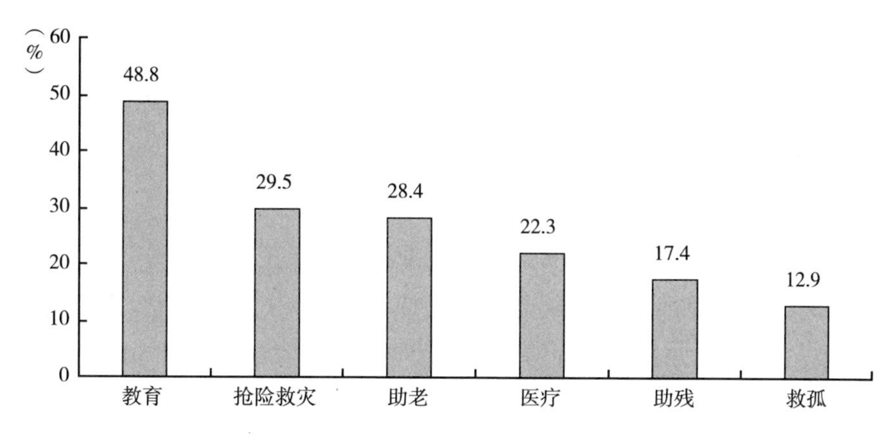

图15　企业公益慈善的领域

【案例】佳新集团：关注民生　回馈社会①

江西佳新控股（集团）有限公司始终坚持企业稳步增长与社会公益慈善同步，自觉承担社会责任，不断关注民生，用大爱回馈社会。从2020年到2022年，公益慈善项目数量分别为45个、49个、52个，公益慈善捐赠包含疫情防控、抢险救灾、孤老优抚、教育文化、医疗体育和公共环保等多个领域。截至2022年底，集团已累计捐赠款物价值达3.4亿元人民币，荣获"赣州慈善明星企业""抗击疫情重要贡献民营企业""爱心企业"等三十余项公益慈善类荣誉称号。

在教育投资方面，集团投入约800万元用于设立"佳兴奖教助学金"，投资300万元为南康第六小学兴建"佳兴楼"，捐赠200万元用于为希望学校购买家具，成立"王氏助学基金会"，实施乡村教师"领头雁"项目，持续开展教师节慰问等。

在孝善敬老方面，佳新向南康全区村（居）养老食堂建设累计捐赠

① 资料来源：根据企业上报材料整理。

近200万元，成立“王氏敬老、尊老基金会”，每年投入100万元以上，同时设立“佳兴专项帮扶基金”，已捐赠150万元用于帮扶和养老事业发展等。

在文化建设方面，为更好地丰富南康家具产业深厚的文化内涵，集团还投资2亿元打造“中国南康红木展览馆”，助力南康打造家具产业对外展示形象的靓丽窗口。

从企业支持员工志愿服务来看，企业通常将员工志愿服务计入工作时间（36.2%）、提供相应的资金配套支持（28.2%）、制定带薪公益假制度（28.1%）等方式，为企业员工参与社会公益活动提供相应的支持（见图16）。

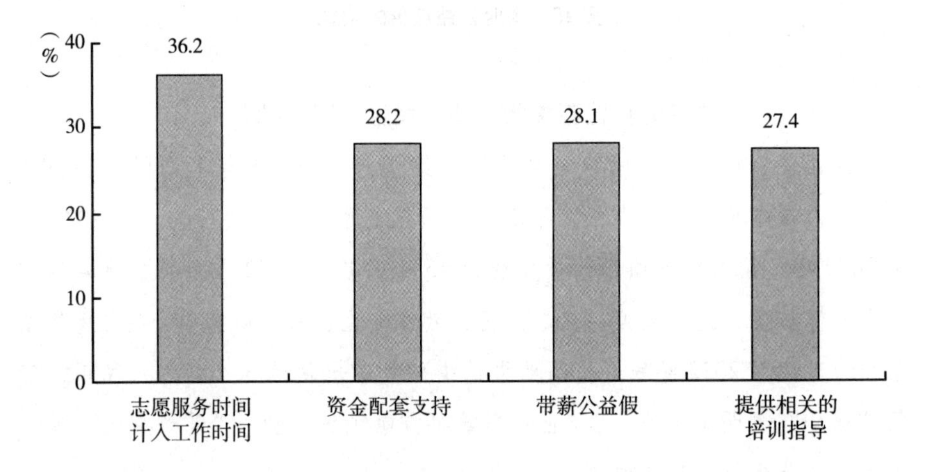

图16　企业为志愿服务提供的支持

企业作为社会的经济细胞，是社会经济活动的基本组织形式，在乡村振兴事业中发挥着不可或缺的作用。调研数据显示，32.7%的企业参与乡村振兴（见图17），12.9%的企业有专职部门负责乡村振兴项目（见图18）。其中，开展就业帮扶、发展特色农业、改善乡村人居环境等是企业参与乡村振兴的主要措施（见图19）。

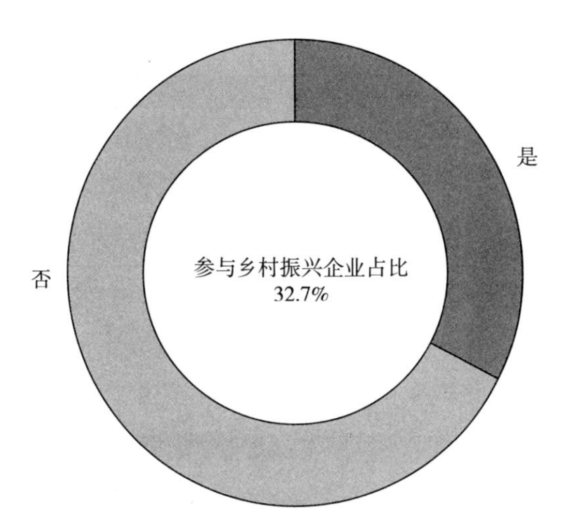

图 17　参与乡村振兴企业占比

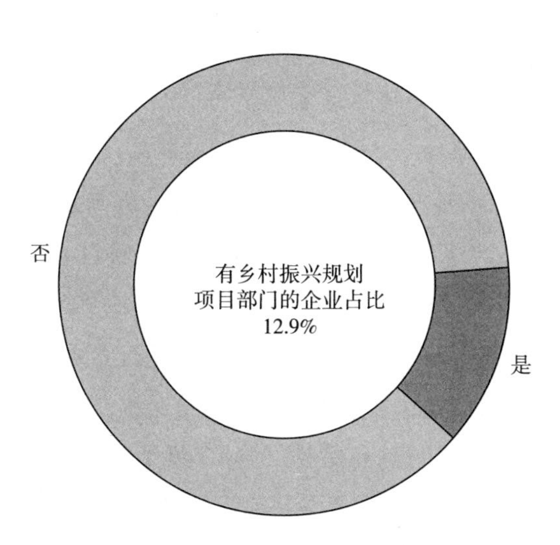

图 18　有乡村振兴规划项目部门的企业占比

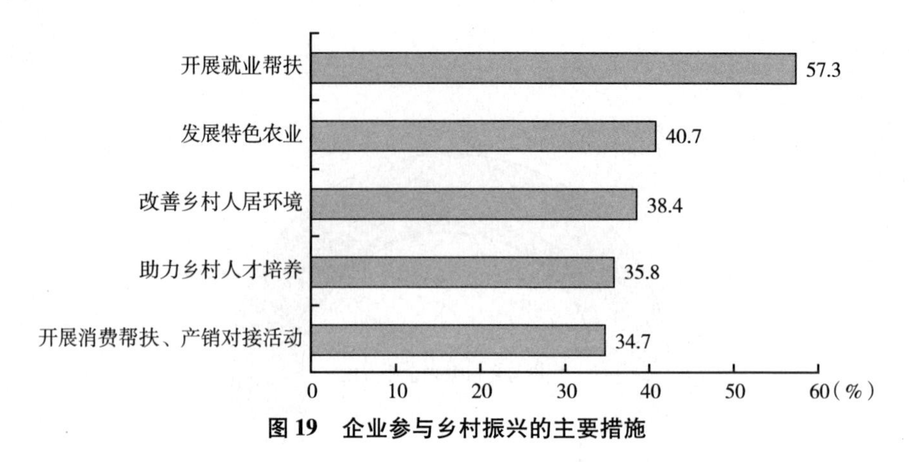

图 19　企业参与乡村振兴的主要措施

【案例】天伦集团："气电协同"真惠农[①]

近年来，伴随着乡村振兴与环境治理成为新时代课题，河南省天伦投资控股集团有限公司联合中原豫资投资控股集团共同设立河南豫天新能源有限公司（以下简称"豫天新能源"），致力于河南"气化乡村"项目的建设，加快推进乡村低碳能源发展。

豫天新能源自 2018 年 7 月成立以来，在河南省委、省政府的大力支持下得到了快速发展，已在新野、社旗、淅川、许昌、鹤壁、三门峡、兰考、台前、民权、正阳等 30 余个市县进行了市场开发、工程建设和中压铺设，成为承接河南省政府"气化乡村"工程建设的主力军及"气化乡村"项目最大的整合投资平台。截至 2022 年末，豫天新能源在省内累计签约 300 万户，投资近 80 亿元，已累计完成村内安装天然气超 200 万户，村外中压施工 5000 余公里，最高拉动就业 2 万人次，特别是近年在疫情影响的情况下，解决约 5000 人的就业问题，有效推动了河南省的复工复产。

豫天新能源实现"表前免费安装"，既不增加现有财政支出压力，又充分降低公司融资运营压力和居民用气成本。此外，在清洁煤炭、电及液化石油气同等使用强度条件下，使用天然气将每年为乡镇居民节约 450 元以上费用，全省农村人口将节省约 22.5 亿元。

① 资料来源：根据企业上报材料整理。

三　企业社会价值实践进展

通过研究发现，企业在具体的实践中，注重将企业价值与社会价值相融合，通过多种方式与员工、社区等利益相关方强化沟通交流，在促进就业、与员工分享利益、关注并参与解决社会问题等方面做出了积极的探索和实践。

（一）共创价值

在就业创业中创造价值。党的二十大报告提出："就业是最基本的民生。强化就业优先政策，健全就业促进机制，促进高质量充分就业。"近年来，随着技术的发展，一些新兴职业也被创造出来，平台型企业在这方面的优势更为凸显。如美团与各界伙伴一起，通过开展培训、职业认定等帮助新职业从业人员更好地成长。在美团平台，自动配送车安全员、外卖运营师、葡萄测糖师等新型职业应运而生，逐渐成为拉动就业的源头活水。针对不断涌现的新职业开展专门的技能培训班，帮助生活服务从业者成长，设立餐饮、外卖、酒店、美业、民宿等多个培训中心，与人社部共同开展店长课堂，满足生活服务从业者的学习与认证需求，助力生活服务业数字化人才培养。截至 2022 年底，美团拥有超过 2000 位生活服务业讲师，开发了 9800 门课程，学院人数达 5439 万，共有近 6000 位新职业从业者获得专业人才认证。[①]

提升贫困学生价值。2021 年人社部印发《"技能中国行动"实施方案》，决定在"十四五"期间组织实施技能中国行动。金龙鱼公司和金龙鱼基金会联合中国烹饪协会持续推进"助学工程"的衍生项目——"金龙鱼烹饪班"。截至 2022 年底，公司累计资助 500 多名贫困学生学习烹饪技术，共有 205 名学生毕业并进入烹饪行业，其中有 75 名优秀学员拜五星酒店行

① 资料来源：《美团 2022 企业社会责任报告》，美团官网，https：//www. meituan. com/csr/report。

政总厨为师，4 名优秀学员在金龙鱼集团任职。截至 2022 年底，金龙鱼集团累计资助贫困学生学习烹饪技术 500 多名，毕业并进入烹饪行业 205 名。①

与供应商共创价值。上汽集团在积极推进营销渠道建设，优化网络布局，强化培训辅导，提升经销商经营管理能力和服务保障水平的同时，面对市场波动等影响，利用主动调降保证金、延后还款等多种金融方式，以风险可控为前提释放流动性，帮助经销商纾困解压，与经销商一起共渡难关。2022 年，上汽通用金融为全国 277 个城市的 1377 家经销商提供了批发贷款服务，累计发放经销商贷款 1589 亿元，助力汽车厂商和经销商完成 104 万辆车辆的销售；通过主动调降保证金、纳奖为保、纳固为保（展厅抵押替代保证金）、临额度免保、延后还款等多种方式，针对每家经销商的具体业务需求和业务场景，辅以相适应的风控机制和担保手段，释放流动性，共计为经销商注入流动性资金超过 32 亿元，平均每家经销商获得经营流动性支持超 200 万元。②

（二）与社会共享价值

与员工共享价值。2023 年 8 月 17 日，中央财经委员会第十次会议强调，“共同富裕是社会主义的本质要求”，其中要求“将初次分配、二次分配和三次分配为主体的收入分配制度作为推进‘共同富裕’的基础性制度安排”。实现共同富裕离不开企业的深度参与。当前，已有部分企业制定了实现“共同富裕”的目标，如阿里巴巴百亿计划、腾讯专项计划等，从员工收入等方面着手推动共同富裕的实现。吉利汽车在 2021 年发布了共同富裕计划行动纲领，通过完善和实施一系列措施，包括全员收入增长计划、全员家庭健康保险计划、全员职业提升计划等，致力于提升全员的职业尊严，

① 资料来源：《2022 益海嘉里金龙鱼粮油食品股份有限公司可持续发展报告》，金龙鱼官网，https：//www. jinlongyu. cn/sustainability/download。

② 资料来源：《2022 上汽集团社会责任报告》，上汽集团官网，https：//www. saicmotor. com/chinese/qyshzrbg/index. shtml。

培养全员敬业精神，并推动全产业链的可持续发展，实现产业共富。2021年8月30日，吉利发布公告表示将1.67亿股股份分发给约1万名员工。[①]

与乡村共享价值。乡村振兴是实现共同富裕的必由之路。“十四五”规划提出，要走中国特色社会主义乡村振兴道路，全面实施乡村振兴战略。《乡村振兴责任制实施办法》强调动员社会力量参与乡村振兴，引导探索建立健全企业支持乡村振兴机制。长期以来，国企和民企在助力乡村振兴中都发挥了重要的作用。国企方面，三峡集团坚持立足业务所在地的资源禀赋，充分发挥企业主业优势，因地制宜探索“光伏+”产业模式，积极推进光伏发电与农林牧渔业等产业融合发展，助力相关地区将资源优势转化为发展优势和竞争优势，为乡村振兴赋能。民企方面，联想集团依托“新IT”技术和相关解决方案，近年来逐步搭建起网络化、智能化、服务化、协同化的智慧农业生态体系，促进资金、技术、人才等要素向农村、农业汇集。

与其他国家共享价值。上汽集团积极响应国家“一带一路”倡议，并将履行社会责任纳入国际化发展进程之中，在国际舞台上不断赢得新的发展契机。2022年9月，“中国汽车工业首款全球车”MG4 ELECTRIC（国内定名为MG MULAN）在国内和欧洲同步上市，加速迈向出海“2.0时代”。MG4 ELECTRIC已“登陆”近30个欧洲国家，每月新增订单超过1万个。2022年底，MG4 ELECTRIC顺利通过Euro NCAP五星碰撞测试，在成人保护、儿童保护、行人保护、安全辅助系统四个维度均取得了代表最高安全标准的五星测试成绩。在《巴黎日报》与法国汽车协会联合举办的AUTOMOBILE AWARDS评选中，获得“最佳年度电动车”“最佳年度消费者选择奖”两项荣誉。

（三）解决社会问题

社会价值就是满足社会的需要，有益于社会的发展，具有推动社会进步的效用。当前，企业参与社会价值创造，助力社会问题解决已融入企业的日

① 资料来源：吉利汽车公司官网，https：//zgh.com/geely-esg/。

常规划当中。

借助公益项目，解决社会问题。如在残障人士关怀方面，梦饷科技启动“让星梦前行”关爱孤独症家庭公益项目，饿了么举办“e 杯暖——‘流动画展’”咖啡公益活动，酷狗携手腾讯基金会等公益机构发起“因 AI 而声”音乐公益企划。在保障妇女权益方面，大树云集团举办“微笑云朵”公益援助行动，京东健康联合发起“追梦妈妈健康关爱行动”。在推动适老化方面，贝壳集团“我来教您用手机”项目走进甘肃靖远，进一步增强靖远县老年人对智能手机的了解和应用，帮助他（她）们更好地融入数字时代。

以公益创新，解决社会问题。公益创新是推动公益持续发展的动力。近年来，越来越多的企业利用儿童节、母亲节、世界地球日等特殊节日，制定公益项目、举办有趣的活动，传递公益理念，创造社会价值，推动社会问题的解决。如在儿童节，伊利“童梦同宇”天文科普公益项目走进甘肃民勤；在母亲节，天猫携手媒体发起“妈妈的花纹”母亲节公益主题征集活动；在世界地球日，上海太太乐食品有限公司联合“爱回收·爱分类”，开展了一场以“环保有态度，绿色入厨房”为主题的线下社区活动，等等。

四　企业社会价值的发展趋向

ESG 中的社会维度更为注重企业对社会价值的创造，从当前 ESG 的发展来看企业在社会责任方面的发展趋向。

（一）企业需要重视 ESG 理念，转变履责动力

自企业社会责任传入中国以来，一直被当作企业经营发展之后的责任，践行社会责任更多是出于企业的自愿行为和企业家的主动担当。但在 ESG 快速发展的背景下，国内外接连采取相应的措施，引导企业践行社会责任，如欧盟通过《公司可持续发展报告指令》要求所有大型企业和上市公司必须提供可持续发展报告，国资委成立社会责任局要求贯彻落实新发展理念

等。这些都促进企业转变践行社会责任的动力，由自愿贡献转变为主动参与，推动企业实现商业价值与社会价值的统一，股东权益与各利益相关方利益的统一。

（二）认清 ESG 中的社会维度，理解践行社会责任的意义

从社会发展的角度来看，引导企业重视 ESG 理念，尤其是重视社会维度可以为社会带来长期而全面的正面效益。现阶段，我国企业在“S”维度的认知上存在着一些缺失，缺乏对企业社会责任相关概念的科学理解，一些企业更片面地将其理解为一种公关手段，且社会行为与企业的经营过度割裂，不利于企业在该领域的持续投入和效益积累。因此，一方面需要科研机构投入相关领域的研究，帮助企业明确社会维度下各项指标和整体 ESG 水平的提升路径；另一方面，企业也应当正确看待 ESG，积极主动做好 ESG 风险管理并披露相关信息，建立稳健的利益相关者生态圈，控制企业的危机风险，实现可持续发展。

（三）紧随社会发展，确定企业社会责任的实质议题

作为市场的重要参与主体，企业的政策、产品和服务如何，不仅与其内部的员工密切相关，更能够通过客户、合作伙伴、供应商等利益相关方广泛影响到社会的各个方面。ESG 背景下，社会维度涉及的范围相较环境和公司治理更加宽泛和复杂。随着时代的发展，社会维度议题所涉猎的内容也在不断更迭变化，对于社会议题的内涵难以达成统一共识。因此，需要企业在关注共同议题的同时，根据企业自身的行业属性，识别出实质性议题和非实质性议题，在进行社会维度的信息披露时重点展现出来。

B.5
中国企业环境治理报告（2023）

李恩慧　许彦君*

摘　要： ESG背景下的环境治理，强调企业在经营活动中关注对环境产生的影响和内部的管理。本报告结合政策背景、调研数据和企业案例分析发现，企业设置独立的环境部门，内外部协同推进环境治理，获得多项绿色认证，并采取节能设备升级改造、引导供应链脱碳、倡导绿色办公出行等方式切实践行“双碳”目标，积极引导消费者绿色消费，同时参与生态保护的积极性也不断提高。

关键词： 中国企业　环境治理　ESG

在ESG发展过程中，“E”所指代的环境是重要的维度。近年来，随着极端天气在全球各地频发，投资者对气候等环境问题的关注随之提升，“气候变化正在成为近年来ESG议程的首要议题”①。就中国的发展而言，ESG中的环境维度强调环境的可持续发展理念与我国当前提出的“双碳”行动、美丽中国建设等高度契合，对推动我国环境事业的发展具有重要的影响。

---

* 李恩慧，中安正道自然科学研究院副研究员，研究方向为企业社会责任、公司治理、绿色金融、ESG信息披露；许彦君，全联正道（北京）企业咨询管理有限公司ESG咨询师，主要从事ESG报告编制、ESG项目咨询。

① 汪友若：《MSCI：气候变化成ESG首要议题　净零排放投资应以气候整合为切入点》，中国证券网，2022年9月5日，https：//news.cnstock.com/news，qy-202209-4952194.htm。

一　企业环境治理的背景

引导企业加强环境治理，推动企业加快转型升级，推动企业披露相关的环境信息已经成为当前我国环境治理重要的发展方向。从当前的发展来看，企业参与环境治理不仅要求企业参与到环境治理中，更要求企业在目标设定、企业治理、信息披露等方面系统地进行管理，向可持续的发展方式转变。

（一）环境治理的政策要求

环境维度的信息披露标准文件以披露环境会计信息为主，在我国发展较早且较为成熟。1989 年，我国首次出台了《中华人民共和国环境保护法》，自此，国家大力重视环保问题并相继出台了一系列环境方面的披露标准。1996 年由国家环境保护局起草的国家标准《大气污染物综合排放标准》（GB 16297—1996）和《污水综合排放标准》（GB 8978—1996）分别于 1997 年和 1998 年开始实施。2021 年 12 月 11 日，生态环境部印发了《企业环境信息依法披露管理办法》并于 2022 年 2 月 8 日开始施行。以上两项标准及《企业环境信息依法披露管理办法》均为强制性标准，为我国优化生态环境质量提供了强有力的保障。

当前，气候变化已成为全球共同面对的巨大挑战。2020 年 9 月 22 日，国家主席习近平在第七十五届联合国大会一般性辩论上发表重要讲话时提出了碳达峰、碳中和目标。作为我国碳达峰碳中和顶层设计文件的《关于完整准确全面贯彻新发展理念做好碳达峰碳中和工作的意见》提出要“健全企业、金融机构等碳排放报告和信息披露制度”。2021 年 3 月，十三届全国人大四次会议通过了《中共中央关于制定国民经济和社会发展第十四个五年规划和二〇三五年远景目标纲要》，将“推动绿色发展，促进人与自然和谐共生……加快推动绿色低碳发展”列为国民经济和社会发展“十四五”规划和二〇三五年远景目标的一项重要国策。

在各地方政府制定的“十四五”规划中，绿色转型、低碳发展也同样成为关键词。截至 2023 年 5 月，全国已有浙江、重庆、宁夏等 31 个省区市制定了碳达峰相关政策方案（见表 1）。

表 1　全国各地出台的碳达峰相关政策（部分）

时间	省份	政策
2022 年 2 月	浙江省	2022 年 2 月 17 日，浙江省政府发布了《浙江省委省政府关于完整准确全面贯彻新发展理念做好碳达峰碳中和工作的意见》，提出因地制宜发展新型储能和天然气
2022 年 4 月	重庆市	2022 年 4 月 21 日，重庆市委、市政府印发《关于完整准确全面贯彻新发展理念做好碳达峰碳中和工作的实施意见》，大力推动煤电“三改联动”
2022 年 6 月	广东省	2022 年 6 月 23 日，广东省人民政府印发了《广东省碳达峰实施方案》。方案提出，“十四五”期间，绿色低碳循环发展的经济体系基本形成，产业结构、能源结构和交通运输结构调整取得明显进展
2022 年 7 月	上海市	2022 年 7 月 8 日，上海市人民政府公布《中共上海市委上海市人民政府关于完整准确全面贯彻新发展理念做好碳达峰碳中和工作的实施意见》和《上海市碳达峰实施方案》，明确了“十四五”“十五五”碳达峰发展目标
2022 年 8 月	海南省	2022 年 8 月 9 日，海南省人民政府印发了《海南省碳达峰实施方案》，鼓励发展天然气冷热电三联供分布式能源项目
2022 年 9 月	宁夏回族自治区	2022 年 9 月 30 日，宁夏回族自治区人民政府印发了《宁夏回族自治区碳达峰实施方案》，方案提出 2025 年燃煤电厂平均供电标准煤耗降低到 300 克/千瓦时以下
2022 年 10 月	湖南省	2022 年 10 月 28 日，湖南省人民政府印发了《湖南省碳达峰实施方案》。方案提出了能源绿色低碳转型、节能减污协同降碳、工业领域碳达峰、城乡建设碳达峰、交通运输绿色低碳、资源循环利用助力降碳、绿色低碳科技创新、碳汇能力巩固提升、绿色低碳全民行动、绿色金融支撑等“碳达峰十大行动”
2022 年 11 月	贵州省	2022 年 11 月 4 日，贵州省人民政府印发了《贵州省碳达峰实施方案》。方案提出了能源绿色低碳转型、节能降碳增效、产业绿色低碳提升、城乡建设碳达峰、交通运输绿色低碳升级、循环经济助力降碳、绿色低碳科技创新、碳汇能力巩固提升、全民绿色低碳、各市（州）梯次有序碳达峰等“碳达峰十大行动”
2022 年 12 月	青海省	2022 年 12 月 18 日，青海省人民政府印发了《青海省碳达峰实施方案》。提出特色发展目标，对清洁能源提质扩能、特色产业转型升级、生态系统固碳增汇、体制机制优化创新等方面提出具体要求

续表

时间	省份	政策
2023 年 1 月	新疆维吾尔自治区	2023 年 1 月 20 日，新疆维吾尔自治区住房和城乡建设厅、自治区发展和改革委员会印发了《新疆维吾尔自治区城乡建设领域碳达峰实施方案》。方案明确了“十四五”到“十五五”的碳达峰目标：2025 年前，建筑领域碳排放增速得到有效控制，建筑节能标准不断提高
2023 年 2 月	河南省	2023 年 2 月，河南省政府印发了《河南省碳达峰实施方案》。方案明确了“十四五”到“十五五”的碳达峰目标：到 2025 年，全省非化石能源消费比重比 2020 年提高 5 个百分点，确保单位生产总值能源消耗、单位生产总值二氧化碳排放和煤炭消费总量控制完成国家下达指标
2023 年 2 月	甘肃省	2023 年 2 月 23 日，甘肃省发布了《关于完整准确全面贯彻新发展理念做好碳达峰碳中和工作的实施意见》等“1+N”政策体系，形成了符合甘肃实际的碳达峰时间表、路线图、施工图，推动“双碳”工作取得更多实质性进展和成效
2023 年 4 月	西藏自治区	西藏自治区通过编制《西藏自治区碳达峰行动实施方案》、制定《西藏自治区关于建立健全生态产品价值实现机制的实施意见》、制定《西藏自治区“十四五”时期绿色发展（循环经济）规划》等，政策体系和标准不断健全，法治保障不断强化，从基础上夯实推进“双碳”工作

资料来源：报告组整理。

（二）交易所和金融机构的环境信息披露要求

党的十九大以来，证监会加快推动上市公司的环境信息披露要求。2018 年，证监会发布《上市公司治理准则》，要求上市公司积极践行绿色发展理念，将生态环保要求融入发展战略和公司治理过程，主动参与生态文明建设，在污染治理、资源节约、生态保护等方面发挥示范引领作用。2021 年 6 月，证监会修订发布了《公开发行证券的公司信息披露内容与格式准则第 2 号——年度报告的内容与格式》，要求属于环境保护部分公布的重点排污单位的公司及其子公司披露主要环境信息，鼓励其他上市公司自愿披露有利于保护生态、防止污染、履行环境责任的信息，以及第三方机构对上市公司环境信息的核查、鉴定、评价情况（见表 2）。

表 2　交易所、协会的相关文件

发布单位	时间	文件名称
上海证券交易所	2008 年 5 月	《上海证券交易所上市公司环境信息披露指引》
中国证券投资基金	2018 年 6 月	《绿色投资指引(试行)》
中国证券投资基金	2018 年 11 月	《中国上市公司 ESG 评价体系研究报告》
上海证券交易所	2019 年 3 月	《上海证券交易所科创板股票上市规则》
上海证券交易所	2020 年 9 月	《上海证券交易所科创板上市公司自律监管规则适用指引第 2 号——志愿信息披露》
深圳证券交易所	2020 年 9 月	《深圳交易所上市公司信息披露工作考核办法》(2020 年修订)

信息来源：报告组整理。

之后，上海证券交易所和深圳证券交易所于 2022 年 1 月修订发布的股票上市规则、规范运作指引、业务办理指南等相关自律监管规则，进一步强化环保事项的披露要求。目前，已初步建立上市公司“志愿披露”和“特定事项强制披露”相结合的环境信息披露模式（见表 3）。属于环境保护部门公布的重点排污单位被强制要求披露部分环境指标，其余企业被鼓励披露与履行环境责任相关的信息。

表 3　企业环境信息披露相关要求

披露形式	披露要求	指标名称	是否强制
企业年报	重点排污单位强制披露 & 非重点排污单位不披露需要解释	主要污染物及特征污染物名称	强制[①]
		排放方式	
		排放口数量与分布情况	
		排放浓度	
		排放总量	
		超标排放情况	
		污染物排放标准	
		核定排放总量	
		防止污染设施建设和运行情况	
		建设项目环境影响评价及环境保护行政许可	
		突发环境事件应急预案	
		环境自行监测方案	
		环境行政处罚情况	

续表

披露形式	披露要求	指标名称	是否强制
企业年报	所有公司鼓励披露	保护生态相关信息	非强制
		防治污染相关信息	
		履行环境责任相关信息	
		环境信息核查机构、鉴定机构、评价机构、指数公司等第三方机构对公司环境信息存在核查、鉴定、评价的信息	
		为减少其碳排放所采取的措施及效果	
社会责任报告	如果披露社会责任报告应至少包括	公司在促进环境及生态可持续发展方面的工作（例如如何防止并减少污染环境、如何保护水资源及能源、如何保证所在区域的适合居住性，以及如何保护并提高所在区域的生物多样性等）	非强制

注：①仅限重点排污单位。

资料来源：报告组整理。

（三）评级机构的企业环境信息披露要求

企业的 ESG 报告评级是资本市场投资的重要参考之一。目前，国际上以 MSCI（明晟）评级为多数投资者的参考。MSCI 将 ESG 中的“E”（环境）部分分为“气候变化”“自然资源”“污染和消耗”“环境治理机遇”4 个主题，并包含 14 个关键议题。比如，在气候变化方面，MSCI 将碳排放作为 ESG 评价体系中重要的一环，并将碳排放指标排在首位（见表 4）。之后，MSCI 将企业供应链根据产品分为高度碳密集型供应链、中度碳密集型供应链和低碳密集型供应链，并参考产品在公司总收入占比，给予相应评分。最后，MSCI 会将公司的气候相关风险进行分析，评估公司与气候变化有关的商业风险应对策略。

与国外相比，我国的 ESG 事业起步较晚。目前国内主流的 ESG 评级机构有中证、华证、商道融绿、社会投资联盟、嘉实基金等，其 ESG 评级体系因对企业的关注点不同，而在指标的设置上有所区别。就 ESG 评级对环境维度的要求来看，商道融绿、社会投资联盟、嘉实基金各有其自身的特点（见表 5）。

表 4　MSCI 环境信息披露议题

信息	主题	关键议题
MSCI	气候变化	碳排放、产品碳足迹、气候变化脆弱性、融资环境
	自然资源	水资源稀缺、原材料采购、生物多样性
	污染和消耗	土地利用、有毒物质排放和消耗、电力资源消耗、包装材料消耗
	环境治理机遇	清洁技术的机遇、可再生能源的机遇、绿色建筑的机遇

资料来源：报告组整理。

表 5　国内部分机构 ESG 评价体系中的环境指标

ESG 评级体系	二级指标	三级指标
商道融绿	环境管理	环境管理体系、环境管理目标、员工环境意识、节能和节水政策、绿色采购政策等
	环境信息披露	能源消耗、节能、耗水、温室气体排放等
	环境负面事件	水污染、大气污染、固废污染等
社会投资联盟	效益/转化力-环境贡献	环境管理、资源利用、生态气候、污染防控、绿色金融
嘉实基金	环境风险暴露	地理环境风险暴露
		业务环境风险暴露
	污染治理	气候变化
		污染物排放
		环境违规事件
	自然资源和生态保护	自然资源利用
		循环和绿色经济

资料来源：报告组整理。

二　企业环境治理的现状

环境治理是企业走可持续发展道路的重要举措。调研数据显示，越来越多的企业在环境治理方面设立了相应的目标，40.0%以上的企业在废弃物及排放方面建立了长远的发展目标，30.0%以上的企业在能源管理方面建立了长远的发展目标，20.0%以上的企业在水资源管理和气候变化方面建立了长远的发展目标（见图 1）。

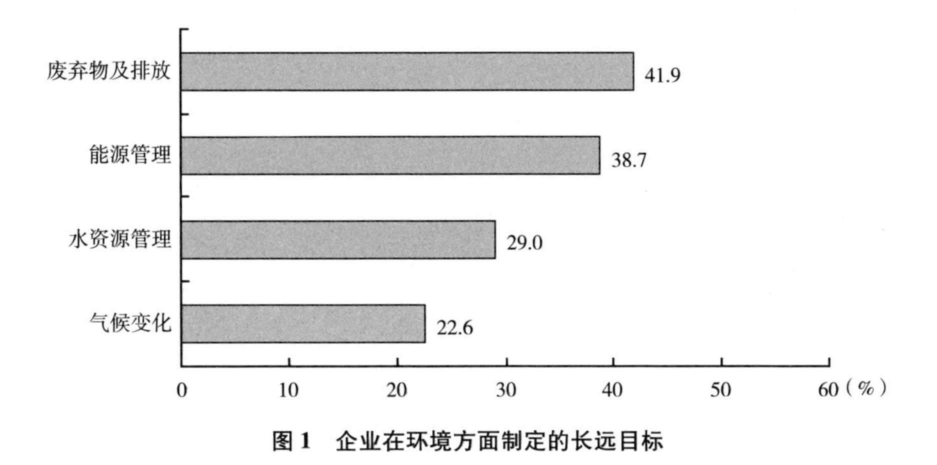

图1　企业在环境方面制定的长远目标

下面主要从企业的环境治理、践行双碳目标、引导消费者绿色消费等方面入手，进一步展现企业在环境治理维度的发展状况。

（一）环境治理情况

环境治理方面，调研数据显示，59.5%的企业有独立的环境部门（见图2），34.1%的企业获得环境管理体系认证，22.3%的企业获得能源管理体系认证，11.5%的企业通过了绿色产品认证（见图3）。

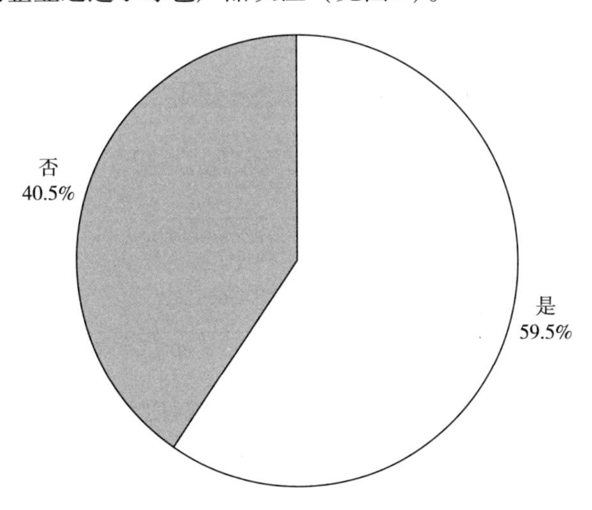

图2　企业是否有独立的环境部门

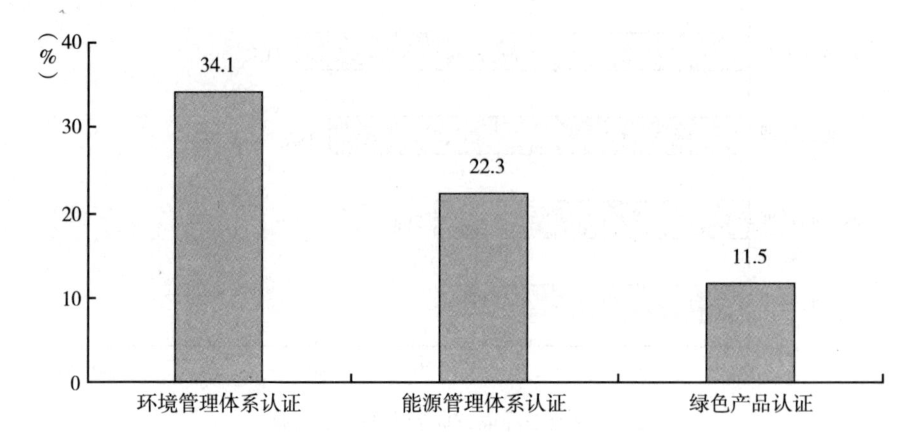

图 3　企业在环境方面通过的认证

在内部环境治理上，企业从三个方面着手：一是注重企业内部的设备更新和改造，二是建立公司的环境评估机制，三是通过培训强化员工的环境保护意识。在外部环境治理上，31.1%的企业组织开展节能环保公益活动，20.5%的企业建立绿色采购制度，优先购买具有环保标志的产品（见图 4）。

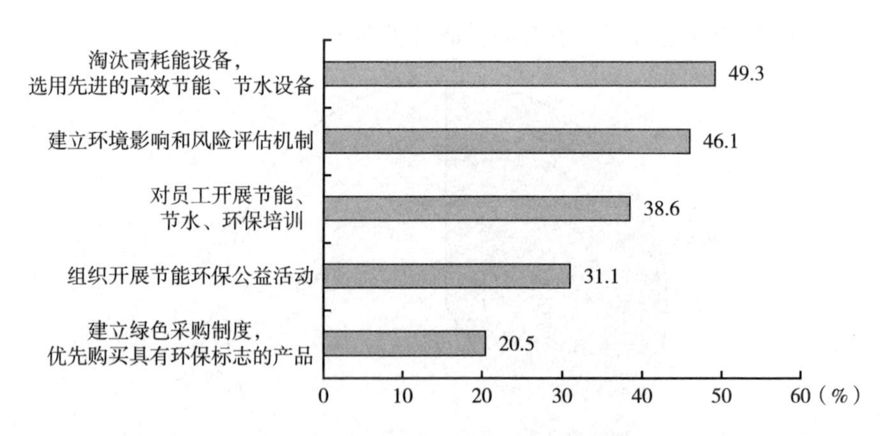

图 4　企业环境治理方面采取的措施

【案例】国森矿业：净化废水循环利用①

扎兰屯市国森矿业有限责任公司坚持“环境友好型”发展理念，争创资源节约型企业，投资6200万元在矿区范围内建立健全了一整套矿山废水综合治理工艺和方案，分别是矿区饮用水净化系统、生活污水处理系统、精矿浓密溢流水分质分步回用系统、选矿废水适度处理系统、废水深度处理系统、尾矿库雨水处理及喷淋工程、采坑疏干水处理及回用系统和氧化矿选矿废水处理系统。通过整套矿山废水综合治理方案的实施，矿区各类废水都能被分质分步处理并回用到生产、降尘及绿化过程中，矿山废水综合利用率达到100%，水资源综合利用率达到96.25%以上，吨矿用水3.8~4吨，其中每吨加注新水0.15吨，达到了国内领先水平。

在绿色认证方面，调研数据显示，获得绿色工厂的企业数量最多。从不同等级来看，获得市级绿色工厂的企业最多，获得国家级绿色工厂的企业数量位列第二。相对而言，获得省级绿色设计产品和绿色供应链管理企业的企业相对较少（见图5）。

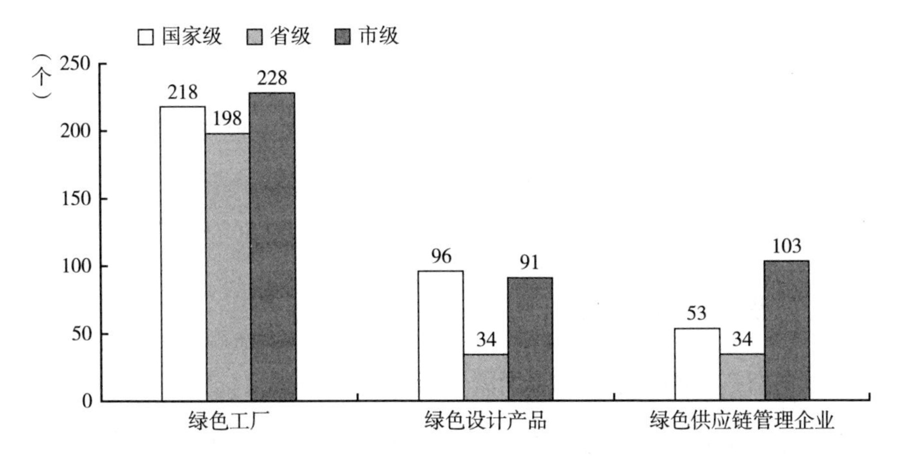

图5 企业获得绿色工厂、绿色设计产品、绿色供应链管理企业情况

① 资料来源：根据企业上报材料整理。

【案例】建邦集团：坚持绿色发展，打造生态钢厂[①]

建邦集团在发展中始终秉承“建业兴邦，造福社会”的企业使命，坚持“安全、绿色、低碳、循环”的发展理念，不断推进节能环保工作，踏实践行“绿水青山就是金山银山”的理念，建立了以安全、环境、质量、能源为主要内容的管理体系，形成预防污染、节能降耗、持续改进的长效机制。建邦集团先后投资40余亿元实施循环经济、节能减排、提标技改及环保设备设施升级改造，实现了厂区节能环保与循环发展的双促进，成为“绿色、节能、环保”的现代化工厂，并最终获评2021年度国家级“绿色工厂”。

建邦集团已累计投入逾1亿元用于绿化项目，以稳健的步伐推进其“森林中的钢铁企业”的建设。集团的全域绿化面积已达900亩，对紫金山的绿化面积达4600亩。此外，集团还种植了67万余棵常绿和观赏类苗木，包括雪松、桧柏、法桐、国槐、皂角、白蜡、甜柿、核桃、柳树、紫叶李、冬青、桃、李、山楂、海棠等，草坪绿地面积约达18万平方米。据评估，集团的绿化资产价值已达到2.97亿元。

这些绿化工作不仅美化了环境，也具有显著的环境效益。集团全域绿化每年可吸收二氧化碳78万吨，涵养地下水资源36万立方米。同时，集团投资5.6亿元建设了总装机容量为253兆瓦的清洁发电机组，自发电率达到85%，这比全国钢铁行业平均水平高出近20%，可以帮助集团每年减少标准煤消耗48万吨，减少二氧化碳排放130.5万吨。

（二）践行“双碳”目标情况

在“双碳”规划上，11.7%的企业制定了碳中和目标或规划，8.7%的企业制定了减碳路线图，展现出企业在落实“双碳”目标、降碳减排方面的意识不断增强（见图6）。

---

① 资料来源：《山西建邦：发力环保建设 践行环境承诺》，中国冶金报，https：//mp.weixin.qq.com/s/mHKn1LWupuRSev3I-a35vg。

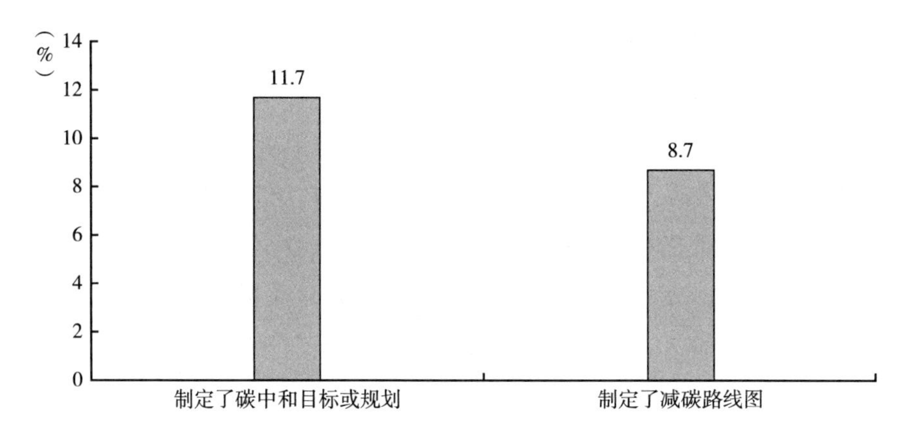

图 6　企业在“双碳”方面制定的规划

在“双碳”目标的落实上，节能设备升级改造、引导供应链脱碳、倡导绿色办公出行这三项方式位列前三名（见图 7）。

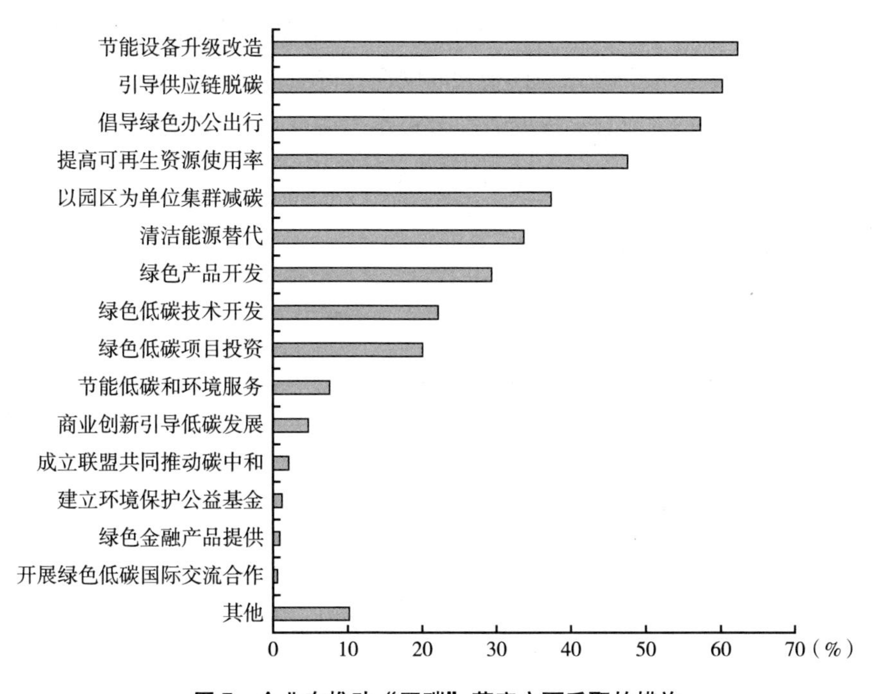

图 7　企业在推动“双碳”落实方面采取的措施

【案例】上海百奥恒：整合科研资源，研发绿色技术①

上海百奥恒新材料有限公司积极整合科研资源，以北京瑞吉达、中心研究院为内部科研团队，协同由众多高校科研人才组成的合作研发部门、百奥恒专家委员会等外部力量作为公司的专业技术支撑，联合成立低碳绿色胶凝材料及低碳混凝土技术的中心研究院。该研究院致力于研发绿色胶凝材料的新技术、新方向。公司预计将继续引进博士工作站及国家级科研及技术平台，未来每年将投入不少于 1000 万元的科研经费作为研究相关技术及引进国内外优秀人才的预算，力争将公司的中心研究院发展成为在低碳胶凝材料及低碳混凝土行业能够辐射全国的龙头研发单位。

与此同时，上海环境能源交易所数据显示，2022 年度全国碳市场碳排放配额（CEA）总成交量逾 5088. 9 万吨，总成交额 28. 14 亿元。截至 2022 年底，全国碳市场碳排放配额（CEA）总成交量逾 2. 29 亿吨，累计成交额突破 100 亿元，已成为全球规模最大的碳现货市场。调研企业中，已有部分企业通过公开披露企业碳排放信息、开发碳汇项目、参与碳排放权的交易等方式积极推动“双碳”目标的落实（见图 8）。

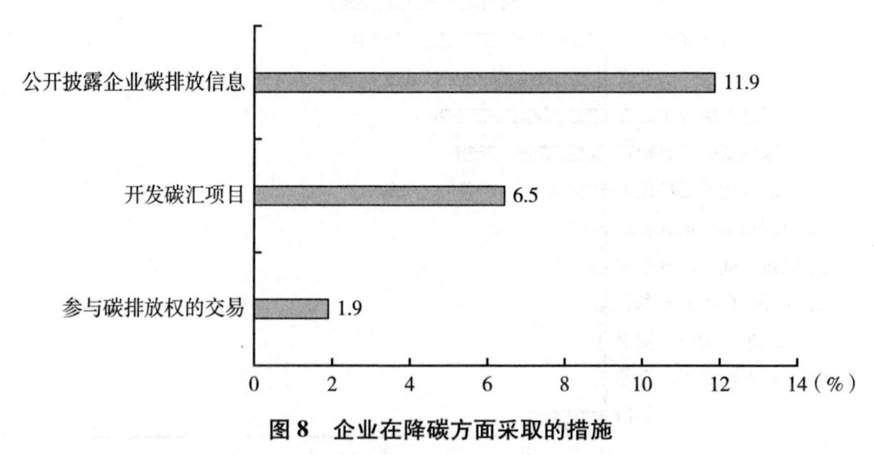

图 8　企业在降碳方面采取的措施

① 资料来源：根据企业上报材料整理。

（三）绿色消费与生态保护情况

《促进绿色消费实施方案》指出，促进绿色消费是消费领域的一场深刻变革，必须在消费各领域全周期全链条全体系深度融入绿色理念，全面促进消费绿色低碳转型升级。调研数据显示，32.1%的企业开展主题宣传，引导消费者树立绿色低碳、节能环保的观念；19.3%的企业引导消费者优先采购绿色产品（见图9）。由此说明，在绿色消费成为共识的当下，企业引导消费者绿色消费的步伐更为坚实，引导消费者绿色消费方面的措施更为有力。

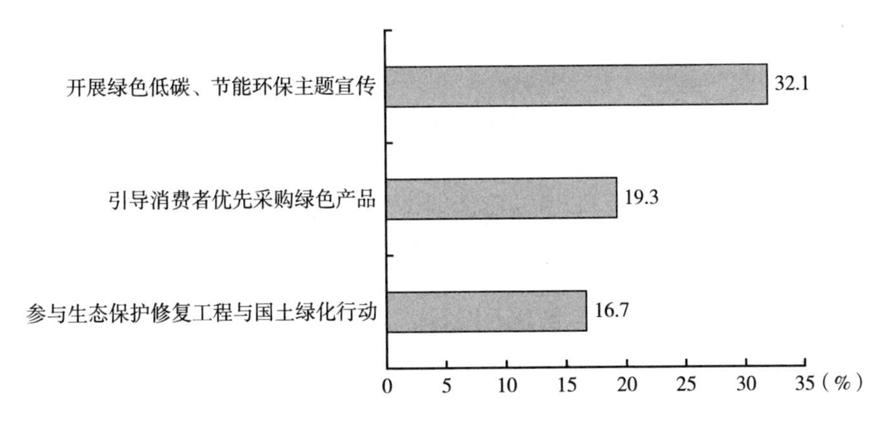

图9　企业在引导消费者绿色消费方面采取的措施

在生态保护方面，近年来，随着国家的不断重视和各地文件的出台，企业参与生态保护的积极性也不断提高。从参与调研的企业来看，已有16.7%的企业表示参与了生态保护修复工程与国土绿化行动。

【案例】邦天农业：打造彩色森林，保持生物多样性①

自2009年10月起，重庆邦天农业发展有限公司持续投入1.8亿元，通过开荒拓壤，分20余批种植金叶水杉、金叶槐树、美国红枫、北美枫香、

① 资料来源：根据企业上报材料整理。

蓝冰柏、紫叶紫荆等50余个品种20余万株彩叶苗木，将3000亩荒山和500亩多年无人耕种的荒土彩化与香化，将其打造成为“彩色森林度假休闲景区”。并通过将阔叶林与针叶林相结合，高大乔木、乔灌木、灌木、地被层等相结合，各种不同色彩的苗木相结合的方式，将几十年无人驻足的荒山打造成具有不同色彩层次的森林景观。

邦天农业通过十余年如一日对荒山的生态修复，成功打造了国内第一个在荒山上建设“近自然自适应森林生态循环系统”的项目。该项目利用人工方式优化森林结构与功能，实现了永续利用与森林相关的各种自然力，不断优化森林经营过程，保持生物物种多样性。

三　企业环境治理的实践进展

习近平总书记在全国生态环境保护大会上强调，全面推进美丽中国建设，加快推进人与自然和谐共生的现代化。当前，我国企业对环境保护的认识不断增强，在环境治理与创新、践行“双碳”行动、引导消费者绿色消费、生态修复与生物多样性保护等方面都进行了有益的探索，采取了积极有效的行动，为我国的生态环境发展做出了重要贡献。

（一）环境治理与创新

强化环境治理体系。企业加强公司环境治理，减少污染物排放、落实“双碳”政策，是推动人与自然可持续发展的重要举措。作为养殖业的龙头企业，牧原集团高度重视环境管理工作，在董事会下设可持续发展委员会，对绿色低碳工作进行监督管理，设置环保后勤部作为企业环境管理的责任部门，下设区域环保后勤部、生态环保技术处，环境监控中心。另外，牧原集团环境监控中心包含六大环境保护督查中心，负责公司环保工作的监督管理并持续落实和完善公司内部第三方环境监控体系，定期向董事会报告（见图10）。截至2022年底，牧原集团施行的环保工作管理制度共29条，其中，2022 年公司新增了《环保区安全风险分级及管控措施》《场区水质监测管理制度》《楼房除臭系统冬季运行标准》等 21 项环保管理制度、标准及相关工作规范，并对《环保区生物安全管理制度》《无害化生物安全管理制度》《场区外围臭气评估执行规范》等 6 项环保制度进行了优化升级，不断完善公司环保管理。

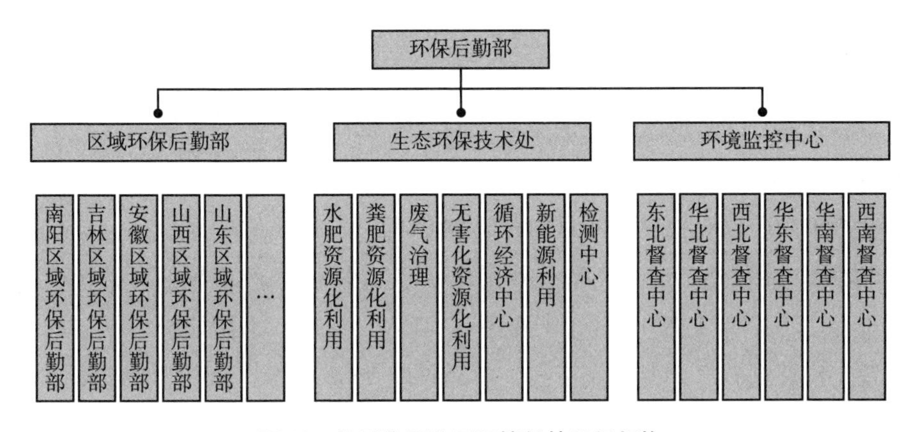

图 10　牧原集团公司环境保护组织架构

探索利用新能源。2022 年国家发改委发布了《氢能产业发展中长期规划（2021—2035）》，明确指出氢能是我国未来能源体系的重要组成部分，要加快氢能技术研发和示范应用，探索在工业、交通运输、建筑等领域规模化应用。探索当低碳绿色的氢能源在工业车辆领域广泛应用时，构建以氢能为主的“智慧、高效”绿色搬运体系，为企业、为国家提供多元化碳中和路径的新选择。天津新氢动力科技有限公司是国家燃料电池示范城市京津冀城市群天津片区重点建设企业，成立以来一直致力发展氢燃料电池工业车辆发动机系统的研发生产，是国内第一家实现氢燃料电池叉车批量化商业运营的企业。新氢动力和杭叉集团联合打造的系列产品均为世界氢能工业车辆领域的首创，代表着国际氢能工业车辆应用领域最为领先的技术。公司发布了构建“智慧、高效”氢能绿色搬运体系的核心产品，它们分别是“氢+5G 无人 3T 级叉车”“氢+5G 无人 5T 无人输送车”“固态金属储氢燃料电池叉车”系列全新氢能工业车辆高科技产品。

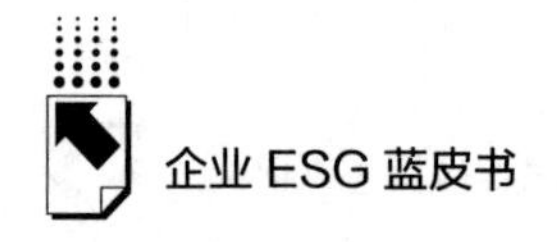

建设绿色工厂。2016 年 9 月 3 日，工业和信息化部印发了《工业和信息化部办公厅关于开展绿色制造体系建设的通知》，提出“落实供给侧结构性改革要求，以促进全产业链和产品全生命周期绿色发展为目的……以绿色工厂、绿色产品、绿色园区、绿色供应链为绿色制造体系的主要内容”。TCL 中环秉承“集约创新、集成创新、联合创新、协同创新”的理念，坚持推进智慧工厂建设，将工业 4.0 变革贯穿于公司生产的作业流程和作业场景中，以先进制造、智能制造引领产业转型升级。同时，公司承办、参与产业合作论坛，为行业伙伴提供交流平台，实现高质量协同发展。宁夏中环 50GW（G12）太阳能级单晶硅材料智慧工厂是全球领先的业内最大单体太阳能级单晶硅投资项目。项目以打造绿色工厂、智慧工厂为目标，总投资 150 亿元，全部达产后可创造就业岗位 4500 余个，年产值预估可达 165 亿元以上。2022 年 1 月 17 日，宁夏中环 50GW（G12）太阳能级单晶硅材料智慧工厂首颗 G12 单晶顺利下线，单晶长度 3600 毫米，直径 300 毫米，重量 612.8 公斤。

（二）践行“双碳”行动

国内多家行业头部企业将“双碳”目标融入发展战略并制定行动方案。企业高度重视“双碳”目标及气候变化问题，设立碳排放等多维度目标，将其纳入实质性议题和利益相关方分析，通过构建“减碳路线图”并制定可行计划，企业高效、可持续地将减碳目标落到实处。例如，金融业持续发力绿色金融，扩大绿色信贷规模，推广绿色债券，引导产业绿色转型；制造业及运输业等能源密集型行业致力于提升绿色低碳科技水平，投入大量研发费用，以推动绿色低碳变革。

大连冰山集团有限公司着力开发应用高效压缩机、绿色冷媒、空气源热泵、地源（水源）热泵、余能利用、储冷储热、CCUS（碳捕集、回收、利用）、氢能源、光伏绿能、智慧能源管理等减碳、零碳、负碳技术，为不同领域细分市场客户提供安全、绿色、低碳、智能的全产业链冷热产品、服务和综合解决方案。

（三）引导消费者低碳消费

在“双碳”目标相关政策的引导下，我国加速绿色低碳消费的政策布局。2022年有关部门出台《绿色食品标志管理办法》等规范性文件，进一步细化和完善了绿色消费制度；一些地方政府采取发放绿色消费券等多种措施推进落实绿色消费；中国消费者协会会同各地消协组织大力开展制止餐饮浪费、反对过度包装、倡导绿色消费等工作，引导广大消费者绿色低碳消费。

随着“绿色消费”理念不断被倡导，新一代消费者乐于看见品牌做出类似的改变。逸仙电商自成立以来一直以“为消费者创造价值”作为初心，关注消费者对健康安全的需求，持续探索产品创新和技术研发的提升路径，研发推出符合消费者期待的高品质、可持续产品。自2021年开展产品碳排放评估工作以来，逸仙电商致力于厘清产品在原材料生产、制造、运输、使用及废弃过程中的碳排放情况，识别产品各个阶段的减排潜力，从而实现优化产品生产、运输及回收利用的过程，减少产品的碳足迹，降低对环境的负面影响。2022年，逸仙电商更是持续拓展碳足迹核查覆盖品类范围，选取完美日记旗下王牌单品“薄透雾感名片唇釉299”“剔透柔雾控油散粉锁色版”两款产品，开展产品碳足迹评估工作，为美妆产品的碳足迹核查贡献更多力量。除核算追踪碳足迹以外，绿色减塑、轻量化包装、可循环利用也是逸仙电商正在努力的方向，积极与消费者期待的发展方向相契合。

（四）生态修复与生物多样性保护

2022年12月，《生物多样性公约》第十五次缔约方大会第二阶段会议通过“昆明-蒙特利尔全球生物多样性框架”，致力于在2030年之前保护地球30%的陆地、内陆水域、沿海和海洋生态系统，为全球生物多样性保护治理描绘了新的蓝图。生物多样性保护不仅需要保护和修复，还需要全社会共同参与和努力，促进“自然向好”。

在生态保护与修复方面，加强与专业机构或环保组织的合作，是当前部分企业深化生态保护、提升自身能力的重要方式。联美集团旗下贵州安酒集团携手中华环保联合会，共同启动“赤水河水资源保护项目”，希望构建并支持整个酱酒行业乃至赤水河流域更多产业的可持续发展框架，促进赤水河畔区域的可持续发展。2023 年，贵州安酒携手中华环保联合会，共同成立赤水河水资源保护专项基金，并启动“赤水河水资源保护项目”。未来，双方将围绕构建并支持整个酱酒行业乃至赤水河流域更多产业的可持续发展框架，共同推动赤水河畔区域的可持续发展，保护好赤水河畔的青山绿水。

在保护生物多样性方面，一些企业提升对生物多样性丧失的风险认识，改善自然相关信息披露质量，面向不同利益相关方生动展现在生物多样性保护上的贡献。小糊涂仙酒业集团旗下品牌“心悠然”，2022 年围绕品牌专属 IP“共·时代”与中华环保联合会开展环保公益战略合作，双方秉持“悠然共生”的发展理念，围绕环保公益、社会公益层面推出了多项合作举措，倡导自然共生理念，为共同守护自然生态助力。其中，双方联合发起的“2022 悠然共生环保公益活动”致力推动应对气候变化、海洋保护及生物多样性主流化公众参与，号召公众共同履行环境责任，践行环保理念和实践，为中国生态文明建设贡献力量。

四　企业环境治理的发展趋向

绿色发展、低碳发展已成为当前中国企业发展的共识。2023 年 7 月，习近平总书记在生态环境大会上指出，我国经济社会发展已进入加快绿色化、低碳化的高质量发展阶段，生态文明建设仍处于压力叠加、负重前行的关键期。必须以更高站位、更宽视野、更大力度来谋划和推进新征程生态环境保护工作，谱写新时代生态文明建设新篇章。当前随着 ESG 在国内的快速发展，企业在环境治理方面呈现以下发展趋向。

（一）从国际发展来看，统一信息披露标准加速推进

2023 年 6 月 26 日，国际可持续准则理事会（以下简称“ISSB”）发布

两份国际财务报告可持续披露准则的正式生效文件——《国际财务报告可持续披露准则第 1 号——可持续相关财务信息披露一般要求》及《国际财务报告可持续披露准则第 2 号——气候相关披露》，致力于为资本市场提供一套综合性、全球化的高质量可持续信息披露标准，满足投资者、监管部门等各利益相关方对统一可比的可持续信息披露工作的需要。中国财政部和香港联合交易所有限公司已表示支持并代表 ISSB 征求意见。随着这一标准的实施，企业需要进一步认识到当前国际发展的趋势与自身在环境信息披露方面的新要求，加快开展相应的工作，以适应未来的发展要求。

（二）从行业来看，机遇与挑战并存

从行业发展来看，一方面，当前一些重点企业仍然面临着转型升级的压力。尤其是扩容增量已经成为 2023 年我国碳市场的主旋律，强制市场扩大全国碳市场覆盖行业范围的工作已经启动，水泥、钢铁、石化、化工、有色、建材、民航、造纸等污染较为集中的行业即将被纳入。未来需要这些行业加快转型升级，通过材料、工艺、设备、厂房改造等方式加快自身的发展。

另一方面，绿色能源行业要抓住机遇。2023 年 3 月以来，李强总理多次主持召开工作会议，并到地方调研考察新能源发展情况。这进一步表明：一是在全球供应链可能脱钩的大背景下，制造业的重要性越发凸显，而风光、新能源汽车、储能在内的新能源产业，是我国为数不多的优势产业，关系到我国经济的高质量发展；二是大力发展新能源是我国实现碳达峰、碳中和的关键路径之一，需要这些优势行业抓住发展机遇，加快产品的研发和投入，推动绿色能源的普及。

（三）关注“漂绿”行为，注重环境信息披露的真实性

随着 ESG、可持续发展成为当今全球企业关注的焦点，一些企业更加热衷于宣传自己的绿色属性，期待消费者的好感。由于绿色概念产品遍布各行

各业，存在专业壁垒，也容易产品“漂绿”① 风险。南方周末 2022 年“中国漂绿榜”显示，有 9 家企业登上漂绿榜，涵盖乘用车、食品、化学制药、养殖、建筑和服装等行业，且多数为大企业②。防止企业的“漂绿”行为越来越得到重视。2022 年发布的《上海证券交易所“十四五”期间碳达峰碳中和行动方案》中提到，完善规则体系……防止“漂绿”行为。2023 年 2 月，最高人民法院发布涉及“双碳”规范性文件时亦明确，审理企业环境信息披露案件，要强化企业环境责任意识，依法披露环境信息，有效遏制资本市场“洗绿”“漂绿”不法行为。这些都要求企业在践行“双碳”过程中，要注重产品或者信息披露时信息的真实性和准确性，严禁发布夸大或不实的信息。

---

① “漂绿”英文名为 Greenwashing，由单词“Whitewash”（粉饰、掩饰）演变而来。剑桥字典中解释其为：企业夸大自身环保行为，并误导消费者信以为真。

② 南方周末：《南方周末 2022 年“中国漂绿榜”发布》，2022 年 7 月 13 日，http：//www.infzm.com/contents/252558？source = 133&source_ 1 = 1。

专 题 报 告

Special Reports

B.6
企业推进乡村振兴专题报告（2023）

卫 斌　韩 梅　毛世伟*

摘　要： 乡村全面振兴是建设社会主义现代化国家、促进全体人民共同富裕的一项重大历史任务。本报告通过分析企业参与乡村振兴的现状，总结企业充分发挥自身物力、技术等优势，吸引、培育各类人才，持续助力乡村产业、人才、文化、生态和组织振兴的经验，探索创新企业参与乡村振兴的新途径、新模式。

关键词： 企业　乡村振兴　共同富裕

党的二十大报告强调“全面推进乡村振兴”。目前，我国农村地区占全

* 卫斌，中华环保联合会 ESG 专业委员会委员，全联正道（北京）企业咨询管理有限公司副总经理，主要从事 ESG 战略与投资研究；韩梅，中华环保联合会 ESG 专业委员会副主任、秘书长，中安正道自然科学研究院副院长，主要从事 ESG、社会责任与可持续性研究与咨询；毛世伟，全联正道（北京）企业咨询管理有限公司咨询师，主要从事公益项目设计与评估、利益相关方沟通策略、企业信息披露研究。

国土地总面积的94%以上，人口约5.09亿，占全国总人口的36.11%，但农村人口人均可支配收入只有城镇人口的2/5，要想实现共同富裕，必须缩小城乡差距，让农民也富裕起来。乡村全面振兴是建设社会主义现代化国家、促进全体人民共同富裕的一项重大历史任务。习近平总书记强调，“从中华民族伟大复兴战略全局看，民族要复兴，乡村必振兴”，“促进共同富裕，最艰巨最繁重的任务仍然在农村”。实施乡村振兴战略是实现共同富裕的必然选择，全面推进乡村振兴建设，需要凝聚全社会力量。企业作为重要的社会力量，有能力、有义务在乡村振兴事业中发挥更大作用。

一　新阶段：企业参与乡村振兴的必要性

当前，我国乡村发展已进入新的阶段，但仅依靠政府力量不足以充分利用农村资源，也难以激发农村内部发展活力。因此，鼓励企业参与乡村振兴，推动资金、人才、技术等资源向农村流动，对于新发展阶段全面推进乡村发展具有重要意义。

（一）企业参与乡村振兴的意义

1. 全面推进乡村振兴能够为中国式现代化提供坚实支撑

党的二十大报告强调了中国式现代化的本质要求和重要特征。中国式现代化与乡村振兴战略在内涵上紧密相连，在进程上高度匹配，与乡村振兴战略具有内在统一性。一是中国式现代化是人口规模巨大的现代化。目前我国仍有6亿人口在农村地区，即使基本实现城镇化，预计到2035年农村常住人口仍在4亿人左右，人口规模巨大的现代化主要工作就在农村。二是中国式现代化是全体人民共同富裕的现代化。我国发展不平衡不充分问题仍然突出，城乡区域发展和收入分配差距较大，通过乡村振兴提升农业的发展效益，完善利益分配机制，确保农民实现稳定增收，是共同富裕的题中之义。三是中国式现代化是物质文明和精神文明相协调的现代化。中国农业文明正是中华民族得以持续发展的最深厚的根基，实施乡村振兴战略，文化振兴是灵魂。四是中国式现代化是人与自然和谐共生的现代化。即推进传统产业生态化改造、挖掘乡村生态产品价值，是人与自然和谐共生的现代化的集中体现。五是中国式现代化是走和平发展道路的现代化。从应对全球危机角度来看，夯实粮食安全根基、维护社会稳定是和平发展的基础。

2. 企业参与乡村振兴是优势互补，实现共同发展的需要

企业和社会资本参与乡村振兴，是双方优势互补、共同发展的需要。农村一头连着生产端，一头连着消费端，是国内大循环的重要组成部分，是构建国内大循环体系的关键和短板所在；从企业自身来看，其具有项目人才、资金以及市场优势，参与乡村振兴将为企业提供发展空间。从民营企业来看，呈现出量大面广、机制灵活等特征，长期以来一直是农村市场的重要参与主体、重要活力之源。参与乡村振兴能够有效发挥民营企业优势，通过市场化机制将资金、人才、技术等要素引入乡村，促进供给需求的良性循环，是促进国内大循环的重要推动力量。特别是一些涉农、金融、建设等企业参与乡村振兴将会有大量商机，在助力农业农村发展的同时实现自身的合理收益。

3. 企业参与乡村振兴是激活乡村内生动力，实现乡村振兴可持续发展的需要

乡村振兴的关键是探索建立长效发展机制。发展乡村产业是乡村振兴的根本，无论是发展农业、非农产业还是三产融合项目，产业的发展都将为农村带来机遇和活力。引入企业和社会资本将有效地促进农村产业的发展，有效激发乡村发展内生活力。当前，越来越多的企业和社会资本开始进入农村，相关市场主体通过导入自身资源，引入适宜的产业，通过市场化主体的经营来激活乡村的资源，为资源带来合理的回报，还能带动就业，促进农村产业的升级，为乡村振兴注入动力。从而加快推动农村一二三产业融合发展，加速传统农业转型升级为现代农业。

4. 企业参与乡村振兴是履行社会责任、回报社会的重要举措

社会责任认知是企业参与乡村振兴的内在驱动力。任何企业都存在于社会之中，都是社会的企业。企业社会责任意识的崛起必然要求企业的参与，并自觉发挥社会角色作用。从人类社会的长远发展看，企业履行社会责任终

将有助于企业的可持续发展和获取更大的利益回报。相对于不同类型的企业来看，对国有企业而言，作为国有资产的运营主体，更有利于整合农村产业资源，同时有责任也有义务充分利用自身优势助力乡村振兴。对广大民营企业而言，企业家精神、乡土情感、造福桑梓和谋求发展的义利观，已成为民营经济助力乡村振兴的重要动力源泉。因此，鼓励和引导各类型企业参与乡村振兴不仅符合乡村振兴自身发展的需求，也为企业的自身发展提供了广阔的空间。

（二）企业参与乡村振兴的政策支持

企业作为推动中国经济转型和高质量发展的重要支撑，是助力乡村振兴的资本力量。政府作为具体实施和落实这一国家战略的重要主体之一，面对更新更高的时代要求，制定了一系列支持企业参与乡村振兴战略规划的政策，积极推动乡村振兴工作如火如荼开展（见表 1）。

表 1　支持企业参与乡村振兴相关政策汇总（部分）

时间	政策(会议)名称	主要内容
2018 年 1 月	《中共中央 国务院关于实施乡村振兴战略的意见》	明确强调要"鼓励社会各界投身乡村建设。吸引支持企业家等通过下乡担任志愿者、投资兴业、包村包项目、行医办学、捐资捐物、法律服务等方式服务乡村振兴事业"
2018 年 6 月	《民营企业参与乡村振兴战略倡议》	在全国工商联组织引导下 34 位知名企业家共同向广大民营企业家发起了《民营企业积极参与乡村振兴战略倡议书》
2018 年 9 月	中共中央 国务院印发《国家乡村振兴战略规划（2018—2022 年）》	强调"引导激励社会各界更加关注、支持和参与脱贫攻坚。鼓励工商资本到农村投资适合产业化、规模化经营的农业项目，提供区域性、系统性解决方案，与当地农户形成互惠共赢的产业共同体"
2019 年 2 月	中央一号文件《中共中央国务院关于坚持农业农村优先发展做好"三农"工作的若干意见》	提出，聚力精准施策，决战决胜脱贫攻坚。重大工程建设项目要继续向深度贫困地区倾斜。完善县乡村物流基础设施网络，支持产地建设农产品贮藏保鲜、分级包装等设施，鼓励企业在县乡和具备条件的村建立物流配送网点

续表

时间	政策(会议)名称	主要内容
2020 年 4 月	农业农村部出台《社会资本投资农业农村指引》	指出,结合本地实际,充分发挥财政政策、产业政策的引导带动功能,不断调动强化社会资本投资农业农村的积极性、主动性,切实发挥好社会资本投资农业农村、服务乡村振兴战略实施的作用
2020 年 12 月	《中共中央 国务院关于实现巩固拓展脱贫攻坚成果同乡村振兴有效衔接的意见》	指出,在西部地区脱贫县中集中支持一批乡村振兴重点帮扶县,增强其巩固脱贫成果及内生发展能力。坚持和完善东西部协作和对口支援、社会力量参与帮扶等机制
2021 年 1 月	《中共中央 国务院关于全面推进乡村振兴加快农业农村现代化的意见》	提出要构建现代乡村产业体系,组织开展"万企兴万村"行动
2021 年 3 月	《中华人民共和国国民经济和社会发展第十四个五年规划和 2035 年远景目标纲要》	全面实施乡村振兴战略,强化以工补农、以城带乡,推动形成工农互促、城乡互补、协调发展、共同繁荣的新型工农城乡关系,加快农业农村现代化。提升乡村基础设施和公共服务水平
2021 年 4 月	农业农村部 国家乡村振兴局印发《社会资本投资农业农村指引(2021)》	是《乡村振兴促进法》在五大振兴、城乡融合、扶持措施等方面的进一步细化,列举了社会资本重点投向的产业和领域、社会资本的创新投入方式以及便利投资的一揽子、全方位的投资服务平台
2021 年 6 月	《中华人民共和国乡村振兴促进法》	国家鼓励社会资本到乡村发展与农民利益联结型项目,鼓励城市居民到乡村旅游、休闲度假、养生养老等
2021 年 7 月	全国工商联等六部门发布《关于开展"万企兴万村"行动的实施意见》	组织民营企业大力开展"万企兴万村"行动,以产业振兴为重要基础,全面推进乡村产业、人才、文化、生态、组织振兴,促进农业高质高效、乡村宜居宜业、农民富裕富足
2021 年 12 月	国家乡村振兴局 全国工商联《"万企兴万村"行动倾斜支持国家乡村振兴重点帮扶县专项工作方案》	广泛动员民营企业助力国家乡村振兴重点帮扶县巩固拓展脱贫攻坚成果,衔接推进乡村振兴
2023 年 2 月	《中共中央 国务院关于做好 2023 年全面推进乡村振兴重点工作的意见》	持续做好中央单位定点帮扶,调整完善结对关系。深入推进"万企兴万村"行动

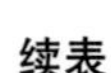

续表

时间	政策(会议)名称	主要内容
2023 年 6 月	五部门联合印发《关于金融支持全面推进乡村振兴,加快建设农业强国的指导意见》	加强与电商企业合作,支持"数商兴农"和"互联网+"农产品出村进城工程建设,助力发展电商直采、定制生产、预制菜等新产业新业态
2023 年 7 月	《中共中央 国务院关于促进民营经济发展壮大的意见》	支持民营企业参与乡村振兴,推动新型农业经营主体和社会化服务组织发展现代种养业,高质量发展现代农产品加工业,因地制宜发展现代农业服务业,壮大休闲农业、乡村旅游业等特色产业,积极投身"万企兴万村"行动

（三）企业参与乡村振兴的现状与挑战

1. 民营企业参与乡村振兴现状

作为我国经济社会发展的重要支柱，民营企业积极参与脱贫攻坚和乡村振兴工作。在脱贫攻坚阶段，广大民营企业响应党中央的号召，以建档立卡贫困村和贫困户为主要帮扶对象，采取产业扶贫、就业扶贫、公益扶贫和消费扶贫等多种途径进行帮扶，并组织发起了"万企帮万村"精准扶贫行动。数据显示，截至 2020 年 12 月底，进入"万企帮万村"精准扶贫行动台账管理的民营企业有 12.7 万家，精准帮扶 13.91 万个村（其中建档立卡贫困村 7.32 万个）；产业投入 1105.9 亿元，公益投入 168.64 亿元，安置就业 90.04 万人，技能培训 130.55 万人，共带动和惠及 1803.85 万建档立卡贫困人口，取得了良好的政治、经济、社会效益①。

2021 年 7 月 16 日，全国工商联与农业农村部、国家乡村振兴局、中国光彩会、中国农业发展银行、中国农业银行，共同召开全国"万企兴万村"行动启动大会。全国工商联大力推进"万企兴万村"行动，把民

① 《2020 年全国"万企帮万村"精准扶贫行动论坛在京举办》，人民网，2020 年 10 月 15 日，https://www.360kuai.com/pc/9c92c4ef891e5cf50?cota=3&kuai_so=1&sign=360_57c3bbd1&refer_scene=so_1。

营企业这支生力军更多动员到乡村振兴主战场。习近平总书记高度肯定“万企兴万村”行动，称之为“壮举”，强调“万企帮万村、万企兴万村，从扶贫到振兴，城乡一体化、工农一体化，民营企业在这方面的潜力是巨大的”。

2. 国有企业参与乡村振兴现状

开展定点帮扶、助力乡村振兴是党中央交办的政治任务，是党中央对国资央企的信任和重托。进一步做强做优乡村振兴工作，既是中央企业履行好政治责任、社会责任的必然要求，也是企业提升品牌价值、实现高质量发展、建设“世界一流”的现实需要，更是广大农民实现共同富裕的殷切期盼。

多年来，各级国资委领导国有企业始终走在脱贫攻坚和乡村振兴的前列，为全面推进乡村振兴提供了源源不断的发展动力。有关数据显示，截至2022年底，中央企业在246个定点帮扶县累计投入和引进无偿帮扶资金47.8亿元，投入和引进有偿帮扶资金260.3亿元。共派出挂职干部、驻村第一书记等550名，结对共建党支部1211个、脱贫村737个，党员干部捐款捐物折合资金3000余万元[①]。

3. 调研企业参与乡村振兴现状

中华环保联合会ESG专项调研显示，有32.7%的企业已经参与到乡村振兴战略之中，12.9%的企业有专职部门负责乡村振兴项目。

企业积极支持乡村振兴。所有受访企业均表示愿意支持乡村振兴战略，而且已经开展或者计划开展与乡村振兴有关的项目。从企业参与乡村振兴的要素方式来看，76.0%的企业以直接投入资金的方式参与乡村振兴，41.8%的企业以提供服务的方式参与乡村振兴（见图1）。可见，部分企业的可持续发展战略与乡村振兴战略具有相关性，参与乡村振兴是企业双赢的战略选择。

① 《中央企业助力乡村振兴蓝皮书（2022）》课题组：《中央企业助力乡村振兴蓝皮书（2022）》（摘要），《国资报告》2023年第5期，第87~90页。

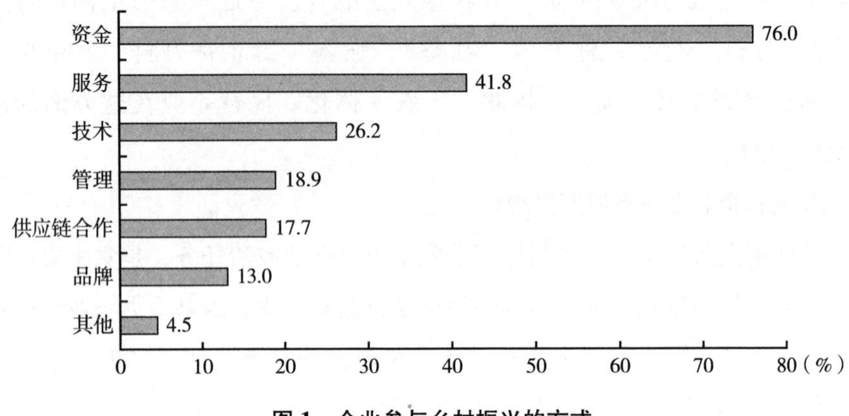

图1　企业参与乡村振兴的方式

随着企业多年来深度参与扶贫开发工作，参与举措经历了由传统单一到丰富多样的发展过程。调研数据显示，企业参与乡村振兴的举措较多，形式多样，通过开展就业帮扶、发展特色农业、改善乡村人居环境、助力乡村人才培养等形式。此外，企业通过促进乡村特色文化产业发展、助力文旅康养产业发展、助力现代种业研究发展等活动，积极参与乡村振兴体系建设。其中，57.3%的企业致力于开展就业帮扶；40.7%的企业发展特色农业；38.4%的企业在改善乡村人居环境方面作出了贡献（见图2）。

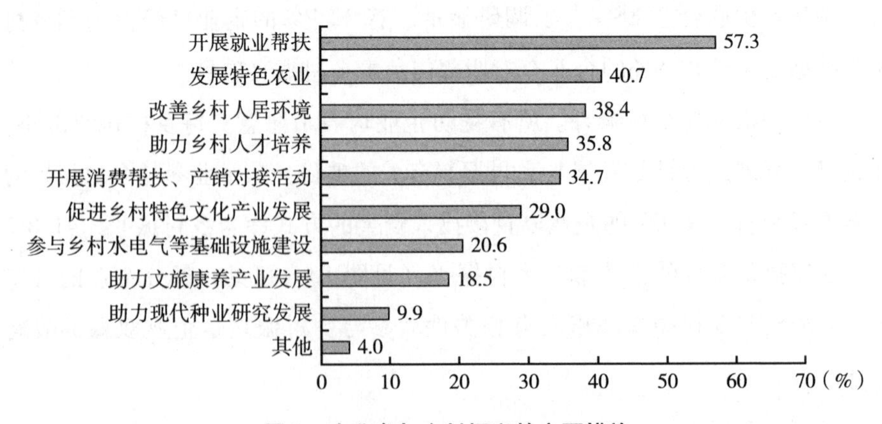

图2　企业参与乡村振兴的主要措施

二　新起点：企业加快服务乡村振兴战略实施

近年来，国内各类企业紧紧围绕国家关于乡村振兴战略的重大决策部署，当好助力乡村振兴的主力军，持续助力乡村产业、人才、文化、生态和组织振兴，为实现乡村全面振兴积极贡献力量。

（一）挖掘产业优势，助力乡村产业振兴

企业有优势、有潜力广泛参与乡村振兴战略，通过发挥资金、技术、管理、市场优势，依托乡村特色资源，打造农业全产业链，把产业链主体留在县城，让农民更多分享产业增值收益。

帮助打造当地特色产业链。多年来，我国企业利用各地独特的资源优势，积极探索促进农村一二三产业的深度融合。根据不同地区的实际情况，企业采取了“企业+基地+农户”和“企业+合作社+基地”等经营模式，与农村开展合作，打造与农业相互促进的产业集群。如安徽中环控股集团基于“农产品+电商+双创”的融合发展模式，创新“企业+合作社+农民+新农民+行业协会”的订单制，多渠道拓宽农民增收模式，实现“保底收益+按股分红”。

协助推广产品与服务品牌。多年来，我国企业积极推动打造乡村特色品牌，创建各类产业品牌，将其作为促进产业振兴的重要举措。一是农业龙头企业注重发挥引领作用，从农业科技、农业生产、农业旅游等方面入手，推动农业产业的品牌生态化、标准化、产业化。二是积极探索品牌发展的新模式，加快形成特色农业产品品牌，以带动农民的持续稳定收入。如阿里巴巴开展由特色产品到品牌商品的全面升级帮扶工作，已经打造了寻乌百香果、砀山梨膏等 50 个农产品金字招牌，覆盖县域超过 30 个，其中在汪清、宜君、寻乌、城步、平顺、礼县六个县域完成了县域标识、农产品包装、线下旅游视觉、文化周边的县域品牌全面升级、品牌全案制作。

参与乡村基础设施建设等。一些农业投资平台或投资公司等已经成为农

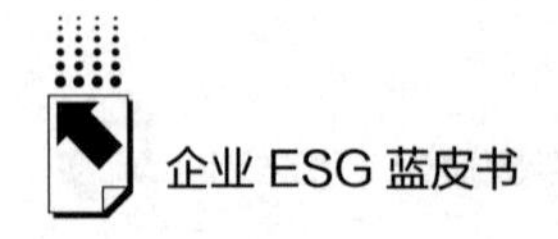

村基础设施项目融资建设主体。通过构建或依托市场化的投资运营载体，包括平台企业、投资公司、涉农央企和省级大型国企等，承建或承接高标准农田建设等农业农村基础设施重大项目，深入参与农村基础设施投资建设运营。如工商银行践行金融支持乡村振兴、积极支持国家高标准农田基础设施建设，为盐城当地龙头农业公司建设的 50 万亩高标准农田项目提供融资支持。

【案例】中国电建：小投入撬动大投资，筑牢乡村振兴产业基础[①]

中国电力建设集团有限公司认真贯彻落实党中央巩固拓展脱贫攻坚成果同乡村振兴有效衔接的相关工作部署，制定《中国电建“十四五”对口支援西藏自治区芒康县经济社会发展规划》《中国电建 2022 年助力乡村振兴定点帮扶实施方案》《中国电建 2022 年对口支援西藏自治区芒康县工作实施方案》等，有效助力云南剑川县、新疆民丰县、西藏芒康县推动乡村振兴。

万头奶牛养殖及 10 万亩牧草种植产业项目。中国电建结合云南剑川县自然条件特点，经过充分调研论证，以“扶贫单位+县委政府产业平台公司+外部合作企业+金融机构+村民合作社+农场主+贫困户”的“1+6”创新帮扶项目模式，实施万头奶牛养殖及 10 万亩牧草种植产业帮扶项目。项目落地盘活剑川县近 10 万亩冬闲农田，为当地直接提供 500 个就业岗位、20 万个临时用工机会，且农户通过出租牛舍给来思尔乳业，租期 20 年，每年为村集体创造 44 万元收入。

民丰县多胎羊特色肉羊养殖基地项目。该项目总投资 4994.73 万元，由中国电建捐赠 2550 万元，民丰县统筹解决配套资金。项目新建钢结构养殖舍 15360 平方米、育肥舍 26610 平方米，配套饲料库、青贮池等，肉羊存栏达 1 万头。

2022 年，中国电建高质量完成 2022 年度助力乡村振兴 4 个方面 18 项全

---

① 资料来源：中国上市公司协会《上市公司乡村振兴最佳实践案例》。

部考核任务，连续4年获得中央单位定点帮扶考核“好”的评价，获评2022年“上市公司乡村振兴最佳实践案例”。

（二）做好人才文章，助力乡村人才振兴

注重乡村人才培育。人才是乡村振兴的重要因素，企业通过在农村投资项目，将技术和人才带到乡村，结合企业发展，持续加强和带动农村人才队伍建设，通过建立村企人才互聘互学，加强农村专业人才队伍建设，培养有潜力的村民成为农业职业经理人、经纪人、乡村工匠等。鼓励民营经济开展各种职业培训和就业指导，传播现代经营理念，推广先进生产技术，激发就业创业热情，让乡村百姓无业者就业，有业者创业，加快促进本土人才振兴。如保利物业服务股份有限公司，以创办“保利星火班”形式，精准面向建档立卡困难家庭子女，通过“4+2”（即4个月在校技能培训+2个月岗位实习）培训实习，授其技、树其人、立其业，实现“培训一人、就业一个、脱贫一家”的精准扶贫目标，将“输血帮扶”变为“造血帮扶”，彻底斩断贫困家庭代际传递。

吸引能人返乡创业。一些企业通过建设各类培训基地，开展各类培训，注重新型职业农民能力建设，积极创造优秀的人才环境，以吸引农村的劳动力返乡就业创业。此外，在吸纳劳动力的过程中，企业积极与当地高校合作，采取各类培养方式，为乡村振兴提供丰富的人力资源。另外，一些企业通过相关人才激励政策，加大对科技人员、退伍军人、大学生等人员吸引力度，鼓励他们返乡创业。同时，推动当地农民转型成为打工者、合伙人，为民营经济主体参与乡村振兴提供帮助。从2011年开始，龙湖集团开展“溪流计划”持续为乡村地区困难、残疾人群提供支持和帮助，改善其经济条件和生活状况。截至2022年，龙湖通过“创业基地帮扶+产业人才培养+助农平台”的产业帮扶模式，已累计帮扶4121户残疾人家庭户均增收超过1.5万元，巩固脱贫成果。

【案例】新希望集团：实施“五五工程”助推乡村振兴①

2021年，乡村振兴大战略全面启动，新希望集团有限公司积极响应党和政府的号召，在“绿领”职业农民培训的基础上，提出用五年时间助力乡村振兴做五件事，简称“五五工程”，即：投资500亿元助力乡村产业振兴；新增5万个就业岗位，带动大学生、农民等农业从业者就业；公益培训5万“绿领”新农人，助力乡村人才振兴；服务5万涉农主体，帮扶农户及中小微企业成长；建设5个乡村振兴示范基地，打造数字化乡村振兴样板。

2021年9月在北大国发院开班的首期乡村振兴“村长班”，由国发院教授任课程导师。全国18个省区市的50多名村支书、村委会主任成为首期学员，其中有20多岁的大学生书记，也有扎根基层几十年的老支书；有欠发达地区的村干部带头人，也有小岗村、战旗村、博岩村这样的先进村负责人。未来五年，乡村振兴村长班计划每年举办两次，每年培训100人，五年共培育乡村基层治理者500人。

现代学徒制是教育部重点推行的职业教育培养模式，采用1.5+1.5的培养模式，前1.5年，学徒在学校进行理论知识的学习，夯实基础；后1.5年，学徒进入新希望六和规模化猪场实践学习，以师带徒，采用理论实践相结合的模式进行培养。推进北大村长班、现代学徒制等“绿领”新农民培训，线下线上培训57.6万人次；发展现代化养殖；累计为15万涉农用户提供担保贷款；打造“聚宝猪”等农业数字生态，争做乡村振兴排头兵。

（三）提振精神风貌，助力乡村文化振兴

在助力文化振兴方面，企业助力文化振兴的优先举措集中在发展当地特色文化产业项目，推动践行村规民约和乡风文明建设以及农村公共文化设施建设项目等方面。

---

① 资料来源：《新希望六和2022年度企业社会责任报告》，https：//www.newhopeagri.com/lh/esg.html。

强化文化基础设施建设。一些企业将传统与现代相结合，通过制定村规民约，创建文明家庭，积极培育和弘扬社会主义核心价值观。不断开创乡村文化振兴、文明乡风培育的新局面。还有一些企业通过建设文化广场、活动中心等文化设施和党建、文体活动，帮助村民丰富自己的文化生活。如中国能建投入资金支持镇巴县文化馆数字化建设，将人才振兴和文化振兴相结合，加强对现有“三馆一站”专业人员、“三区”文化人才的业务培训，全县培训文化骨干近 50 人，每个镇（街道）都有一支不少于 20 人的业余文化队伍，充分发挥乡土文化赋能乡村振兴重要作用。

开展文化产业项目建设。一批企业积极开展社会公益活动，为教育资源匮乏地区中小学捐建图书馆、捐赠图书，因地制宜建造球场、爱心跑道等。如 2022 年，海亮集团专门成立乡村振兴集团，通过“教育+农业”双引擎模式，面向国家乡村振兴重点帮扶县红色革命老区和浙江山区 26 县，为 13 省 24 市 35 县近 60 所学校提供县域教育振兴整体解决方案，辐射学生超过 13 万人。

推动乡村文明建设。一些企业根据帮扶地区传统文化、民俗文化、生态文化等多文化融合的特点，深入挖掘当地特色资源，帮助打造帮扶地区的特色文化产业项目。也有部分企业利用平台和科技优势，借助数字化和智能化手段，推动乡村网络文化的发展，助力乡村文明建设。

【案例】龙湖集团：“湖光计划”，一场关于乡村教育的集体探路[①]

龙湖公益基金会响应国家政策，持续推进乡村振兴工作，为促进乡村教育提升、经济发展和人民生活幸福，稳定贡献龙湖力量。湖光计划聚焦乡村教育问题，以教育管理者+教师+学生为一体的闭环帮扶为基础，整合企业、名校及优质公益资源，通过管理赋能培训、名校跟岗、专家入校、学校发展资源支持等内容，全方位助力县域教育整体提升。

2022 年 4~5 月，第一届“湖光计划”乡村教育支持项目——跟岗培训

① 资料来源：《龙湖可持续发展报告 2022 年》，https：//www. longfor. com/social/57/。

正式启动，龙湖基金会邀请教育专家及一线校长，在历时1个多月的课程中为巫溪县30所学校的校长及管理团队带来课题研究、教师发展、学校改革等主题分享，有效提升县域学校管理团队水平。

2022年8月，龙湖公益基金会携手友成企业家扶贫基金会发起“湖光—山桥计划”，整合企业、教育、公益等优质资源，推进县域教育人才队伍建设，提升县域教育水平。项目周期预计漫盖巫溪县21所中小学，直接培训或服务校长35人，直接受益教师600~1000人，直接受益学生8000~10000人。

截至2022年底，“湖光计划”已助力四川、重庆、贵州等乡村振兴重点帮扶县的32所学校校长及领导班子领导力提升、216名乡村教师专业能力发展以及3422名乡村学生素养改善。

（四）改善村容村貌，助力乡村生态振兴

加强乡村基础设施建设。部分企业在农村环境综合整治、基础设施改造提升等方面加大投入力度，大力推进美丽乡村建设，打造生态振兴示范样板。如中国神华集团为米脂县和吴堡县实施太阳能路灯项目、跨河大桥建设项目、便民桥项目、高标准农田项目等基础设施项目162个，解决了当地百姓最直接受益、最期盼解决的民生问题。

激发生态旅游潜力。部分企业依托帮扶地区良好的生态环境，助力当地发展生态旅游产业。如重庆邦天农业发展有限公司通过在荒山上打造“近自然”森林生态自适应循环系统并实现“森林的多功能综合开发利用”，采取“公司+家庭农场+专业合作社+手工作坊+农家乐+个人”经营模式，探索出一条独具特色的“农、林、文、旅、康”融合发展新路。

加强农村生态环境改善。部分企业做好顶层规划，利用自身资源、技术优势，通过技术创新为帮扶地区提供可负担的清洁能源。推动信息共享、技术对接、人才输出，助力帮扶地区“双碳”目标实现。如亿利洁能股份有限公司在实践中，把光伏发电产业与生态修复、农业、工业、特色旅游业和

乡村振兴有机结合，推动生态产业化和产业生态化，探索出“板上发电、板间养殖、板下种植、治沙改土、水资源综合利用”等多位一体的循环发展模式。

【案例】宝武碳业：助力宁洱搭建“双碳振兴生态圈”①

2021年10月，宁洱县与宝武碳业科技股份有限公司、上海化工宝数字科技有限公司签订战略合作框架协议，积极探索实践“双碳”目标牵引下的乡村振兴新模式，宝武碳业重点在碳供给—碳消费模式，碳汇管理体系建设、能力建设和人才培养等方面开展工作，化工宝数科则聚焦碳汇数字化平台建设，推动实现宁洱碳汇一张图。

宝武将全面实施乡村振兴“授渔”计划，深入打造“四个示范”，继续大力支持宁洱县国家林业碳汇试点县建设，并深度探索双碳驱动产业振兴。进一步提升“宁碳惠”品牌影响力，推动“宁碳惠”品牌成为碳汇知名商标，加强与沪滇上海碳普惠体系互联互通试点合作。推动地方农产品的零碳标识建设，将零碳概念推广到更多适合的农副产品上，帮助脱贫地区打造“双碳振兴”的农产品特色。

（五）突出党建引领，助力乡村组织振兴

开展支部结对共建。为切实发挥党组织在乡村振兴工作中的战斗堡垒作用和党员先锋模范作用，深入推进抓好党建促乡村振兴工作，一批企业通过与帮扶地区常态化开展党建工作会、创新组织生活方式、创新党课学习新模式等，加强党组织之间的联系。通过帮助帮扶地区建设完善党员活动中心、改善村镇党组织工作条件，不断强化基层组织阵地建设，提升农村基层党组织党建引领质效。如山河智能党委打造“党建+”品牌，组织党员赴江永开展主题党日活动、前往长沙县黄花镇敬老院开展爱老敬老志愿服务活动、参加长沙县红十字会志愿服务站/泉塘街道未成年人心理健康辅导站活动、慰

① 资料来源：中国宝武钢铁集团官网，https：//www. baowugroup. com/glcmia/detail/277482。

问困难学生、开展“我为群众办实事”、参加“万企帮万村”等活动，打造“红色引擎”，助力乡村振兴。

开展基础组织和党建队伍建设项目。部分企业聚焦自身技术优势，通过云计算、大数据、互联网等手段，为帮扶地区综合提升党建数字化水平，助力帮扶地建设“智慧党建”平台，加快乡村基层治理现代化，推动农村治理体系与治理能力现代化。如中电科长江数据有限公司通过建设智慧党建云平台和区镇村三级管理服务模式，实现监督管理可视化、党群服务便捷化、党务工作智能化，让党的建设和组织工作高效运行。

【案例】伊利集团：党建引领机制下的乡村振兴党建联合体①

内蒙古伊利实业集团股份有限公司积极探索党建引领机制下的乡村振兴党建联合体，即“龙头企业”+“党政机关”+“产业链合作伙伴”+“乡村”的“1+1+1+N 产业链党建兴农”实践。

在呼和浩特市土默特左旗，伊利集团党委与 10 个村党支部结成共建帮扶关系，在集团党委的协调下，联动内蒙古自治区党委统战部、土默特左旗旗委组织部，以及产业链上下游合作伙伴，共同致力于促进乡村可持续发展。通过青贮种植收购的订单农业模式，2019 年以来，伊利为土默特左旗 10 个参与青贮种植的共建村累计创造收益超过 6000 余万元；在巴彦淖尔市，伊利以众筹牧场的形式带动乡村奶牛养殖业发展。众筹牧场在伊利集团扶持下，以合作社为基础、由村党支部协调村民众筹入股，保本分红，探索出一条“以奶业振兴助力乡村振兴”的新路子。参与众筹牧场的农牧民在正常经营情况下，平均每股每年可领取 1000~3000 元。

三　新征程：全面谋划乡村振兴高质量发展路径

乡村振兴是一项长期历史任务，是实现现代化的一个关键性工程，深

① 资料来源：中国上市公司协会《上市公司乡村振兴最佳实践案例》。

度、广度和难度都不亚于脱贫攻坚。为充分发挥企业助力乡村振兴的积极作用，提升企业推动乡村振兴质量，本章节将从以下方面提出企业参与乡村振兴的路径及对策建议。

（一）企业参与乡村振兴的路径

1. 持续关注乡村振兴重点地区、重点领域和人群

巩固拓展脱贫攻坚成果与推进乡村全面振兴相结合。企业应当用好精准扶贫经验和做法，重点关注国家乡村振兴重点县帮扶需求，深化产业帮扶，延长拓宽产业链条，稳定脱贫群众就业。在参与区域方面，参与东西部协作的企业，要深化参与东西部协作和对口支援机制，努力帮欠发达地区解决困难。在关注领域方面，企业之间要加强协作和联合，发挥集团优势，结合乡村振兴细分领域，持续推进乡村产业扶持、乡村文化传承、教育机会提升、医疗健康改善和人居环境改善。在关注人群方面，小农户和返乡青年是推动农业现代化发展的关键要素，企业要重点关注小农户、返乡人才以及其他农村弱势群体，可以通过对小农户进行技术培训和电商对接为其赋能，可以为返乡青年提供平台资源助其创新创业。

2. 强化社会责任引领，培育企业社会价值

企业参与乡村振兴的重要内在驱动力来自对社会责任的认知。随着企业社会责任意识的提高，我国民营经济的参与变得必要，并自觉发挥其社会公民的作用。特别是经济社会高质量发展的要求，使更多民营企业家意识到履行社会责任的重要性，企业家精神、乡土情感、造福桑梓和谋求发展的正确义利观已成为民营企业助力乡村振兴的重要动力源泉。如新希望集团董事长刘永好说："到需要帮助的地方去，到农村去，去兴产业，去助力乡村振兴，为农业、农民和农村的发展贡献光和热。"银泰集团沈国军说："乡村振兴的全新使命正召唤着大家整装待发，再创辉煌，我们要坚持家国情怀，抓住伟大时代赋予的大好机遇，这是我们这一代人的使命和责任。未来我们将继续为乡村振兴贡献力量，更加扎实地推动民族复兴和国家发展。"

3. 发挥自身优势，创造共享价值

在后脱贫时代，企业参与乡村振兴，面对的更多的是普惠人群，而非建档立卡贫困户。因此，创造共享价值的舞台和空间得以进一步拓展和扩大。一是要深入探索区域整体开发模式。鼓励企业灵活运用已有的助推乡村振兴发展模式，统筹乡村基础设施和公共服务建设、产业融合发展等，进行整体化投资，建立完善合理的利益分配机制，为当地农业农村发展提供区域性、系统性解决方案，带动农村人居环境显著改善、农民收入持续提升，促进资源效应最大化，实现社会资本与农户互惠共赢。二是扎实有序做好乡村建设和乡村治理工作。发挥企业在农村基础设施建设、农业生态环境治理、数字乡村建设方面的资源和能力优势，持续推进乡村建设；注重发挥企业在基层组织建设中的作用，特别是涉农企业党组织要在乡村振兴中积极作为，鼓励民营企业支持建设基层组织阵地场所设施、农村社区综合服务设施、农村综治中心、公共服务信息平台等，加强农村消防、交通等安防设施建设，提升乡村治理公共基础设施水平。

（二）引导企业参与乡村振兴的建议

1. 优化企业参与乡村振兴的社会环境

良好的发展环境是吸引民营企业投资的前提条件，也是乡村振兴发展的必要条件。一是需要优化公平竞争的市场环境，完善严格准入、退出和资格审查等机制，并建立企业参与乡村振兴的引导和监管制度。同时，还要培养企业和农民的信用意识，以促进市场功能的稳定运行和有效发挥。二是营造良好的乡村振兴法治环境。对于恶意阻挠、寻衅滋事、强揽工程等影响企业参与乡村振兴重点项目建设的行为，应予以严厉打击。三是要创建健全精准的政务服务环境，优化双方长效沟通机制，采取多种方式为企业提供技术支持、创业辅导、投资融资和市场开拓等多元化服务，出台面向企业的乡村振兴政策配套服务指南，进一步夯实企业参与乡村振兴的物质基础。

2. 搭建乡村振兴平台，促进供需匹配

当前信息不对称是阻碍国有企业和社会资本参与乡村振兴的要素之一。

一是需要更大程度地发挥主管部门和行业组织的功能，推动各方的供需有效对接。例如，国资委系统、工商联组织等应充分发挥自身的角色功能，搭建好平台，鼓励其所属企业积极参与乡村振兴，并向企业提供更多的乡村需求信息。二是将企业的投资与项目需求信息传递给农业农村部门，并利用行业组织的功能，将这些信息传达给企业主体，让市场主体及时了解乡村振兴建设过程中的机会。如工商联系统应探索建立“万企兴万村”行动项目信息平台，进一步优化信息共享平台的需求。支持平台在项目精准对接、产品销售、金融支持、项目风险评级、项目运营监测等方面的能力建设。

3. 加大政策支持力度，引导资本下沉乡村产业

一是要加强顶层设计，总结试点成果，制定鼓励引导工商资本参与乡村振兴的指导意见及实施细则，明确政策边界，列出企业能够享受到的系列扶持政策及其前置条件，让市场主体形成明确预期。二是持续做好政策衔接，对现有扶贫政策进行全面梳理和科学评估，探索调整相关政策支持服务乡村振兴。三是突出企业主体作用，组织企业家参与涉企政策的制定起草、监督实施和评估考核等环节，让企业家有更多话语权、建议权，进一步提高政策精准度和含金量。四是保障建设项目落地。企业要与农村集体经济组织通过出租、作价入股等合作方式，盘活利用农村闲置集体建设用地和闲置用房发展休闲农业、乡村旅游、电子商务等新产业、新业态，发展壮大集体经济。

4. 创新企业参与乡村振兴的利益联结长效机制

一是创新政府引导和扶持企业参与方式。例如通过直接投资、投资补贴、资本注入、财政贴息、先建后补等方式，有效支持企业参与农村公共产品供给。二是应建立保障企业合理收益的合作机制。政府可以推动建立以农民合作组织带动模式为主，大集团（公司）、市场组织等多种新型经营主体共同带动小农户发展的多元利益联结模式，促进企业与小农户形成紧密的利益联结关系。同时，鼓励按照“公益性项目、市场化运作”的理念，大力推进政府购买服务。鼓励支持地方政府将农村基础设施项目整体打包，实行

一体化开发建设，保障企业获得合理投资回报①。

5. 加大金融支持涉农项目力度

一是加大金融资源向乡村振兴领域和薄弱环节的倾斜力度，强化金融产品和服务方式创新，探索建立由政府牵头、企业参与、服务涉农企业的专业贷款担保机构，缓解部分涉农企业融资难的问题。二是完善金融机构评估指标体系，增加涉农企业贷款考核权重，发挥好差别化存款准备金工具的正向激励作用，督促银行业金融机构落实贷款差异化考核机制，降低利润指标考核权重，提高对涉农贷款的不良容忍度。三是进一步降低贷款门槛，简化贷款手续，设立贷款贴息专项资金，推出一批惠农便农利农金融产品，满足乡村振兴发展资金需求，鼓励银行增加涉农企业中长期贷款比例。四是设立政府资金引导、金融机构大力支持、社会资本广泛参与、市场化运作的乡村振兴基金，鼓励相关基金通过直接股权投资和设立子基金等方式，充分发挥在乡村振兴产业发展、基础设施建设等方面的引导和资金撬动作用。

---

① 涂圣伟：《工商资本参与乡村振兴的利益联结机制建设研究》，《经济纵横》2019年第3期，第23~30页。

B.7

企业“双碳”行动实践研究（2023）

王海灿　丁怡雅　赵　蕾*

摘　要： 企业作为实现中国“双碳”目标的关键力量，在实现“双碳”目标中发挥着重要作用。本报告借助问卷调查、访谈调研等方法研究发现，碳中和正从全球共识走向多元化的企业行动，其中政策法规对企业影响最为显著，成立专门负责机构成为新趋势，但多数企业低碳转型成效尚不明显，仍然存在行动痛点，治理体系仍需完善。

关键词： 企业　“双碳”目标　行动实践

一　背景：“双碳”目标下企业面临的机遇与挑战

2020年9月，习近平总书记在第七十五届联合国大会上作出我国“二氧化碳排放力争于2030年前达到峰值，努力争取2060年前实现碳中和”的郑重承诺，我国生态文明建设进入了以降碳为重点战略方向、推动减污降碳协同增效、促进经济社会发展全面绿色转型的关键时期。“双碳”目标不仅

---

* 王海灿，中华环保联合会ESG专业委员会委员，郑州全联云域大数据科技有限公司总经理，主要从事ESG大数据分析；丁怡雅，郑州全联云域大数据科技有限公司ESG咨询师，在企业ESG报告编制、品牌战略和企业风险评估等方面有丰富的经验；赵蕾，中华环保联合会ESG专业委员会委员，中安正道自然科学研究院助理研究员，主要从事ESG与社会责任研究与咨询。

带来了资源环境约束趋紧、转型压力增大等挑战，同时也激发和创造了许多新的社会需求，为企业提供了培育发展新动能的重大机遇。

（一）企业面临的五大机遇

1. 拓展新兴领域

碳中和催生了新兴产业。可再生能源与低碳能源、先进储能技术、绿氢技术、新能源装备制造、新能源交通工具、智慧建筑、智慧能源网以及节能、环保、低碳技术等新兴产业领域将迎来新的发展机遇。企业可借助政策机遇，结合区域特点、自身发展实际，选择性布局新的业务领域，拓宽发展空间，打造独特竞争优势。

2. 加快技术创新

“双碳”实践加快科技的创新和应用，为我国实现科技飞跃提供了动力。有 5 个重点技术领域有望得到快速发展：一是太阳能电池、氢能、热电、燃料电池在内的可再生能源；二是动力电池、规模储能技术、储氢技术在内的高效能源存储；三是能源互联网、车网互动与共享储能、智能多能互补、低碳零碳建筑在内的智慧能源网络；四是高效捕获、高效转化、实时检测的二氧化碳捕获与转化技术；五是低碳与无碳产业链、补偿与奖励机制在内的碳中和经济与城市发展。在未来碳交易逐步市场化之后，谁能掌握先进的降碳核心技术，谁就能在新的市场竞争中取得优势地位，这无疑是企业进行科研投入的重要动力。

3. 推动转型升级

“双碳”目标推动我国工业制造业尤其是初级制造业向绿色低碳转型升级。为实现“双碳”目标，国家将大力推动节能减排，全面推进清洁生产，加快发展循环经济，加强资源综合利用，推进工业领域低碳工艺革新和数字化转型。对传统企业而言，低碳转型融合不同行业边界，打破既有市场格局，催生新动能，有利于提升产业实力和产业水平，实现高质量发展。

4. 扩大融资渠道

实现“双碳”目标的背景下，绿色金融产品增长迅速。政策层面，我国政府对绿色金融发展高度关注，已出台一系列相关政策扶持企业绿色融资。市场层面，绿色信贷、绿色债券、绿色保险、绿色基金、绿色信托和碳金融产品等各类金融产品为市场提供多元化投资和融资工具。目前，国家正在充分发挥投资引导作用，引导市场偏好转向，推动资金向绿色低碳和前瞻性战略性新兴产业集中。绿色金融的迅速发展可以缓解企业绿色项目的现金流压力，降低企业融资成本。

5. 增强国际竞争

“碳壁垒”是继此前贸易关税调查等绿色贸易壁垒手段之后的新技术壁垒，强调竞争过程中评估环境的重要性，也是发达国家惯常采用的“非关税贸易壁垒”和“技术排他手段”。当前，低碳已在国际贸易规则中逐渐成为重要因素，未来可能会进一步发挥重要作用甚至改变国际贸易的格局。近段时期以来，欧洲绿色保护主义全面升级，依托本国产品低碳优势强化产品碳壁垒的倾向将更加明显。“双碳”目标的提出，有助于企业打破“贸易壁垒”，减少碳足迹合规风险，提升国际竞争力。

（二）企业面临的三重挑战

一是政策刚性约束加强。碳达峰碳中和是整个国家的战略目标，对企业提出了更高的要求。在实现“双碳”目标过程中，企业可能因为技术不符合相关标准和要求产能受到一定的限制，甚至退出市场。特别是钢铁、石化、建材、水泥、有色金属等高能耗、高排放产业，受到较为严格的碳排放限制，产能退出和压减速度加快。

二是产业链迁移风险。全球供应链布局中，存在大企业将供应链中高污染、高能耗、技术含量较低的制造业前端从碳减排力度较强的国家向一些碳减排力度较弱、碳规制政策不健全的国家转移的现象。随着“双碳”目标推进，我国部分依靠组装、代工的企业面临供应链迁移的风险。

三是成本向价值转化的难题。从短期来看，企业控制碳排放在一定程度上会增加成本支出，从长远来看，控制碳排放有助于形成企业竞争力优势。但这个从成本向价值转换的过程更考验企业的综合能力，只有减排效率高的企业才会在竞争中胜出。

二　观察：中国企业“双碳”行动的现状与特征

为了进一步探究我国企业“双碳”行动的现状与特征，课题组在调研访谈、案头研究的基础上，梳理总结了我国企业推进碳达峰碳中和工作的目标、路径、行动进展、实施成效及重点行业企业的行动路径。

（一）研究方法

课题组在案头研究、调研访谈的基础上，结合学界业界关于企业“双碳”实践的理论研究成果，力求超越单次调研的碎片化数据呈现，立足当前企业“双碳”实践的内外部条件支撑和阶段性特征对数据进行结构化分析，归纳企业“双碳”行动策略选择的驱动因素和影响方式，提出了企业低碳转型与高质量发展的实施举措。

报告的研究成果主要来源于三个方面：

第一方面，课题组以线上问卷调查的形式，围绕“双碳”认知、“双碳”行动和需求挑战开展调研。共获得 425 份有效样本，涉及国有企业和民营企业、上市公司和非上市公司等多种类型，保证了样本的异质性和代表性。

第二方面，课题组选取了电力、钢铁、石化、建筑、交通运输 5 个高能耗、高污染行业，以及金融、信息和通信技术两个对“双碳”目标达成影响巨大的辅助行业进行案头研究。搜集并整理了 56 份相关行业企业上报的案例材料、公开发布的环境、社会与企业管治（ESG）报告、与“双碳”目标相关的专题报告，研究“双碳”目标下关键行业的企业主要行动。

第三方面，项目组通过访谈调研的方式，访问了 21 家企业可持续发展业务的负责人，详细了解其在碳披露信息以及“双碳”战略方面的相关工作进展，为深入分析研究搜寻第一手资料，为实证分析奠定基础。

（二）研究发现

“双碳”目标提出三年来，我国企业从“共识”走向“行动”，实践主体逐步从“局部”拓宽至“全体”，实践方式从“污染防治”走向“多元发展”，行动动力从“政策驱动”转向“主动作为”，绿色低碳发展之路越走越宽、越走越远。

1. 参与现状：碳中和从全球共识走向企业行动

超过六成企业明显感知到“双碳”目标压力。调研数据显示，63.1%的企业认为“双碳”对其业务产生较大影响，仅有9.5%的企业认为无影响或不清楚（见图1）。其中，认为对业务影响较大的行业是电力、采矿、金融、水利、交通、制造、建筑、信息技术等，多为与监管方向一致或业务与碳排放高度相关的行业（见图2）。从能耗“双控”向碳排放总量和强度“双控”转变，传统高能耗、高污染行业面临的监管压力较大。而业务与碳排放高度相关的行业，如信息技术、金融业等行业因自身业务与碳排放联系密切，对“双碳”目标之下的风险和机遇也相对敏感。认识是行动的动力，实现“双碳”目标要从理念入手，以思想认知影响机制行动，达到经济效益与生态文明的长足协调发展。

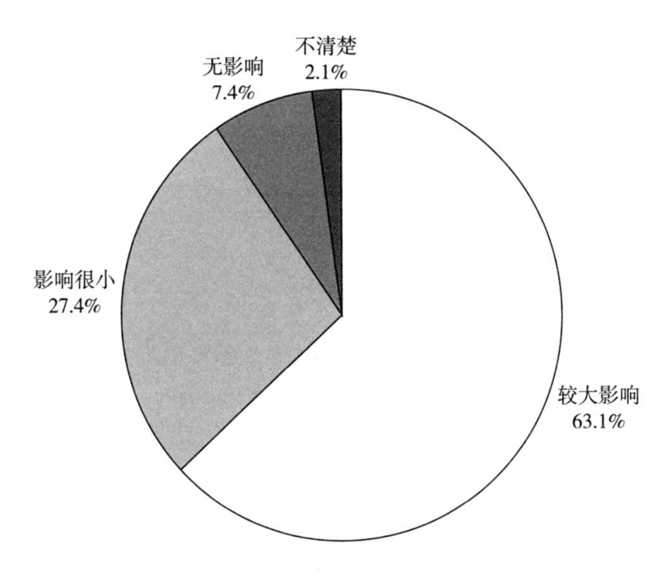

图1　“双碳”目标对企业业务影响

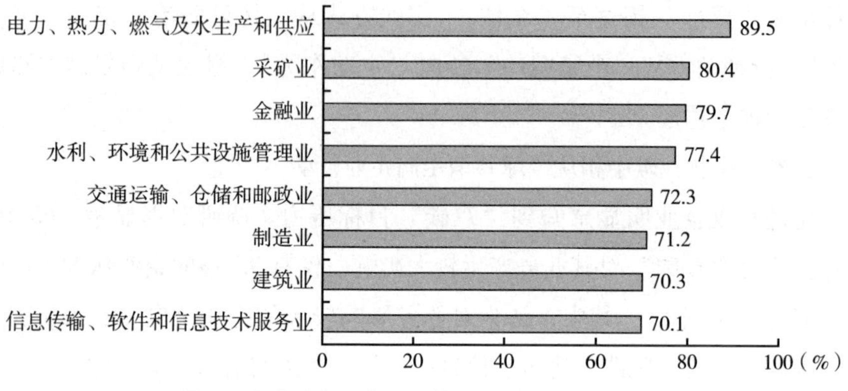

图 2　认为对企业产生“较大影响”的行业分布

优秀企业已出发。部分头部企业提前布局、率先行动，能够结合企业自身所处行业特征与发展阶段，识别关键瓶颈问题，构建关键技术能力，进行有效的顶层设计，打造行业绿色低碳发展典范，形成“双碳”先发优势（见表 1）。因行业属性问题，“双碳”意识在高耗能、高排放行业与新一代信息技术中渗透较深，其他行业头部企业也深度关注。无论是规避物理风险和转型风险，还是主动寻求“双碳”机遇，积极参与“双碳”行动都有利于企业塑造核心竞争力，提高可持续发展能力。

表 1　“双碳”先行者名单（部分）

企业名称	承诺时间	实践举措
蚂蚁科技集团股份有限公司	2021 年运营碳中和 2030 年净零排放	推进绿色办公园区建设、供应链减碳行动、蚂蚁森林
中国宝武钢铁集团有限公司	2023 年碳达峰 2050 年碳中和	提高炉窑热效率、提升能源结构转换和利用效率、降低能源消耗强度
紫金矿业集团股份有限公司	2029 年碳达峰 2059 年碳中和	编制《应对气候变化行动方案》、清洁燃料替代、电气化比例提高、清洁能源替代、工艺改进、能源管理、碳捕集技术的应用，生态碳汇、碳交易
中国石油化工股份有限公司	2030 年碳达峰 2050 年碳中和	碳资产管理、发展绿氢联合、提高原料低碳比例，减少产品全生命周期碳足迹
北京百度网讯科技有限公司	2030 年集团运营碳中和	建立绿色数据中心、智能云的节能减碳技术赋能、绿色供应链伙伴机制

续表

企业名称	承诺时间	实践举措
北京京东世纪贸易有限公司	2030 年碳达峰	建成碳中和示范物流园区、物流车替换更新为新能源物流车、包装材料环保可再生、推动上游品牌企业开展环保包装研发、提升数字技术的减碳效能
中国平安保险（集团）股份有限公司	2030 年运营碳中和	探索内部用电减排并结合外部手段实现绿色运营、提供全面的绿色保险产品服务、发布“碳中和”慈善信托计划、组织开展相关领域公益活动、科技赋能
远洋控股集团（中国）有限公司	2050 年碳中和	所有项目按照节能 65%的标准建设、到 2025 年自持项目要 100%达到绿色建筑标准

2. 影响因素：政策法规对企业开展“双碳”行动的影响最为显著

政策法规对企业开展“双碳”行动的影响最为显著。针对“哪些因素对企业开展碳达峰碳中和的态度影响显著”问题，有 94.1%的企业认为“国家和地方法规政策”对自身开展“双碳”工作影响最为显著，响应国家号召是推动企业“双碳”行动的最大动力（见图 3）。

“双碳”行动的内生动力逐步形成。单纯响应政策号召的减碳行动往往不具备持续性。“双碳”目标提出之初，多数企业认为碳中和更多的是国家对外气候承诺，经过“双碳”政策的密集出台及不断优化，企业也逐渐意识到碳中和背后的深层含义及竞争赛道转换。从而对碳中和的态度从被动响应开始演变为主动竞争，企业的内生动力不断增强。通过本次调研可以发现，越来越多的企业在政策驱动的同时，寻找到了与企业自身发展相融合的减碳之路。其中，能源或原材料成本变动、客户与消费者偏好、资本市场要求、品牌价值提升需要等因素是其开展“双碳”行动的主要考虑因素（见图 3）。

3. 组织保障：成立协调部门或专门机构负责碳中和工作成为新趋势

企业碳中和工作的推进，离不开组织保障体系的有效支撑。设置部门负责“双碳”工作，有助于从企业层面有效连接和激活各种资源、方法、技术，从观念上统一认识，在流程上理顺关系，降低转型摩擦并加速反馈优化，尽快内化成为企业自身的核心能力。调研数据显示，有 60.4%的企业

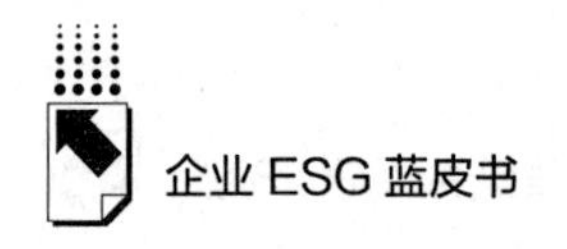

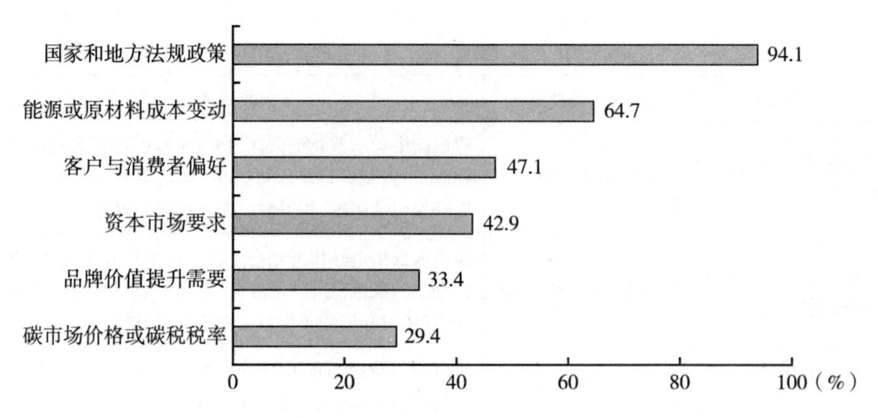

图 3　对企业开展碳达峰碳中和的态度影响显著的因素

选择由现有部门负责碳中和工作，主要集中在战略发展部门、ESG/CSR 或可持续发展部门和环境健康安全部门。值得注意的是，有 26.3%的企业选择成立协调部门或专门机构负责，其中由最高决策部门成立协调机构的居多（见图 4）。企业碳中和工作综合性较强，最高决策者的参与有利于统筹协调推进碳中和工作取得较好成效，或可为其他企业提供经验借鉴。

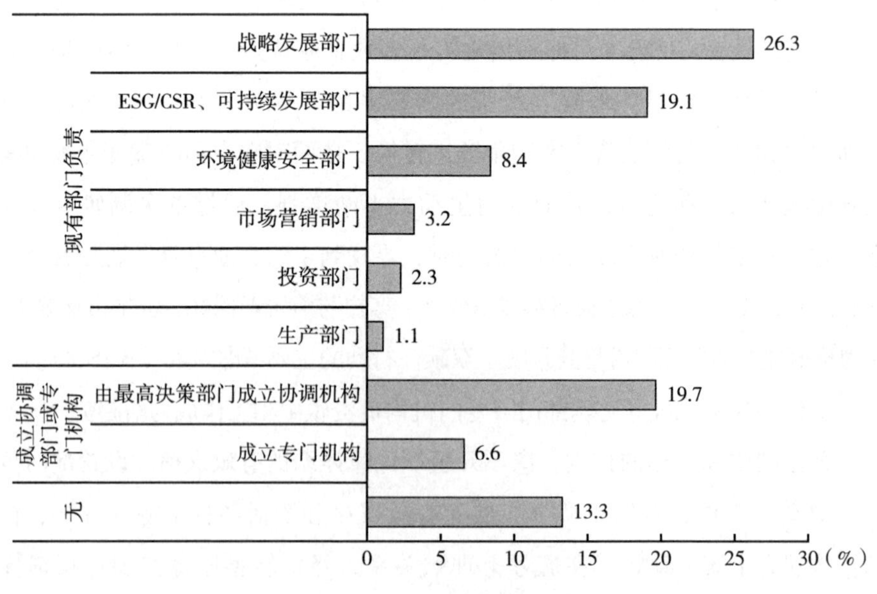

图 4　企业碳中和负责部门

4. 管理举措:“双碳”治理体系普遍需进一步完善

16.1%的企业开始聚焦碳中和战略发展布局。碳中和是企业必须面对的战略层面的议题，企业在制定或执行“双碳”目标时，需要“战略先行”。

11.9%的企业对外披露其碳排放相关信息。企业作为环境信息依法披露的责任主体，对外披露碳排放信息逐渐成为衡量企业践行社会责任、ESG理念成效的关键标尺。2021年12月，生态环境部颁布《企业环境信息依法披露管理办法》，要求企业应建立健全环境信息依法披露管理制度。数据表明，企业现阶段大部分碳披露动力不足。

11.7%的企业制定了碳中和目标或规划。大部分企业对开展碳中和行动缺乏内部共识，面临人才和方法匮乏、资金不足、供应链庞杂等诸多挑战，尚未将碳中和目标转化为切实可行的行动路径。企业碳中和从目标到落地还有很长的一段路要走。

10.4%的企业开展碳核查。碳核查常态化是企业实施碳中和路径的基石，有助于分析自身碳排放结构和特征，进而加强碳排放管理。多数企业开展碳排放核查的自发性不足，仍未对即将面临的市场准入（产品碳足迹等）、投资机构要求等带来的碳约束做好准备。

综合来看，多数企业在战略制定、目标规划、碳信息披露等方面行动迟缓，仍停留在了解、研究、探索阶段。

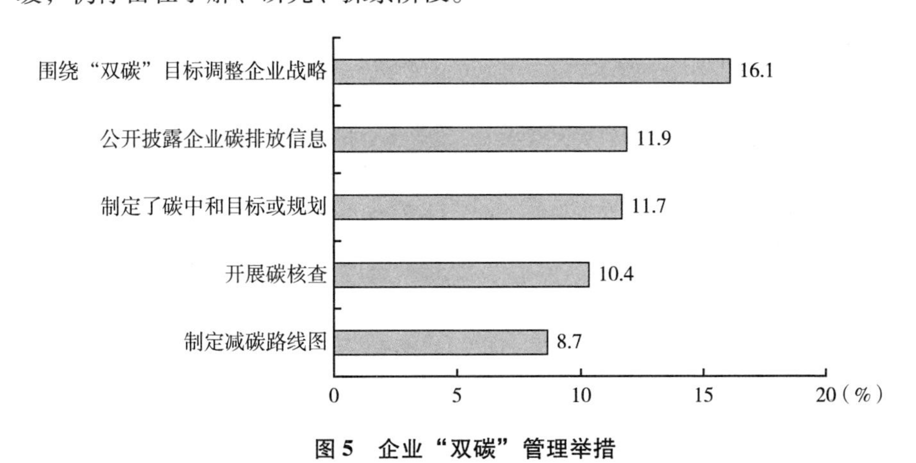

图5　企业“双碳”管理举措

5. 行动实践：企业“双碳”行动多元化特征明显

企业开展了形式多样的“双碳”行动，主动探寻适合自身的路径模式。调研数据显示，节能设备升级改造、引导供应链脱碳、倡导绿色办公出行这三种模式位列前三名（见图 6）。不同企业在发展阶段、用能调整、生产工艺、产品结构、排放特征等方面均存在较大差异，导致企业“双碳”行动多样化特征明显。

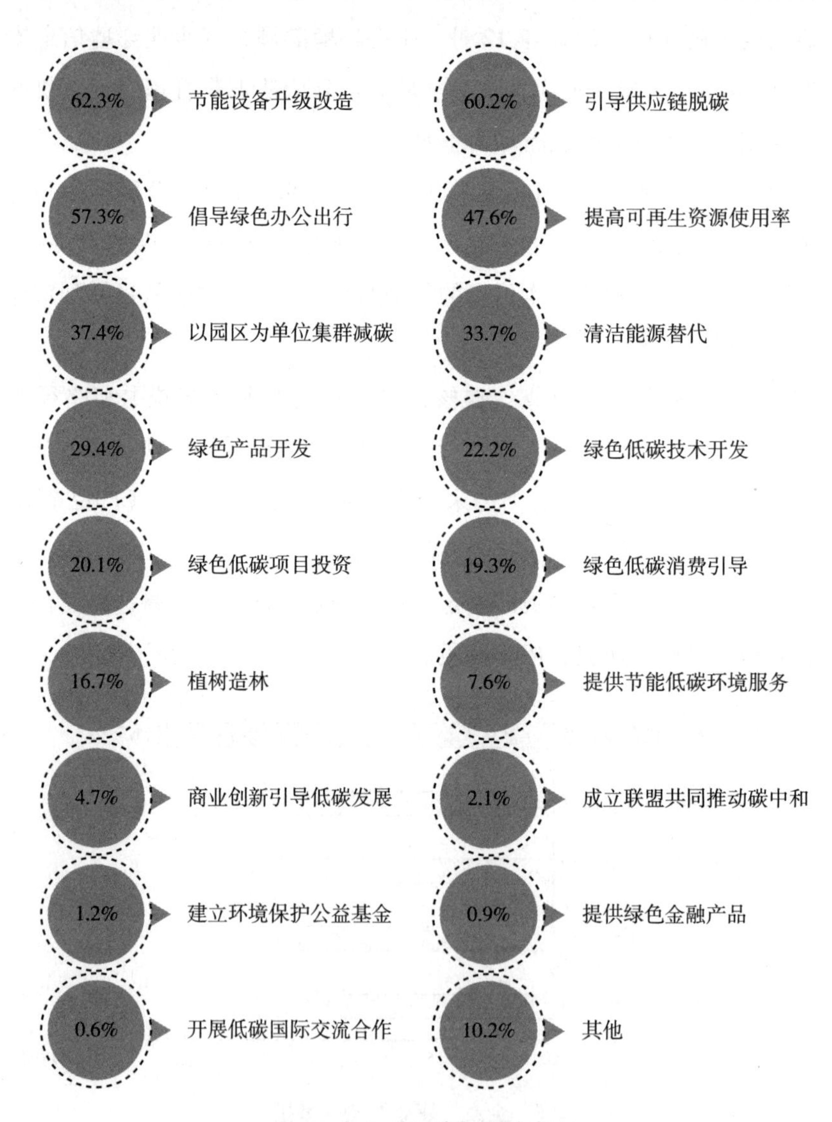

图 6　企业“双碳”行动内容

集群减碳成为企业自身减排之外的重要选择。调研数据显示，有37.4%的企业以园区为单位集群减碳，主要表现为入驻工业园区。以园区为单位推动企业群体减碳，可有效弥补意识不足及资源限制对企业绿色低碳发展的阻碍，为企业减碳提供成本更低、质量更高的绿色低碳转型产品、服务和资源，促进企业绿色低碳发展的意愿与能力。

商业创新受到企业关注。有4.7%的企业结合自身优势，在创新方面进行大量探索，用商业创新的方式引导低碳发展，形成很多可复制可推广的创新模式，具有典型的样本意义。企业主导的碳普惠机制是其中一个亮点。碳普惠机制是利用互联网、大数据、区块链等数字技术，通过低碳方法学对小微企业、社区家庭和个人等的减碳行为进行具体量化和赋予一定价值，运用商业激励、政策鼓励和核证减排量交易等正向引导机制帮助其实现价值，从而构建的公众碳减排“可记录、可衡量、有收益、被认同”的机制①。2021年以来，越来越多的企业发展碳普惠机制（见表2），积极调动社会各方力量加入全民减排行动。

表2　企业采用碳普惠机制创新情况（部分）

企业	发起时间	碳普惠机制
蚂蚁集团	2016年8月	蚂蚁森林
京东物流	2017年6月	青流计划
美团外卖	2017年8月	青山计划
蔚来汽车	2020年1月	Blue Point 蓝点计划
广汽集团	2021年4月	GLASS 绿净计划
能链快电	2021年8月	车主碳账户
哈啰出行	2021年8月	小蓝C碳账户
国家电力投资集团	2021年8月	低碳E点
顺丰快递	2021年11月	绿色碳能量
饿了么	2022年4月	E点碳
满帮	2022年6月	碳路计划
联想集团	2022年6月	联想乐碳圈
阿里巴巴	2022年8月	88碳账户
曹操出行	2022年10月	碳慧里程

① 胡晓玲、崔莹：《碳普惠机制发展现状及完善建议》，《可持续发展经济导刊》2023年第4期。

6. 行动成效：大部分企业低碳转型成效尚不明显

“双碳”目标提出3年，对于大部分企业尚属较新的议题，企业从战略制定到成效显现需要一定的时间，导致大部分企业低碳转型成效尚不明显。调研数据显示，25.5%的企业认为“双碳”行动效果不明显，投入产出比欠佳；43.7%的企业认为有一定效果但有待继续观察。成效评价不高的企业合计占比近七成。26.5%的企业认为效果明显，将继续加大力度，认为效果突出的企业占比仅为4.3%（见图7）。“双碳”行动存在投入大、见效慢、时滞长等特征，因此短时间内不一定有显著成效。如何进一步挖掘成效不足问题的根源并有效解决，是激发企业“双碳”行动驱动力的关键点之一。

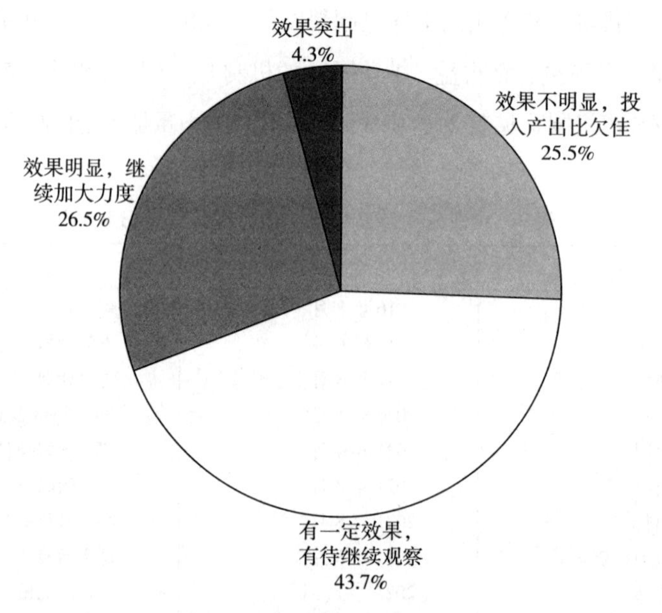

图7　企业“双碳”行动成效

7. 主要痛点：资金短缺、商业模式融合困难和市场前景不明是困扰企业的主要因素

企业实施绿色低碳举措的痛点主要集中在资金短缺、商业模式融合困难和市场前景不明三个方面（见图8）。一是近期经营压力对企业低碳转型造

成了影响，部分企业基于生存问题，减缓了碳减排工作；二是缺乏对绿色低碳转型带来市场增量的洞察及长期提升经营表现的认知，限制了企业绿色低碳可采取的行动；三是企业更倾向于采取风险回避的策略，避免绿色低碳转型投资回收期限及效果的不确定性。

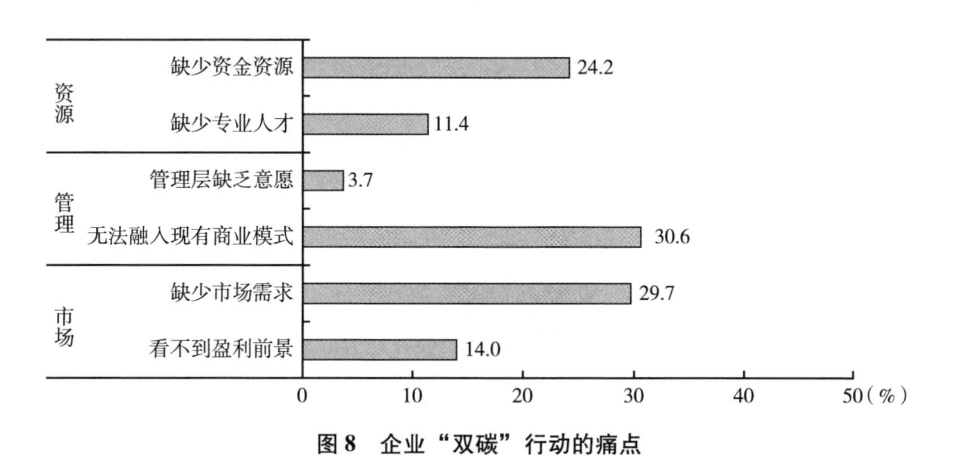

图 8　企业“双碳”行动的痛点

8. 政策感知：多数企业尚未享受到“双碳”政策红利

党的二十大报告指出，完善支持绿色发展的财税、金融、投资、价格政策和标准体系，发展绿色低碳产业。2020 年以来，中央财政累计安排生态环保相关资金 1.78 万亿元；推出碳减排支持工具和支持煤炭清洁高效利用专项再贷款，截至 2023 年 6 月，两项工具余额分别为 4530 亿元、2459 亿元；设立国家绿色发展基金，首期募资 885 亿元[①]。各省区市围绕碳减排的奖励、补贴政策陆续出台，如黑龙江省下发《关于组织申报 2023 年工业企业节能降碳绿色化改造奖励资金的通知》，天津市下发《市发展改革委市财政局关于组织申报 2023 年天津市节能降碳专项资金补助备选项目的通知》等。政策红利密集释放，持续激发企业绿色低碳发展新动能。

但调研数据显示，超过四成的企业不了解绿色低碳相关支持政策的确切

① 刘习、陆健：《国家发改委发布“双碳”三年成果》，《光明日报》2023 年 8 月 16 日。

内容。针对政府推出的绿色低碳相关的支持政策，表示“完全不知道”者占11.1%，“知道有政策但不知道具体内容”者占35.4%，两类合计占46.5%。同时，“知道政策主要内容，但还没有申领相关扶持、优惠或激励”者占25.5%，“已经申领相关支持但还没有获批落实”者占13.2%，两者合计占38.7%。已经享受到相关政策红利的企业仅占14.8%（见图9）。由此可见，当前绿色低碳相关政策对企业的有效触达率不高。

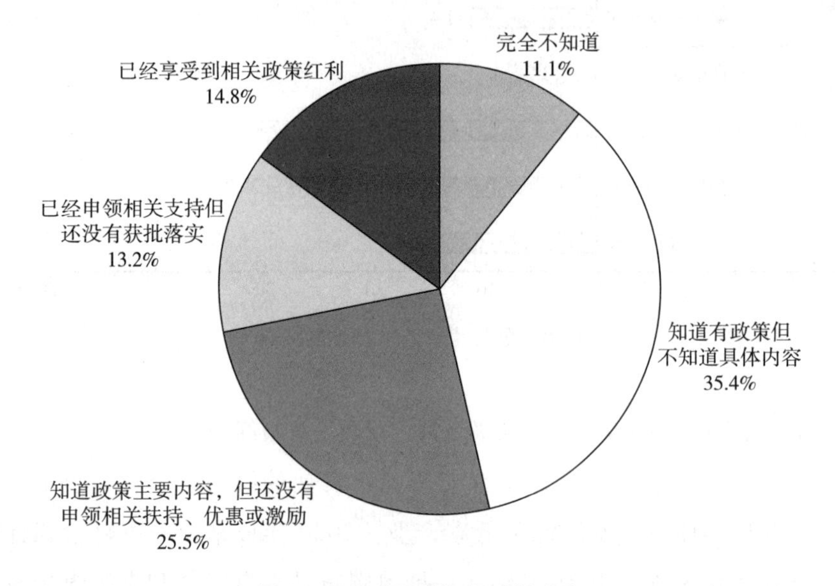

图9　企业“双碳”行动的痛点

（三）重点行业行动路径

碳达峰阶段，关键控制碳排放强度和增长幅度，重点是电力、钢铁、石化、建筑、交通运输等行业。这些行业碳排放量大、产业链影响大，承担着引领变革的关键角色。金融和信息技术则是对“双碳”目标达成影响巨大的行业。课题组通过对56份相关行业企业的案例研究，梳理“双碳”目标下关键行业的企业机遇挑战和主要行动，以期为其他行业企业提供借鉴（见图10）。

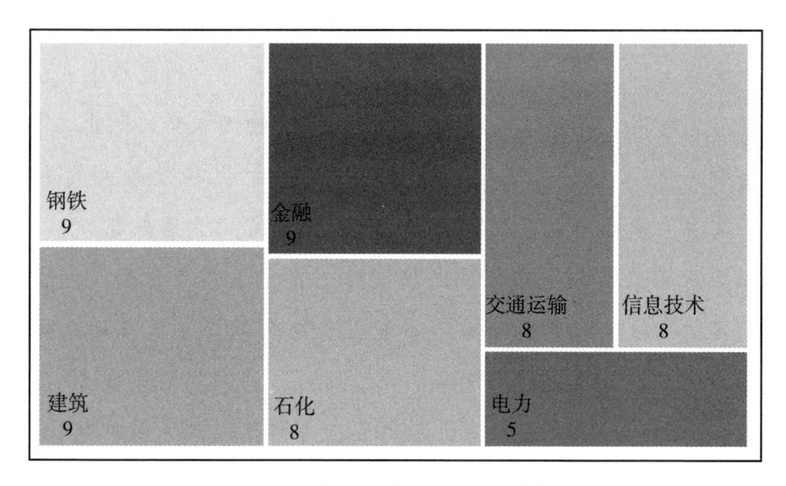

图 10　案例研究企业行业分布

1. 电力

2022 年，恰逢中国有电 140 周年，电力行业紧紧围绕碳达峰碳中和的重大任务，积极推动电力绿色低碳转型，不断提高终端用能电气化水平，有力推动能源生产和消费方式的深刻变革。以 2005 年为基准年，从 2006 年到 2022 年，电力行业累计减少二氧化碳排放量约 247.3 亿吨。截至 2022 年底，全国碳排放权交易市场（发电行业）碳排放配额（CEA）累计成交量 2.30 亿吨，累计成交额超过 104.75 亿元①。

总体来看，电力行业碳达峰碳中和主要实施路径包括：一是发展非化石能源，推动构建新型电力系统，统筹好非化石能源特别是新能源与化石能源之间的互补和优化组合；二是推进火电降耗减碳，严控新增火电规模、提高火电系统调峰和应急保障能力；三是推进低碳零碳技术创新，加强关键核心技术研发，加快低碳零碳负碳技术发展和规模化应用；四是发展储能和氢能，逐步健全和强化储能和氢能全产业链；五是发展碳交易和碳金融，加快拓展和完善碳市场功能，发挥碳市场在推动碳达峰碳中和进程中的作用。

① 中国电力企业联合会：《中国电力行业年度发展报告》，2023 年 7 月。

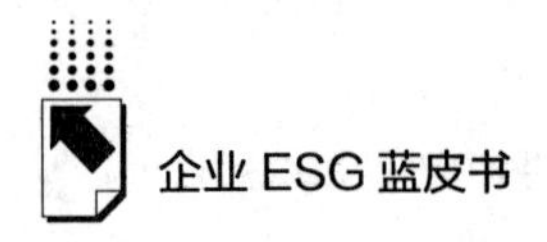

【案例】大唐集团：推动绿色低碳发展，保障国家能源安全

中国大唐集团有限公司是中央直接管理的国有特大型能源企业，主要业务覆盖电力、煤炭、煤化工、金融、环保、商贸物流和新兴产业。中国大唐肩负着首都一半以上电力供应的重任，建成了世界在役最大的火力发电厂——内蒙古大唐国际托克托发电公司（以下简称“大唐托电”）。

按照国家能源局倡导的“风光水火储一体化”指导意见，大唐托电大力打造千万千瓦级“风光火热储”多能互补综合能源示范基地，强化火电灵活调节作用，提升新能源利用率。“十四五”期间规划完成 10 台煤电机组灵活性改造，届时调峰能力将达到 20%，可再生能源利用率在 95% 以上。已完成 6 台机组深调峰改造，其余机组改造正按照检修计划有序推进。大唐托电管理总装机容量 673 万千瓦，年发电能力 300 亿千瓦时以上，新能源项目投产后，年可生产绿电 50 亿千瓦时以上，节约标煤超过 170 万吨，减少二氧化碳排放超 400 万吨①。

2. 钢铁

中国钢铁产量和消费量均占全球总量的一半以上，碳排放量占全国总量的 17%，是中国第二大碳排放行业，绿色低碳转型将是未来钢铁工业的共同使命。钢铁行业作为国民经济发展的重要支撑，对下游汽车、基建等行业影响较大，决定了下游产业是否能够实现全生命周期脱碳。当前，钢铁行业坚决贯彻落实习近平总书记重要指示精神，以产业创新作为核心驱动力，推动钢铁行业绿色低碳发展。但与此同时，也面临管碳基础弱、控碳难度大、减碳成本高的挑战。

钢铁行业碳达峰碳中和的主要实施路径包括：一是完整、准确、全面把握钢铁行业高端化、智能化、绿色化的发展要求，优化燃料结构；二是降低铁钢比和钢铁料消耗，制定钢种钢铁料消耗攻关项目，严格细化管控钢铁料

① 苗青：《大唐托电：锚定“双碳”目标　提速绿色转型升级》，《呼和浩特日报》2023 年 5 月 16 日。

消耗；三是提高可再生资源和清洁能源使用比例，进一步提高能效水平；四是构建循环经济产业链，构筑钢铁产业链和非钢铁产业链的有机结合，推动相关行业向高效化、绿色化发展；五是发展和采用超低碳炼铁技术，加速推进绿色低碳技术产业化；六是开发碳捕集、利用与封存等技术，实现二氧化碳的循环再利用。

【案例】南钢股份：坚定绿色低碳发展理念，加快产业绿色转型①

南京钢铁股份有限公司是行业领先的高效率、全流程钢铁联合企业，作为江苏钢铁工业的摇篮、国家高新技术企业和国家知识产权示范企业，先后获得“国家级绿色工厂”“清洁生产环境友好型企业”“绿色设计产品”“能效领跑者”等称号。2022“寻找最美绿色钢城”评选中，南钢再次获评“绿色发展标杆企业”。

南钢以“全力构建全流程、全业务覆盖的低碳生态，做全球绿色钢铁的先行者”为低碳发展愿景，成立了绿色低碳工作领导小组和产业发展研究院，建立了完善的“双碳”工作推进体系，着手在低碳政策、低碳新技术、“双碳”产业投资、碳交易等领域开展研究、规划及布局。同时，南钢发布了包括开创工艺降碳新体系、建设清洁物流新体系、构建绿色用能新体系、形成低碳创新新体系、建设能效攻关新体系、健全低碳转型新体系、构建智慧能源新体系、参与行业 EPD 平台新体系、壮大绿色经济新体系等九大节能先行新体系，切实打造“双碳”背景下制造企业转型发展的“南钢样板”。

3. 石化

目前，我国已成为世界第一炼油大国，石化产业高质量发展实现新跨越。而碳达峰碳中和将助推我国石油化工行业构建更高水平的供需动态平

① 资料来源：《喜迎二十大“双碳”智变看南钢》，中国钢铁新闻网，2022-10-12，http://www.csteelnews.com/xwzx/znzz/202210/t20221012_67770.html。

衡；推动石油化工行业技术创新和产业升级；促进石油化工行业与各行业的耦合发展。同时，如何在满足国内石油化工产品需求的同时，控制行业碳排放总量；如何在减污降碳的同时，保持和提升石油化工企业的竞争力；如何处理好产业存量和增量之间的关系，也是石化行业在“双碳”战略背景下所面临的巨大挑战。

在面临发展机遇和巨大挑战的情况下，石化行业碳达峰碳中和的主要实施路径包括：一是通过能效提升及工艺改进，促进能源资源高效利用，着力建设绿色低碳循环发展的经济体系和清洁低碳安全高效的能源体系；二是清洁燃料替代和电力改造，使用替代原材料等方式减少直接排放，使用绿色电力减少间接排放；三是发展绿氢产业，通过使用绿氢推进产业链减排；四是发展二氧化碳捕集、利用与封存技术，使用碳抵消机制帮助石化行业减少全生命周期碳排放。

【案例】中国石油：全面布局，推动公司绿色低碳转型发展①

中国石油天然气集团有限公司是国有重要骨干企业和全球主要的油气生产商和供应商之一，公司始终把“绿色低碳”纳入五大战略之一，将新能源新业务放到与油气业务同等重要的位置，积极推动公司绿色低碳转型发展。2022 年，中国石油全面推动绿色低碳战略落地。

集团公司总部制定发布了中国石油《绿色低碳发展行动计划 3.0》，绿色低碳战略已从顶层设计走向施工图阶段。同时，中国石油开展了 4 个氢提纯项目前期研究，其中四川石化项目已建成投用；新增高纯氢产能 1500 吨/年，高纯氢总产能达到 3000 吨/年；2022 年新投运加氢站（综合服务站）23 座，公司共有加氢站（综合服务站）35 座。此外，2022 年公司实施多个碳捕集、利用与封存（CCUS）项目，在吉林、大庆等油田加大实施力度，注气能明显提升，二氧化碳年注入量突破 110 万吨。

---

① 资料来源：李哲《“三步走”实现绿色升级 中国石油推动清洁能源替代》，中国经营网，2023 年 9 月 21 日，http://www.cb.com.cn/index/show/gs10/cv/cv135392872037。

4. 建筑

建筑类企业普遍价值链长、供应商分散，可以说建筑行业是我国的“碳排放大户”，面临较大减排压力。2022 年 3 月，住建部官网发布了《“十四五”建筑节能与绿色建筑发展规划》，明确“落实碳达峰、碳中和目标任务”等基本原则，提出“绿色低碳生产方式初步形成”等目标，以及“推广绿色建造方式”等任务。持续提升建筑效能，大力推动建筑业绿色低碳转型，加快智能建造与新型建筑工业化协同发展已成为建筑行业的重要发展方向。

总体来看，建筑行业碳达峰碳中和的主要实施路径包括：一是发展绿色建造方式，推动建筑企业向全产业链模式转型，围绕“双碳”加快技术迭代和创新应用；二是推行装配式建筑，省去传统房屋施工系列复杂工序，减少建筑垃圾，实现绿色、环保、节能、可循环；三是建材循环利用，使建筑废弃物转化为建筑副产品，节约建材资源，减少环境污染；四是绿色设计和绿色施工，在保证质量、安全的前提下，最大限度地节约资源，减少对环境的负面影响；五是超低能耗建筑，在把控好相关指标和技术要求的基础上，不用或者尽量少用一次能源，使能耗水平远低于常规建筑。

【案例】住宅产业化集团：助力“双碳”目标，科技创新赋能绿色建筑①

北京市住宅产业化集团是具有完整装配式全产业链资质体系的单体法人企业，是北京市产业要素更集中、产业链条更完整、体制机制市场化的装配式建筑全产业链一体化集成运营平台，是我国装配式建筑领域的标杆企业。

多年来，住宅产业化集团通过核心技术的自主研发以及产品的创新迭代，推动着装配式建筑行业的发展，助力我国的减碳事业。如今，住宅产业化集团又在装配式钢结构及其外围护系统、新型内隔墙和全生命周期成本指

---

① 资料来源：段文平《助力“双碳”目标 北京市住宅产业化集团科技创新赋能绿色建筑》，新京报，2022 年 11 月 16 日，https：//www. bjnews. com. cn/detail/1668568921169820. html。

标与碳排放指标等方面深入研究，为我国建筑行业尤其是装配式建筑产业减碳探索更多高效路径。此外，集团联合住建部科技与产业化发展中心开展相关研究，通过大量技术创新，集团的装配式建筑技术可实现节材20%，生产阶段节能45%，制造与建造综合降低碳排放18%，有效地实现了节能减排、绿色环保的目标。

5. 交通运输

交通运输行业作为高能耗行业，常年占社会总能耗7%以上，是碳排放的重要领域之一。近年来交通运输行业碳排放总量持续攀升，面临较大减排压力。

“双碳”目标背景下，交通运输行业主要实施路径包括：一是人工智能技术和数字技术的应用，汇聚多方面动静态的多元数据，解决交通运输行业实际问题；二是新能源车辆规模化应用，形成新能源车对传统燃油车的替代性优势，减少碳排放源能耗；三是运输结构优化调整，加快建设综合立体交通网，提高铁路水路在综合运输中的承运比重，优化客货运组织；四是引导公众绿色出行，打造绿色、高效、快捷、舒适的公共交通服务及配套体系，构筑低碳出行保障。

【案例】宇通集团：宇通氢燃料客车引领能源变革新时代①

郑州宇通集团有限公司是以客车、卡车为主业的大型商用车集团，作为客车领域领导者，宇通正逐步转型为新能源商用车一流品牌，将坚持以创新引领能源变革，领跑氢能赛道，助力中国以科技优势实现第三次“能源革命”。

作为汽车能源，氢能具有能量密度高、清洁无污染等独特优势。早在2009年，宇通客车就已抢先布局，研发第一代燃料电池客车，2023已完成

① 资料来源：《双碳背景下，宇通氢燃料客车引领能源变革新时代》，宇通官方网站，2022年6月30日，https：//www. yutong. com/news/yutongnews/06/2022FdKicg5NFb. shtml。

三代燃料电池客车开发，第四代已在研发中。经过多年探索，宇通研发出多项技术来保障氢燃料电池车的运转推广。而在加氢技术方面，针对氢燃料客车加注、制取的需求，宇通研发了配套的储运加注技术，已在河南省范围内建成加氢站4座，形成了完整的运营维护能力，在国内处于领先水平。与此同时，宇通加速布局各类氢燃料电池车产品，涵盖客车、环卫车、牵引车、搅拌车、冷链物流车等多个领域。宇通通过实际行动，切实助力中国汽车工业在氢能领域夺得先机。

6. 金融

伴随着我国“双碳”工作推进，绿色金融逐渐成为金融机构竞逐的重要赛道，金融产品创新层出不穷，绿色金融市场规模迅猛增长。中国人民银行数据显示，2022年末，我国本外币绿色贷款余额22.03万亿元，同比增长38.5%，投向具有直接和间接碳减排效益项目的贷款分别为8.62万亿元和6.08万亿元，合计占绿色贷款的66.7%。

在面临重大发展机遇的情况下，金融行业碳达峰碳中和的主要实施路径包括：一是对低碳项目和产品提供资金支持，聚焦重点领域加大融资支持力度，在信贷规模、资金价格等方面向绿色领域倾斜；二是投融资活动的气候风险管理，逐步建立气候风险管理架构，将气候风险纳入企业战略和偏好管理；三是借助碳金融工具，引导企业绿色低碳转型实践，激励企业主动提升生产效能，帮助企业从被动减碳转变为主动减碳，助力节能、环保、低碳等领域的企业快速发展，为建设绿色中国、实现“双碳”目标添砖加瓦。

【案例】兴业银行：助力“双碳”发展，擦亮“绿色银行”名片①

兴业银行股份有限公司是经国务院、中国人民银行批准成立的首批股份

① 资料来源：《助力“双碳”发展，擦亮“绿色银行”名片》，每经网，2022年12月19日，https：//www.nbd.com.cn/articles/2022-12-19/2599557.html。

制商业银行之一，作为中国首家赤道银行，绿色金融已成为兴业银行的“靓丽名片”。

随着全国碳市场建设不断推进，兴业银行持续推动碳金融产品和服务方案创新，以“融资+融智”为载体，以“交易+做市”为抓手，以“碳权+碳汇”为标的，为经济社会绿色低碳转型不断贡献“兴业力量”。兴业银行积极利用碳减排支持工具等政策红利，围绕清洁能源、节能环保、碳减排等重点领域不断加大支持力度，累计支持碳减排项目489个，投放碳减排贷款341.6亿元，有力地支持了碳减排项目的融资需求。此外，兴业银行积极参与助力全国碳排放权交易市场等金融基础设施的建设，完成全国碳排放权交易系统对接技术工作；加大创新力度，坚持“商行+投行”并举；融资支持实体经济绿色转型的同时，持续为实现“双碳”目标提供智力支持。

7. 信息和通信技术

信息通信行业是推动数字经济发展的中坚力量，信息通信服务能够促进各领域数智化转型，提升运转效率，减少全社会排放。面对绿色低碳发展机遇，信息通信行业始终追求以优质解决方案为先导方向，充分发挥助力社会减排的正向积极作用，赋能产业绿色低碳转型、居民低碳环保生活、城市绿色智慧发展等领域，持续加大绿色低碳技术创新力度，扩大行业赋能全社会节能降碳产品供给，逐步提升其绿色低碳发展水平。

“双碳”新机遇背景下，信息通信行业碳达峰碳中和的主要实施路径包括：一是数字技术应用，持续推进绿色节能技术应用推广，共同提高行业绿色节能技术和管理水平，应用数字技术赋能千行百业节能降碳；二是人工智能应用，发展绿色算力，带动人工智能产业成为低碳绿色发展的良好“试验田”，深化数字经济与低碳绿色发展的融合；三是通过数字仿真助力低碳新材料开发，助力企业共探数智时代下的减碳新路径，为实现碳中和终极目标提供数字化支撑。

【案例】中国移动：为国家实现“双碳”战略目标贡献“移动力量”①

中国移动作为国内主要的基础电信运营企业之一，自觉承担“网络强国、数字中国、智慧社会”主力军责任，始终将推动经济社会绿色低碳发展作为公司义不容辞的责任使命。

在具体实践上，中国移动持续深化节能技术应用，部署基站节能技术，开展机房节能改造，提升新建数据中心能效；赋能数智化生产，打造5G专网，在工业、交通、城市、园区、医疗、教育等领域深化9 One平台布局落地，推进物联网“连接+平台+应用+生态”融合发展；丰富数智化生活，推出咪咕视频、咪咕阅读、云视讯、云游戏、云AR/VR等50余项特色业务，为个人客户和家庭客户提供在线便捷服务，减少客户出行，节约物质消耗，促进新型信息消费。此外，中国移动认真贯彻落实国家“碳达峰碳中和”决策部署，将“绿色行动计划”升级为“C^2三能——碳达峰碳中和行动计划”，创新构建“三能六绿”发展模式，助力国家如期实现碳达峰碳中和战略目标，为建设美丽中国贡献“移动力量”。

三　思考：“双碳”目标下企业应对之策

（一）存在的问题

1. 动力不足

目前，有几点因素抑制了企业“双碳”行动的积极性。首先是外部环境的不确定性给企业带来了不小的经营压力，不断冲击着企业的可持续发展进程。其次是成本和风险的制约。企业“双碳”行动投入较大、生产率提

① 资料来源：宜欣《中国移动：构建“三能六绿”发展模式，为国家实现“双碳”战略目标贡献“移动力量”》，人民邮电报，2022年8月26日，https：//mp. weixin. qq. com/s? __ biz = MjM5MjA2ODA3Mg= = &mid = 2656490792&idx = 2&sn = 0b72faed9df9e276d725036c923e15ff&chksm = bd098daf8a7e04b9351e353144512cd62cd908f650e6da23e48156d20e2e4440edf6648c90af。

升效果不明、转型风险不可预见等因素，会在一定程度上影响企业的信心。最后是政策传导机制不畅，影响政策落地的普惠度与企业获得感。

2. 管理变革不力

保证“双碳”目标按时间表落地和向目标有序推进，企业需要从组织架构、职能分工、考核激励机制、企业文化等多个维度进行变革，确保愿景和实际行动一致。就现状而言，碳领域人才稀缺、推进转型的部门和人员管理层级总体偏低、跨组织协作机制和平台缺失等原因很大程度上影响“双碳”目标的实现。多数企业在管理层面既缺乏前瞻性系统性的顶层设计，也缺乏执行层面的全局统筹，需要时间建立变革管理的人员、体系及共识。

3. 标准不明

碳排放因子、边界等，绿色企业定义缺少统一标准，碳排放统计核算体系的构建也处于起步阶段，碳排放配额分配方式不确定。企业即使提出了愿景，但是实际执行时倾向采取观望态度，态势偏于被动。

（二）企业既要有为更应善为

“双碳”目标代表了我国升级发展、可持续发展的现代化战略诉求，是企业高质量发展的必然选择。企业要顺势而为，积极融入“双碳”发展战略，加快绿色转型。

1. 提高“双碳”行动主动性

“双碳”背景下，企业未来的发展空间很大程度上取决于其低碳发展能力。目前，碳中和已在全球范围内达成共识，对于企业而言，“双碳”带来的机遇大于风险。一方面，缺乏碳中和管理的企业将面临包括供应链中断、品牌声誉损失和金融风险等在内的诸多风险。在全球气候政策普遍趋于严格的环境下，企业越呈高度依赖高碳排放资产、提供高排放服务，就越有可能面临诸如持有“搁浅资产”等的金融风险。另一方面，主动承诺减碳目标或加入碳承诺机构有利于彰显企业的社会责任，塑造更积极健康的企业形象，同时，有利于发现商机和挖掘价值，塑造新动能。绿色低碳转型前期需付出较高的成本，但长期来看有助于企业的可持续发展。

2. 主动探寻适合自身的路径模式

企业实行绿色转型需处理好“减排”和“发展”的关系，探寻适合自身发展的路径。减排是应对环境风险的关键，包括优碳运营中的节能增效、绿电使用、碳抵消，以及供应商协同减排中的碳排核查、减碳赋能、优碳采购，其核心是对减碳成本曲线有清晰的量化梳理及认知，加强相对应的供应商减碳的管理能力，将减碳加入供应商的评估体系中。同时，“双碳”目标给企业提供了难得的机遇。低碳产品商机的挖掘，品牌的低碳内涵沟通，整体供应链的低碳重塑，业务与资产组合的低碳优化，以及低碳技术的创新，能够塑造公司差异化、难以复制的“双碳”核心竞争力。

3. 充分利用数字化赋能低碳转型

实现“双碳”目标离不开数字技术赋能，数字技术创新能为企业带来新链接、新流程、新业务和新业态。企业可以利用互联网的技术以及手段，通过链接应用以及其他行业企业，实现数据贯通、要素汇聚、价值创造等，赋能绿色制造与管理，推动互联网与企业融合发展，提升企业绿色低碳生产水平。同时，根据自身所处行业积极参与智慧能源、智慧交通、智慧城市、智慧建筑等的布局，主动把握甚至引领大数据、人工智能、区块链等新一代信息技术，进行全方位的数字化转型，助力“双碳”目标的实现。

4. 借助绿色金融工具加速绿色发展

绿色金融工具是针对企业绿色产业融资需求的金融产品，可以缓解企业绿色项目的现金流压力，并降低企业融资成本。以我国绿色债券为例，我国绿色债券市场发展处于上升阶段，产品种类多样化发展，整体市场对发行人较为友好。2020 年，境内外发行绿色债券规模达 2786.62 亿元，同期非贴标绿色债券市场投向绿色产业规模达 1.67 万亿元，债券市场对于绿色产业的整体支持仍保持高位。我国绿色金融改革创新试验区均已出台多项绿色信贷担保、绿色债券贴息或补助等优惠性政策，在非绿色金融改革创新试验区，如江苏省也已出台绿色金融优惠政策。因此，建议企业积极运用绿色金融工具，缓解“双碳”行动现金流压力，降低企业融资成本。

典型案例

Typical Cases

B.8

发挥核能余热，解决燃“煤”之急

——以中国核能电力股份有限公司为例

课题组*

摘　要： 中国核电旗下的秦山核电站与海盐县共同建设浙江海盐核能供热示范工程，推动核能综合利用，实现低碳共享。利用核电机组冬季剩余热功率为当地居民提供热能，破解南方供暖难题，搭建中国首个核能工业供热示范平台，为秦山工业园区内多家用热企业提供热能，持续推动核能供热的多元化发展、多领域应用，致力打造核能集中供暖示范标杆。

关键词： 中国核电　ESG　核能供热

* 课题组成员及执笔人：郑漾，中华环保联合会 ESG 专业委员会委员，河南省企业社会责任促进中心副理事长、常务副主任，研究方向为企业 ESG 案例开发、推广、传播；郭莹莹，中华环保联合会 ESG 专业委员会委员、全联正道（北京）企业咨询管理有限公司 ESG 研究部副主任，研究方向为企业信息披露、ESG 报告编制。报告在企业提供材料的基础上编辑完成。

一　企业简介

中国核能电力股份有限公司（以下简称“中国核电”），由中国核工业集团有限公司作为控股股东，联合中国长江三峡集团有限公司、中国远洋海运集团有限公司和航天投资控股有限公司共同出资设立。2015 年 6 月在 A 股上市，中国核电经营范围涵盖核电项目的开发、投资、建设、运营与管理，清洁能源项目的投资、开发，输配电项目投资、投资管理，核电运行安全技术研究及相关技术服务与咨询业务，售电等领域。

近年来，中国核电荣获第十五届人民企业社会责任“绿色发展奖”，入围“2021 中国品牌 500 强”，入选国资委“国有企业公司治理示范企业”，荣获“全国企业管理现代化创新成果一等奖”，中国证券金紫荆“最具投资价值高质量上市公司”等奖项。

截至 2023 年 6 月 30 日，中国核电控股在运机组 25 台，装机容量 2375. 00 万千瓦；控股在建项目 11 台，装机容量 1255. 30 万千瓦。非核清洁能源控股在运装机容量 1445. 21 万千瓦，包括风电 504. 39 万千瓦、光伏 940. 82 万千瓦，另控股独立储能电站 30. 10 万千瓦；控股在建装机容量 796. 61 万千瓦，包括风电 147. 5 万千瓦，光伏 649. 11 万千瓦①。

二　ESG 实践：秦山核电浙江海盐核能供热示范工程

中国核电公司旗下秦山核电作为中国大陆第一座核电站，早在 2016 年就向地方提出核能供热构想，并提交可行性调研报告。2021 年 6 月 3 日，浙江海盐核能供热示范工程在海盐县完成备案，2021 年 7 月 28 日正式开工建设。海盐县核能供暖节能工程项目通过自主设计，制定集多种功能于一体的全球首座全模块化核能供热首站建造方案。在多方通力协作、技术方法不

① 中国核能电力股份有限公司提供数据。

断创新下，完成工程主体安装施工仅耗时不到4个月，现场安装仅耗时40小时。

秦山核电通过数字化模拟，改进施工方法，成功破解南方地区热力管道敷设难题。采用国内最先进的智慧热网设计理念，搭建智慧热网管理平台，可实现热源、热网设施和用户的集中监测与远程监控，能够实现负荷预测、全网平衡等专业功能，确保核能供暖智能化、统一循环管控，有效解决热负荷小、负荷波动大的难题。

海盐县核能供暖节能工程项目总投资约9.4亿元，管道总长度约10公里，从秦山核电基地厂内延伸至海盐县城区，秦山核电厂内设换热首站，提供130℃的出水，并接收70℃的回水，实现热水循环供暖，全线建成后，将具备150MW核能供暖能力，目标到2025年，核能供暖面积达到400万平方米，基本覆盖海盐县主城区及澉浦镇全域。

根据规划，核能供热项目共分为三个阶段：

一阶段：完成秦山核电机组技术改造及厂内换热首站建设，以及秦山核电至海盐县主城区三个生活小区和海盐县老年公寓热力管网，确保2021年冬季实现供暖，满足46.4万平方米居民用户供暖需求。

二阶段：浙江海盐核能供热示范工程工业供热项目于2022年7月15日正式开工建设，已于12月15日正式建成投用。在核能供热示范工程一阶段供热主管网的基础上，二阶段的工业供热管网延伸建设，为秦山工业园区内多家工业用户提供企业生产所需的工业热能，对热力需求企业减排降碳、改善环境、发展社会经济作出重要贡献，开启企地互惠共赢、零碳发展的新篇章。

三阶段：规划建设主城区以外拓展至秦山街道和澉浦镇的相应配套热力管网及换热站，满足海盐县400万平方米供热需求。

成效：截至2022年底，浙江海盐核能供热示范工程一阶段和二阶段已正式投运，向浙江省海盐县公建设施、居民小区及工业园区提供大规模安全、零碳、低廉的核能供暖，真正实现了当地居民、地方政府、核电企业及生态环保的多方共赢。

图 1　核能供暖换热首站外景

（一）破解南方供暖难题的“海盐方案”

2022 年 3 月，我国南方地区首个核能供暖项目——浙江海盐核能供热示范工程（一阶段）顺利完成首个采暖季任务。核能供热管网持续安全稳定供热 100 天。2022 年 12 月，浙江省海盐县核能供热示范工程开启第二个采暖季。随着核能供热管网系统的不断拓展，海盐县完成了对老年公寓供暖系统和设施建设的升级改造。工作人员对供热管道进行冲洗、打压和调试工作，核能供热系统整体升温后老年公寓也迎来首次核能供暖。

秦山核电利用其基地机组冬季剩余热功率为当地居民提供安全、稳定、清洁的热能，缓解地区能源“双控”压力，解决了自供暖用户能耗大、热品质低、体感舒适度差、使用成本高等难题，提高了当地居民的生活品质。

（二）提供工业产业园区供热的“核能方案”

浙江海盐核能供热示范工程（二阶段）工业供热项目于 2022 年 7 月 15 日正式开工建设，12 月 15 日正式建成投用。继 2021 年浙江海盐核能供热

图 2　浙江海盐核能供热示范工程投运仪式

示范工程（一阶段）建成，秦山核电搭建了中国首个核能工业供热示范平台，为工业产业园区清洁能源替代提供了“核能方案”。

浙江海盐核能工业供热示范工程为秦山街道秦山工业园区内的多家工业用热企业提供热能。该项目从 2022 年 7 月 15 日开工到 11 月 15 日主管网建设完成再到 11 月 21 日开始试运行，仅用 4 个多月时间就完成项目建设，为多家工业用热企业提供能源替代。

（三）规划满足更广范围的核能供热需求

秦山核电和海盐县完善核能集中供暖规划建设，持续深化和推广核能在海盐县更广范围的综合利用。2022 年，海盐县与秦山核电共同完成了《海盐县集中供热规划（2021—2030）》修编，将核能供热纳入海盐县集中供热规划体系；完成了《海盐县核能集中供热管道设施专项规划（2022—2030 年）》编制，并获得批准；完成了《海盐县核能供热管网建设与管理标准》的编制，并将作为县级标准发布。

海盐县还将与秦山核电继续推动核能供热的多元化发展，探索核能供热

图 3　核能工业供热项目正式建成投用

在公益、公建、农业、商业等领域的应用，推进核能供热在海盐居民小区推广，通过联通新建小区的供热设施和推进学校、商场、已建成小区的核能供热改造，将核能温暖送到千家万户。

（四）打造核能集中供暖示范标杆

2022 年，秦山核电与海盐县共同谋划的《零碳未来城发展规划》获浙江省发展和改革委员会正式批复。一座依托核能综合利用的零碳城市图景正式亮相。规划提出，到 2025 年，初步建成零碳未来城，重要项目基本建成，同位素产业园建成投产，清洁能源产业初具规模，核能供热示范项目投入使用，能源和交通网架基本成型，企地共融和开发机制不断完善。到 2030 年，进一步做大做强，建成高质量的零碳未来城，逐步将零碳能源供应范围扩大至海盐县全域，打造“零碳海盐”。积极谋划新的清洁能源项目，扩大同位素（核药、医院康养）、清洁能源产业链，推动产业升级。到 2035 年，形成零碳社区、零碳产业园、零碳城市等系列零碳示范，力争一定的碳汇余量（负碳排放），成为具有全球影响力的零碳、创新、智慧新城。

“零碳未来城”项目重点开发面积约 30 平方公里，规划建设北部零碳产业区、南部未来科教区和核电小镇升级版，以绿色、生态、零碳为导向，建设形成“155”体系，即打造国内首个、国际领先的零碳高质量发展示范

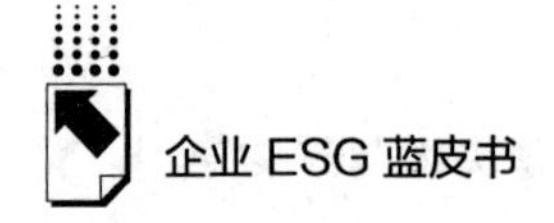

区的一个核心目标，突出零碳示范、产城融合、科创引领、企地共建、智慧互联五大特征，形成零碳能源、低碳产业、零碳生活、未来治理、未来景观五大场景，打造一个零碳引领力强、发展带动力强、彰显城市魅力的未来之城，成为国内首个、国际领先的零碳高质量发展示范区。

三 ESG 成效：推动核能综合利用，实现低碳共享

中国核电积极探索核能综合利用，通过打造海盐县核能供暖节能工程项目，彰显了响应“双碳”目标的积极性与决心，开拓了当地居民、地方政府、核电企业及工业园区多方共赢新局面，也为南方大规模集中供热项目建设发挥了良好的示范作用。2021 年，浙江省能源局向海盐县人民政府授予“浙江省核能综合利用示范城市”称号，向浙江零碳热力有限责任公司授予“浙江省核能供热示范单位”称号。2022 年，海盐核能供热示范工程入选“浙江省绿色低碳转型典型案例”，在人民网举办的 2022 人民企业社会责任高峰论坛上获评“第十七届人民企业社会责任奖”年度案例奖。

（一）核能供暖

作为中国南方首个核能供热项目，浙江海盐核能供热示范工程（一阶段）一经投运就为海盐县近万家居民用户送去了核能的温暖。

环保效益：相对于南方地区的电取暖方式，该项目全部建成投运后，年供热量将达到 70.4 万吉焦，相对于燃煤火电机组每年可减少燃用标煤约 2.4 万吨。相应地每年减排二氧化硫 204 吨、氮氧化物 177.6 吨、二氧化碳 6.3 万吨。

社会效益：该项目是我国南方地区首个核能供暖项目，开创了我国南方核能供热先河，为海盐核能工业供热奠定了良好的工程基础，建成后可满足 46.4 万平方米的居民用户供暖需求。

经济效益：核能供暖仅更换外部管网，室内供暖设备继续使用，节省了改造成本；且相较于电取暖方式，供暖价格由每平方米 46 元下调到 30 元。

第三方评价：枫叶小区一位居民接受采访时表示：“当年买在枫叶小

区，就是看中它是海盐为数不多可以供暖的小区。”该小区原本使用天然气锅炉供暖，现在改成核电供暖，只需更换外部管网，室内供暖设备继续使用，结合价位优势，一个供暖季按照套内 70 平方米计算，原来需要 3220 元，现在下调到 2100 元，可以省下 1120 元。

核电站在发电的过程中会产生很多能量，其中一部分会转化为电能，而另外一部分会转化为热能耗散掉。启用核能供热，其实就是把耗散掉的那一部分热能充分地利用起来，这样也可以避免不必要的浪费。秦山核电某退休职工感叹道：“我们是搞核电的，一开始我们就在议论说核能有余热，这个余热要把它利用起来，想了很多年，只有这一个方法。对地方政府、对海盐的老百姓、对我们职工都有好处，而且更重要的是对国家的这些资源，都是很有好处的，是多方共赢的一个项目。”

（二）工业供热

浙江海盐核能供热示范工程（二阶段）作为全国首个建成投用的核能工业供热项目，为工业产业园区清洁能源替代提供了核能方案，创造了“嘉兴经验”。

环保效益：浙江海盐核能供热示范工程（二阶段）建成投产后可为企业提供 24 小时热能供应保障，年工业供热约 28.8 万吉焦，相当于节约标准煤约 1 万吨，减少二氧化碳排放约 2.4 万吨。

社会效益：促进供热体系改进，有效减少社会资源浪费，同时拓展核能供热多元化应用，为深入推进核能综合利用提供借鉴。

经济效益：优化升级企业供热体系，实现充分利用热能，有效避免资源浪费，降低集中供热成本、电能的消耗成本及人力成本，从而提升企业经济效益。

第三方评价：浙江某公司经理评价道：“作为一家聚合物锂离子电池生产企业，我们公司对生产环境的要求很高，特别是电池生产工艺过程中对车间环境的湿度管控有严格的标准。公司原先采用天然气烧制蒸汽的方式对设备进行加热进而为车间提供干燥空气，改用核能工业供热后，每年可为企业节约 300 万立方米天然气使用量，合计节约成本 250 万元左右，减少碳排放量 6000 余吨，而且核能工业供热相对稳定，能够全年不停地运行，与我们的生产需求也相匹配。”

工业供热不仅实现了核电厂为工业用户服务的形式多样化，而且还可以减少企业对电能的消耗成本，也是工业产业对清洁能源替代利用的探索，这种模式得到了越来越多企业的认可。

浙江某公司常务副总经理表示：“我们公司对车间生产环境温度有较高要求，如高速精密冲床在加工、检测、装配等环节需要车间维持恒温状态，生产工况温度保持在 24℃ 左右。我们此前采用中央空调对恒温精密加工车间和恒温精密检测车间进行加温，改用核能工业供热后，预计能耗能够降低 30%左右。”

基于核能供热项目的成功投运，未来，中国核电将充分发挥大型压水堆、高温气冷堆、模块化小堆、低温供热堆等各自优势，将供暖范围由沿海延伸至腹地，契合各类应用场景，将热能转化为电能或直接提供高温工艺热，使核能从“单一型选手”转向“全能型辅助”，为建立集供电、居民供暖、工业供汽、制氢、海水淡化、同位素生产等于一体的多能互补、多能联供的区域综合能源系统，为未来中国绿色低碳发展注入核能力量。

B.9

合力电靓"零碳景区"，打造景区净碳管理新模式

——以国网扬州供电公司为例

课题组*

摘　要： 国网扬州供电公司以扬州旅游地标瘦西湖景区为试点，创新景区净碳管理模式。研发瘦西湖景区碳排放监测系统，搭建瘦西湖碳中和示范景区数字化平台，压实低碳管理基础，开发景区"零碳"旅游路线，打造实用化"零碳景区"示范样本，联合编制《扬州市瘦西湖景区碳排放白皮书》，总结低碳发展实践与成效，为城市旅游业可持续发展注入绿色活力。

关键词： 国网扬州供电公司　ESG　净碳管理

一　企业简介

国网江苏省电力有限公司扬州供电分公司（以下简称"国网扬州供电公司"）隶属于国网江苏省电力有限公司，作为扬州市经济社会发展的基础性、战略性、先导性国有大一型企业，国网扬州供电公司以建设运营扬州三县（市）四区电网为核心业务，承担着为扬州经济社会发展提供坚强电

* 课题组成员及执笔人：郑漾，中华环保联合会 ESG 专业委员会委员，河南省企业社会责任促进中心副理事长、常务副主任，研究方向为企业 ESG 案例开发、推广、传播；郭莹莹，中华环保联合会 ESG 专业委员会委员、全联正道（北京）企业咨询管理有限公司 ESG 研究部副主任，研究方向为企业信息披露、ESG 报告编制。报告在企业提供材料的基础上编辑完成。

力保障的基本使命。

国网扬州供电公司本部设 14 个职能部室，13 个业务支撑和实施机构，下辖 4 个县级供电公司。市县两级 5 个农电公司，64 个供电所，服务全市 285.33 万户电力客户。2022 年，扬州全社会用电量 313.61 亿千瓦时，同比增长 8.23%；调度最高负荷达 568.6 万千瓦。当前，国网扬州供电公司着力打造区域能源互联网，构建能源服务新业态，努力为建设世界一流能源互联网企业和“强富美高”新扬州作出新的更大贡献。

二　低碳旅游实践：创新瘦西湖景区净碳管理模式

旅游业是当今世界规模最大、发展最快、关联最广的综合性产业，旅游业的发展对引领经济复苏、促进社会和谐发展起到重要作用。近年来，旅游业碳足迹的量化愈加受到重视。“双碳”目标提出后，低碳旅游成为当今旅游业发展的必然趋势。

扬州是国家历史文化名城，拥有众多名胜古迹和雅致园林，近年更是兴建了 350 座公园，密度达到“10 分钟可达”的程度。瘦西湖公园作为扬州首家国家 5A 级旅游景区，是扬州最具代表意义的“旅游地标”，年接待旅游人数约 116 万人次，配套了住宿、餐饮、交通等完善的旅游产业链，年二氧化碳排放总量 3500 余吨。在瘦西湖景区实施净零排放的碳管理，具有较强的代表性和重要示范价值。

国网扬州供电公司充分了解各利益相关方对打造瘦西湖“零碳景区”的态度以及担忧，详细梳理出打造“零碳景区”普遍存在的两大痛点：

一是“零碳”量化管理缺工具。近年来，国网系统各单位遵循国网“双碳”行动方案，在能源生产清洁化、能源消费电气化、能源利用高效化诸多方面发力，帮助全社会节能降碳，但在实现“零碳景区”建设过程中，还缺乏可量化管理“碳中和”的工具，难以把控节能降碳的管理方向、重点和力度，以及开展“零碳”成果评估。

二是“点对点”改造效率低。景区节能改造涉及景区管委会、商户、游客等众多利益相关方，点多面广，传统一对一定向推进节能改造等工作效率低、投入成本高，且无法从景区整体减排固碳、景观影响等方面进行全方位考量，导致工作推进缓慢。

国网扬州供电公司联合利益相关方，以瘦西湖为示范，创新景区净碳管理模式，通过量化评估瘦西湖景区碳排放量及碳汇能力，开展系列减排固碳措施，帮助瘦西湖建设全电气化“碳中和”生态景区，开发景区“零碳”旅游路线，打造鲜明的“零碳生态+智慧柔性+沉浸互动”的城市标签，同时编制发布《扬州市瘦西湖景区碳排放白皮书》，为推动景区绿色低碳转型、提升城市旅游业可持续发展能力提供坚实的理论基础与实践探索。

（一）搭建“零碳”管理基础——“碳全景”展示平台

“碳中和”统计核算是瘦西湖景区开展净碳管理的“首要挑战”。为了帮助瘦西湖景区踏出“碳中和”量化管理的第一步，国网扬州供电公司联合南京大学环境规划设计研究院，研发瘦西湖景区碳排放监测系统，量化评估景区碳排放量及碳汇能力，并搭建瘦西湖碳中和示范景区数字化平台，进行碳中和数据展示、典型用户分析和零碳生活参观动线“三位一体”的全场景展示。

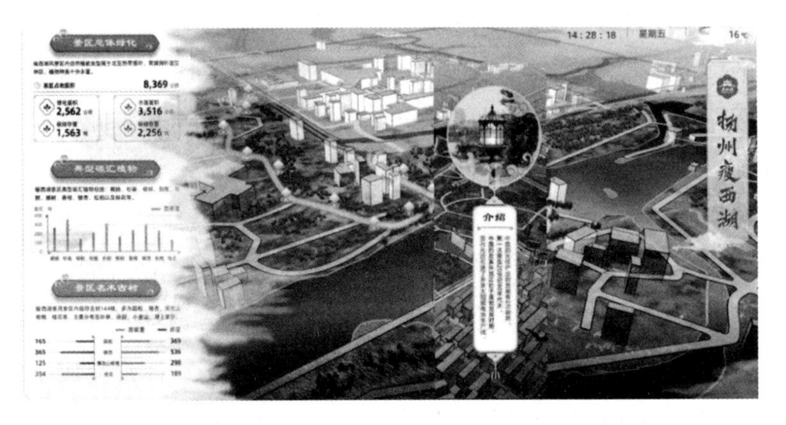

图1　瘦西湖碳中和示范景区数字化平台展示界面示意图

瘦西湖碳中和示范景区数字化平台采用数据分析和人机交互等技术，借助碳监测设备，以瘦西湖三维地图为切入点，结合碳排、碳汇动态数据和新技术设备分布，实时进行用能数据、交通数据等零碳数据的全景展示，包括景区的气象、温室气体浓度、碳排放量、人流车流信息、楼宇信息、用水量、用电量、清洁能源发电情况、景区生态环境（植被分布、植被树龄、水体水质等）、景区基本信息（工商信息、环评报告、排污许可、地理位置信息等）等。

通过对景区范围内碳排放、碳汇情况的全面展示、分析和管理，助力景区升级碳中和管理，以帮助降碳为根本，增加碳汇为补充，明确帮助景区减排降碳路径，化被动为主动推动“零碳景区”的打造。2022 年初，瘦西湖景区二氧化碳排放总量 3500 余吨，植被湖泊新增碳储量折合碳汇总量 950 余吨。

（二）共创“零碳”旅游路线

国网扬州供电公司依据瘦西湖碳中和示范景区数字化平台展示的碳排放、碳汇情况，积极发挥专业优势，联合景区管委会开发景区“零碳”旅游路线，全力挖掘景区节能减排潜力，推进景区绿色用电、绿色发电等项目落地落实，并提供增加碳汇建议及开展低碳宣传，加快景区绿色低碳转型。

1. 兼顾综合价值，多管齐下竭力降低碳排

国网扬州供电公司联合景区管委会兼顾环保、经济与游客体验，规划景区“零碳”旅游路线，推动景区商户（单位）逐步淘汰传统化石能源使用设施设备，升级为电炊具、电动车船、绿色照明等设备，并充分利用各种光伏发电产品，包括光伏路灯、光伏伞、光伏座椅、光伏垃圾桶等，降低景区碳排放的同时，提升景区智能化管理水平，使之成为吸引游客的低碳名片。

截至 2022 年底，通过广泛调研景区商户（单位）改造意愿，结合景区管委会整体规划，帮助瘦西湖餐英别墅、1757 美食街坊商户完成全电厨房改造；在 1757 商业街和五亭桥广场完成了光伏路灯改造、安装了太阳能光伏伞；在儿童科普乐园安装了智慧光伏座椅和智能垃圾桶；五亭桥公共厕所完成屋顶分布式光伏发电公共厕所改造；推动景区边界范围内的趣园酒店开展建筑节能改造，包括供热系统、采暖制冷系统、热水供应设施等；为扬州市自然资源和规划局提供能源托管服务，搭建综合能效管控平台，开展空调末端管控系统、照明灯具节能改造等综合节能优化，对主要机电设备进行智能管控。

光伏伞　光伏座椅

光伏路灯　电动船充电桩

图 2　瘦西湖碳中和示范景区光伏发电产品

2. 打造以游客体验为中心的“零碳”旅游路线

游客作为旅游产品的消费者，在“零碳景区”建设过程中至关重要。国网扬州供电公司携手景区管委会开展游客调研，了解其对“零碳景区”的参观需求，扩大“零碳”生活旅游路线影响力，增强游客环保意识。通过对收到的 43 名游客调研问卷进行分析，国网扬州供电公司联合景区管委会在路线入口处设置零碳景区数字化平台，以瘦西湖三维地图为切入点进行零碳数据全景展示，并在新增光伏设备、典型碳汇植物周边设立倡导绿色低碳节能的宣传指示牌，帮助游客在参观游览的过程中深度了解“零碳景区”

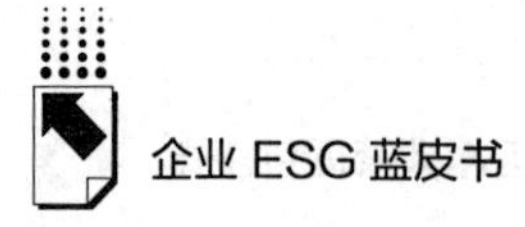

概念及“碳足迹”“碳中和”等相关知识，引导培养游客低碳消费意识和方式，寓教于乐，倡导低碳旅游风尚。

3. 实现常态化资金供给持续增加碳汇

开展“零碳景区”建设需要长期资金的支持，通过与瘦西湖管委会协商，推动景区拿出部分门票收入支持低碳发展，所筹集的资金将设立专户，专项用于碳汇植树造林，以冲抵游客在景区所产生的部分二氧化碳，持续巩固提升景区生态系统的固碳能力。2022 年，瘦西湖景区植物投入植树造林 8 万元。

图 3　瘦西湖碳中和示范景区碳汇小径

（三）“碳中和”经验

为全面总结瘦西湖“零碳景区”建设经验，国网扬州供电公司联合国网江苏综合能源服务有限公司、瘦西湖管委会等利益相关方编制发布《扬州市瘦西湖景区碳排放白皮书》，系统总结多方合力推动瘦西湖景区绿色低碳发展方面的实践与成效。同时，国网扬州供电公司携手扬州市生态环境局、瘦西湖管委会等利益相关方共同举办“落实双碳行动，共建美丽家园”扬州低碳日宣传活动，凭借瘦西湖碳中和示范景区节能环保低碳创新举措，吸引了众多市民关注，引导了全社会学习借鉴扬州“零碳景区”建设经验，扩大了项目影响力和示范价值。

图 4　国网扬州供电公司编制发布《扬州市瘦西湖景区碳排放白皮书》

三　ESG 成效

生态效益：打造实用化“零碳景区”示范样本。通过多方合作开展景区电气化改造、低碳旅游宣传等系列举措，有效帮助瘦西湖风景区减排降碳，瘦西湖景区整体年减少碳排放量可达 3000 吨左右，助力瘦西湖景区逐步建成“零碳景区”。

经济效益：形成规模化“零碳景区”推进路径。国网扬州供电公司围绕“零碳景区”建设中的主要难点，引入多方合作共赢理念，推动利益相关方参与共同解决难题，搭建“碳全景”展示平台压实管理基础，打造“零碳”旅游路线实现减排固碳，建立了一套科学化、规范化的“零碳景区”建设体系，为国网扬州供电公司在全市乃至全省区域规模化推广“零碳景区”提供了有力支撑。2022 年，国网扬州供电公司推动瘦西湖“零碳景区”建设，实现新增售电量约 185 万千瓦时。

社会效益：推动地方旅游业低碳可持续发展。瘦西湖景区设置的光伏座椅、光伏伞，可为游客提供便捷的手机充电服务。通过对景区边界内商户开展电气化改造、建筑节能改造，提升社会整体能效，其中，经改造的全电厨房，能够降低 68%~77%的能耗，节省 22%~44%的能源成本。

同时，瘦西湖风景区负荷远程调控能力的成功建设，实现瘦西湖景区可调负荷资源参与电网需求响应，可帮助电网削峰填谷，助力保障全社会生产生活用电。通过以上用能改造、绿色技术运用等措施，在促进景区低碳发展的同时，进一步提升了景区智能化运营与管理能力，加深社会各界对低碳发展理念的认识与理解，助力地方旅游业可持续发展。

利益相关方评价：

> 预计景区一年大约减少 3000 吨的碳排放，未来瘦西湖景区将以“打造世界级景区”为目标，进一步建设瘦西湖全电气化碳中和生态景区，打造“零碳生态+综合能源+沉浸互动”业务，逐步推进低碳旅游发展和“零碳景区”建设，推动扬州绿色发展和低碳生态城市建设。
>
> ——瘦西湖风景区管理处工程管理部副部长倪亚运

> 我身后就是一个光伏座椅，它的表面被一个太阳能发电板所覆盖，游客走累了，可以坐在上面休息，还可以把手机放在上面充电，非常的绿色便捷。
>
> ——扬州电视台新闻记者徐圆明

B.10

能链智电，助力全球交通能源绿色低碳转型

——以浙江安吉智电控股有限公司为例

课题组*

摘　要： 能链智电通过创新技术、产品和模式，服务于整个新能源价值链上的企业，并积极布局储能等新兴业务，推动源头绿色化、场站绿色化和使用绿色化，实现绿色电力在供给和需求侧的有效连接，开发推广碳普惠创新机制，建立充电碳账户功能，激励用户参与碳减排，全面助力全球交通能源绿色低碳发展，持续推动新能源行业变革。

关键词： 能链智电　ESG　绿色低碳

一　企业简介

能链智电（NASDAQ：NAAS），隶属于能源数字化企业能链控股，能链股东包括贝恩资本、招商局资本、中金资本、华润资本、招银国际、建信信托、小米集团、愉悦资本、蔚来资本、国家中小企业发展子基金、国际绿色基金等。能链智电总部位于“绿水青山就是金山银山”两山理念发源地——

* 课题组成员及执笔人：郑漾，中华环保联合会 ESG 专业委员会委员，河南省企业社会责任促进中心副理事长、常务副主任，研究方向为企业 ESG 案例开发、推广、传播；郭莹莹，中华环保联合会 ESG 专业委员会委员、全联正道（北京）企业咨询管理有限公司 ESG 研究部副主任，研究方向为企业信息披露、ESG 报告编制。报告在企业提供材料的基础上编辑完成。

浙江安吉。2022 年 6 月 13 日，登陆美国纳斯达克，成为中国充电服务第一股。

能链智电面向新能源全产业链，为充电桩制造商、充电运营商、主机厂、企业等提供一站式服务，包括选址咨询、软硬件采购、EPC 工程、运营运维、储能、光伏、自动充电机器人等，让电动车主充电体验更好、产业链各方运营更高效。截至 2023 年 6 月 30 日，能链智电累计覆盖充电枪 65. 2 万把、充电站 6. 2 万座；2023 年上半年，能链智电充电量达到 22. 51 亿度，占全国公用充电量的 21%。能链智电通过数字技术和人工智能提升产业效率，现已围绕充电服务、移动充电设备、光储充一体化布局海内外知识产权百余项。

以“让每个人都用上绿色能源”为愿景，能链智电致力于提高全球交通能源网络的稳定性和效率。公司希望通过创新的产品和服务，让新能源的高效利用成为中国能源结构调整、实现“碳中和”的重要路径。

二　ESG 实践

能链智电认为，只有把 ESG 与企业业务实践和商业价值结合起来，企业 ESG 发展才能行稳致远。

（一）环境实践

能链智电 2022 年 ESG 报告显示，其 2022 年实现了全年碳减排 184. 77 万吨，较 2021 年提升 106. 22%；清洁能源购电量 3. 93 亿千瓦时，占比高达 89. 52%；截至 2022 年底，能链智电累计清洁能源成交电量 4. 49 亿度。最新数据显示，2023 年上半年，能链智电碳减排 146. 3 万吨，同比提升 109%。

此外，公司制定了 2030 年范围 1 和范围 2 碳排放量较 2022 年减少 42% 的进取目标，并正式加入“科学碳目标倡议”（SBTi），成为中国首家加入 SBTi 并提出承诺目标的新能源充电服务企业，助力实现 1. 5℃ 全球温控目标。

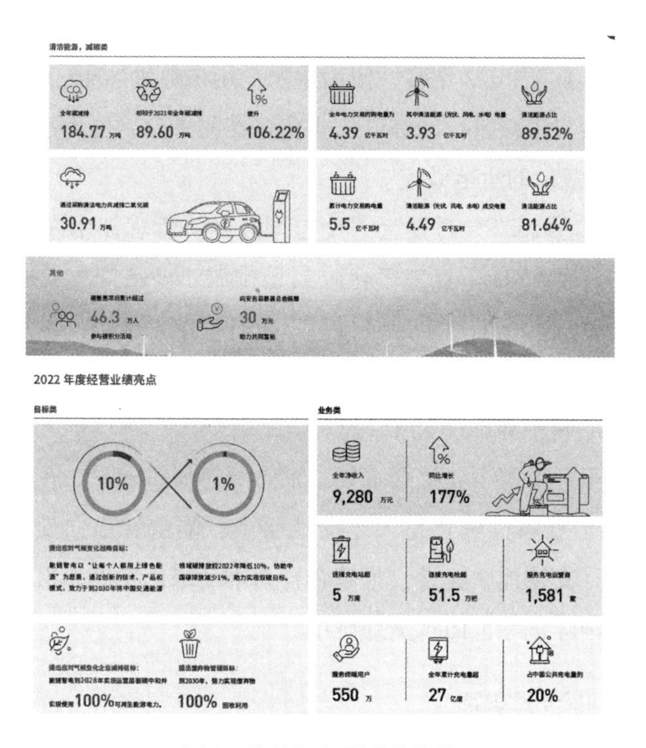

图 1　能链智电碳减排绩效

能链智电通过“线上充电解决方案+线下充电解决方案+创新解决方案”，构建了一张方便实用的充电网络。通过推动源头绿色化、场站绿色化和使用绿色化，实现了绿色电力在供给和需求侧的有效连接。与此同时，能链智电联合战略合作伙伴快电，向用户提供优质充电服务，无论车主开哪个品牌的电动车，都能找到好用的桩、便捷的桩。公司制定了目标，计划到 2028 年实现运营层面“碳中和”，实现使用 100%可再生能源电力。

（二）社会实践

能链智电开发推广碳普惠创新机制，率先在行业建立充电碳账户功能，用户可通过充电获取碳积分，并计入碳账本，所得碳积分可在碳商城中进行积分兑换，激励用户参与碳减排。

通过碳普惠模式，让越来越多的电动车主参与到绿色行动中，推动绿色低碳交通出行。截至 2022 年底，使用碳账户用户数量达 46.3 万。碳普惠创新机制为全民参与碳减排行动提供了实实在在的平台，也为小微企业提供了“如何发展碳普惠”的示范效应。

与此同时，在 2022 年进博会“中国国际经济管理技术高峰论坛”举办期间，论坛共产生 5503 千克二氧化碳当量排放，该碳排放量通过能链智电及快电服务电动汽车充电产生的减排量，进行了等量抵消。本次论坛成为行业首个通过电动汽车充电碳减排实现“碳中和”的会议，并获得北京绿色交易所颁发的“碳中和证书”。

能链智电积极承担企业社会责任，助力绿色城市建设。在 2022 年 12 月 23 日安吉县第十五届投资贸易人才洽谈会上，能链智电向安吉县捐赠 100 万吨碳排放权，支持地区建设，为政企合力推动绿色发展作出示范，助力安吉高质量建设国际化绿色山水美好城市。

（三）企业治理实践

能链智电搭建了与自身经营管理相适应的“治理层—管理层—执行层”三层 ESG 管治架构，明确各层级职责分工，持续提升 ESG 治理水平。公司还将 17 项联合国可持续发展目标（SDGs）融入日常经营与实践中，界定了 12 项与公司发展密切相关的可持续发展目标，并通过关键行动推动目标实现，积极回应利益相关方的关切与期望。

能链智电一直秉承平等、多元化理念，反对任何形式的雇用童工和强制劳工行为，为所有员工提供开放、透明、受尊重的工作环境，创造平等的工作机会，建立了以职级为基础的公司薪酬体系。公司关注员工健康安全，为员工提供多样的特色活动与文化关怀；关注员工成长，鼓励员工参与各类培训以增长自身技艺与相关领域知识；重视伙伴关系，加强在科学技术和创新领域合作，拓展业务布局；公司还鼓励女性事业发展，注重女性领导力的培养，关怀女性员工，公司创始人、CEO 王阳荣获“2022 金砖国家女性创新大赛木兰奖”。

（四）创新发展

为满足日益增长的电动汽车移动充电需求，能链智电推出一款自主研发的自动充电机器人。该自动充电机器人基于深度学习、5G、V2X、SLAM 等底层技术，拥有多种电池容量和功率，具备一键下单、自动寻车、精准停靠、机械臂自动插枪充电、自动驶离、自动归位补能等一系列功能。相较于传统单向充电桩，自动充电机器人搭载的能源与数据网络将强化车与车互动、车与电网互动，实现无人驾驶下的智能充电。同时，自动充电机器人能够实现互联互通，为新能源汽车车主提供全天候服务。

图 2　能链智电推出自主研发的自动充电机器人

2023 年以来，能链智电加速海外充电桩市场布局，将充电服务“中国经验”输出到全球市场。6 月，能链智电控股收购香港最大的光伏能源资产运营商——香港光电，切入香港分布式太阳能电站、香港电动汽车充电服务领域。同月，能链智电携多款创新产品和行业解决方案，亮相 2023 年德国慕尼黑电动车充电设备展 P2D Europe，重点展示了经过国际独立第三方检测、检验和认证机构德国 TüV 莱茵认证的 NaaS AC Wallbox 与自主研发的自动充电机器人，获得海外用户关注。

能链智电在荷兰设立了欧洲总部，全面布局欧洲充电服务市场。2023 年 8 月，能链智电拟收购欧洲领先的电动汽车充电服务解决方案提供商——

瑞典 Charge Amps，其在瑞典市场占有率达 22%。在中东地区，能链智电与阿联酋、阿曼、沙特阿拉伯的政府和能源公司深入讨论潜在的战略合作。在东南亚，能链智电在新加坡设立办事处，与能源和互联网公司进行沟通，部署充电解决方案。在日本，能链智电正与日本主要能源公司洽谈，探索当地市场潜在机会。

公司希望到 2030 年通过数字化和业务手段，帮助交通能源领域碳排放降低 10%，帮助中国碳排放降低 1%。能链智电的愿景是让每个人都用上绿色能源，通过创新的技术、产品和模式，致力于提高全球交通能源网络的稳定和效率。

三　ESG 成就

凭借在 ESG 领域的创新实践和突出贡献，能链智电荣获国内外诸多行业重要奖项。

2022年度安吉县
“服务业标杆企业”
浙江省湖州市安吉县

湖州市2022年上半年
实干争先“贡献者”称号
中共湖州市委湖州市人民政府

虎嗅2022暗信号智能汽车年度创新榜
“2022年度最佳充电服务商”
虎嗅网

第十六届金蟾奖
“2022年ESG优秀企业奖”
华夏时报

36Kr WISE 2022新经济之王
“绿色能源领域年度企业”
36Kr

第七届智通财经上市公司评选
“最具投资价值中概股”“最佳CEO奖”
智通财经

第十七届人民企业社会责任奖
“绿色发展奖”
人民网

“2022年度新能源创新服务奖”
经济观察报

2022财联社ESG致远奖
“社会责任先锋企业奖”
财联社

第八届中国国际电动汽车充换电产业大会
“2022中国充换电行业最佳用户服务奖”
“2022中国充换电行业十大运营商品牌”
金砖充电论坛

21世纪「金长城」智造业竞争力研究荣誉榜
“2022年度21世纪「金长城」年度新锐企业”
21世纪经济报道

“2022中国社区充电最佳服务商品牌”
中国充电桩网

能链智电创始人、CEO王阳女士
正式成为“中国碳中和50人论坛”
特邀成员
中国碳中和50人论坛

能链智电创始人、CEO王阳女士荣获
“2022中国经济年度人物新锐奖”
中国经济传媒协会

能链智电创始人、CEO王阳女士荣获
“2022金砖国家女性创新大赛木兰奖”
金砖国家女性领导力论坛

▼参与的行业组织
中国上市公司协会　安吉县慈善总会
▼在组织中担任的角色
协会会员　　理事单位

图 3　能链智电获得的重要奖项

在人民日报社指导、人民网主办的“2022 人民企业社会责任高峰论坛暨第十七届人民企业社会责任奖颁奖典礼”上，能链智电荣获“人民企业社会责任奖——绿色发展奖”。

基于能链智电在推动新能源基础设施互联互通、多措并举助力“碳中和”等方面的创新实践，能链智电现场获得“中国国际经济管理技术高峰论坛”组委会颁发的“2022 年中国企业社会责任碳中和年度先锋”奖项。

在华夏时报社主办的“2022 华夏机构投资者年会暨第十六届金蝉奖”活动中，能链智电凭借在碳中和领域的杰出表现，荣获“2022 年度 ESG 优秀企业奖”。

2022 年 12 月，在上海报业集团与财联社共同主办的“2022 财联社第三届 ESG 企业高峰论坛”上，能链智电获财联社 ESG“社会责任先锋企业奖”殊荣。

2023 年 6 月 1 日，在第六届（2023）中国能源产业发展年会上，能链智电入选“2023 新型电力系统品牌共建单位”。该奖项由中国能源报社、中国能源经济研究院联合发起，旨在通过树立示范标杆案例，推动新型电力系统、储能等行业规范化发展，助推能源绿色高效发展。

8 月 2 日，以“依托 ESG 建设引领可持续发展”为主题的 2023 年度 21 世纪“活力 · ESG”创新论坛在北京举办，会上《21 世纪“活力 · ESG”实践案例集锦（2023）》正式对外发布，能链智电凭借在 ESG 领域的突出贡献，入选 21 世纪“活力 · ESG”绿色发展案例，充分体现了能链智电在创新推动绿色发展，助力实现“双碳”目标方面的先锋引领作用。

8 月 10 日，第二届华尔街见闻“0 碳未来 · ESG 创新实践榜”正式发布，能链智电（NASDAQ：NAAS）凭借在 ESG 领域的创新实践和突出贡献荣登榜单。一同入选的还有 3M、TCL、广汽集团、联想、腾讯等 39 家国内外优秀企业。

9 月 6 日，以“ESG 与高质量发展”为主题的“服贸会 · 中国国际经济管理技术论坛暨 2023 ESG 与高质量发展峰会”在国家会议中心盛大启幕。论坛隆重发布“核心竞争力”荣誉榜单，能链智电凭借在 ESG 领域的创新实践和杰出贡献，荣获“ESG 创新之星”大奖。

未来，公司还将继续践行 ESG 发展理念，进一步全面推进责任治理与可持续发展，助力全球交通能源绿色低碳转型，持续推动新能源行业变革。

B.11

立足 ESG 战略，构建安全、健康、多元的互联网生态之道

——以百度集团股份有限公司为例

课题组*

摘　要： 百度坚持“用科技让复杂的世界更简单”，用可持续发展思维对抗不确定性和发现新机遇。通过完善数据治理，保障用户隐私安全，发力平台内容治理，坚守人工智能伦理，构建安全、健康、多元的互联网生态，为广大用户提供了更加可靠和安全的产品和服务，为行业安全治理提供了示范性、创新性和可推广性经验借鉴。

关键词： 百度　ESG　互联网生态

一　企业简介

百度集团股份有限公司（以下简称“百度”）是拥有强大互联网基础的领先 AI 公司，是全球为数不多的提供 AI 芯片、软件架构和应用程序等全栈 AI 技术的公司之一。创始人李彦宏拥有“超链分析”技术专利，也使中国成为包括美国、俄罗斯和韩国在内的，全球仅有的 4 个拥有搜索引擎核心技术的国家之一，百度每天响应来自 100 余个国家和地区的数十亿次搜索请

* 课题组成员及执笔人：郑漾，中华环保联合会 ESG 专业委员会委员，河南省企业社会责任促进中心副理事长、常务副主任，研究方向为企业 ESG 案例开发、推广、传播；郭莹莹，中华环保联合会 ESG 专业委员会委员、全联正道（北京）企业咨询管理有限公司 ESG 研究部副主任，研究方向为企业信息披露、ESG 报告编制。报告在企业提供材料的基础上编辑完成。

求，是网民获取中文信息和服务的最主要入口。

基于搜索引擎，百度演化出语音、图像、知识图谱、自然语言处理等人工智能技术，近 10 年百度在深度学习、对话式人工智能操作系统、自动驾驶、AI 芯片等前沿领域不断深耕，成为一个向社会提供“国民级百度移动端 App 矩阵”、“云智一体”百度智能云、“自动驾驶 & 智能交通解决方案”等产品和服务的领先 AI 公司。

截至 2022 年底，百度拥有员工总数为 41300 人。2022 年，全年总营收为 1236.75 亿元人民币。

表 1　2021~2023 年百度获得的荣誉

获得荣誉	获得时间（年份）
福布斯 2023 年度 ESG 启发案例	2023
可持续发展经济导刊评选的“金钥匙 · SDG 领跑企业”	2023
入选标普全球《可持续发展年鉴（中国版）》年鉴	2023
21 世纪“活力 · ESG”绿色发展案例	2023
首批个人信息保护影响评估专题工作试点	2023
NVDB-CAVD 技术支撑单位	2023
联合国可持续城市服务杰出贡献企业	2022
福布斯中国 ESG50 企业	2022
2022 年数字科技企业双化协同典型案例	2022
COP27《全球可持续发展商业案例库：绿色低碳典范案例》	2022
彭博绿金先锋奖	2022
2022 年绿色发展创新企业	2022
第六届全球企业社会责任峰会“SDGs 杰出贡献企业奖”	2022
北京市工商联 2022 年北京市民营企业社会责任榜百强榜单（第六名）	2022
入选全国工商联《2022 中国民营企业社会责任优秀案例名单》	2022
2021 年度“护脸计划”突出贡献单位	2022
可信人工智能案例	2022
护童计划优秀案例	2022
数据安全共同体计划积极成员单位	2022
中国网络安全产业联盟 2021 年度数据安全工作先进单位	2021
首批“数据安全治理能力评估”优秀级证书	2021
碳中和数据中心引领者（5A 级）	2021

二 ESG实践

（一）完善数据治理，保障用户隐私安全

安全、合规是百度业务的基因。百度以“不辜负每一份信任”为承诺，坚持把用户放在首位、坚守安全底线，在建立完善的安全管理体系的同时，不断升级安全领域的技术和产品，助力行业安全生态共建。

1. 完善管理架构

百度成立数据管理委员会，提升对数据管理的监督能力，并制定数据管理办法，明确数据治理及数据安全各项活动的标准和规范。制度上，百度披露《百度隐私政策总则》，并制定《百度数据安全策略》。

2. 提升安全技术

百度通过AI等技术，强化个人信息保护的技术内核，通过事前防范、事中保护和事后追溯，全方位保障用户数据安全；创新“隐私计算”技术，打破数据孤岛，让数据在保护隐私的前提下进行深度学习运算；推进AI安全产品化，赋能生态伙伴，帮助伙伴提升数据安全防护水平及合规性。此外，百度坚持对员工开展数据安全培训，实施合规承诺，确保每一名员工和合作伙伴准确理解数据保护合规的要求，严格执行数据保护制度和流程。

3. 坚守隐私保护底线

百度始终遵循“知情同意、最少够用、用户体验、安全保障”四大隐私保护原则，为用户提供优质体验，并保障用户对个人信息的知情权、选择权等权益。针对不同产品，百度搭建“百度隐私平台”，分别披露具有个人信息收集功能的第三方Software Development Kit（“SDK”）共享个人信息的情况，承诺尽到审慎义务，努力保障用户信息安全。

4. 赋能行业发展

百度积极推动行业和社会提升安全保护意识和标准化水平。截至2022

年，百度累计跟进安全相关标准 320 项，并在 2022 年参与近 200 项安全方面标准的制定工作。此外，百度积极与外部合作，牵头或参与多项白皮书、蓝皮书、研究报告的编写工作。技术上，百度人脸活体检测系统（V2.0）成为首批通过可信人脸评估的系统；百度点石联邦学习平台通过了中国金融认证中心（CFCA）多方安全计算测评，并成为国内首家同时通过“基于多方安全计算的数据流通产品技术要求和测试方法”“可信数据流通平台”两个测试的大数据平台。

（二）发力平台内容治理，营造健康网络环境

百度牢记社会责任，搭建完善的内容治理管理体系，借助领先的 AI 技术营造清朗健康的互联网内容生态。

1. 作为联合国全球契约签字方，百度承诺遵循十项原则，制定《百度人权制度》，邀请合作伙伴共同遵循；在内容生态治理方面，百度构建了个人赋权、平台责任与国家监管的权益平衡机制，主动、切实落实内容治理方面的人权保障，营造健康良好的互联网环境。

2. 百度根据经营地、提供产品或服务所在地等所有适用的法律法规，遵循国际准则，治理平台内容。百度积极促进健康、多元的信息流通，支持内容创作者及用户的权益。同时，百度积极承担平台的社会责任，依托 AI 技术，快速识别和捕捉危害信息并在第一时间启动报告机制，整个报告流程在符合百度数据安全和隐私保护的要求下进行。

3. 百度积极履行公共内容治理的使命和平台责任，通过人工巡查与 AI 技术并用，持续打击错误/虚假信息、诋毁/仇恨/歧视言论、儿童性虐待等网络有害信息，开展多类专项治理行动，积极维护健康网络环境，并定期发布信息安全综合治理数据。2022 年，百度通过人工巡查清理有害信息 6952.4 万余条，通过机器大数据挖掘打击有害信息 584.9 亿余条，累计拦截全网各类恶意网站触达用户 778 亿次，拦截涉诈网站及 App 2700 万次，日均保障公民个人信息免遭恶意披露 22 万次。

（三）坚守人工智能伦理，打造负责、可持续AI

百度相信人工智能给行业和社会带来的变革，最终是为了服务于人，建立完善的人工智能伦理规范，处理好科技与人文的关系，让技术造福人。

1. 百度创始人李彦宏提出“Al伦理四大原则”，即AI的最高原则是安全可控，AI的创新愿景是促进人类更平等地获取技术和能力，AI的存在价值是教人学习，让人成长，而非超越人、代替人，AI的终极理想是为人类带来更多自由与可能。

2. 百度遵循“AI伦理四大原则”，从源头打造负责任的产品和设计，积极筹建科技伦理委员会。

3. 百度致力于在技术和产品中持续探索AI可解释性、透明性和公平性。例如，百度构建了完整异构数据集和AI开放平台，让每个人平等便捷地获得技术能力，促进AI公平。此外，百度也努力规避信息茧房问题，不断改进推荐策略，打破信息孤岛，致力于为用户呈现更为广阔的世界。

4. 百度参与制定行业标准，包括近100项AI安全与伦理标准，覆盖算法、隐私保护、深度学习、自动驾驶、智能终端、系统服务诸多方面。

三　成效与启示

百度为提升产品质量进行的探索和技术创新赢得了广泛的认可和赞誉。用户、行业和国家对百度的贡献给予了高度正向反馈。

1. 用户认可

2023年第一季度，百度App的月活用户量达到6.57亿，同比增长4%。据Statcounter，百度桌面搜索4月中国区市场份额为39.64%，位列第一。根据IDC和Canalys的数据，2022年小度在中国智能显示器出货量和智能音箱出货量中排名第一。

2. 行业认可

百度云及小度分别获得ISO 27001、ISO 27017等数据安全相关行业认证；百度积极与外部合作，编写《隐私计算白皮书 2022》《可信隐私计算研究报告》等；百度积极参与中国网络空间安全协会、隐私计算联盟等 50 多个产业联盟。

3. 资本市场认可

百度在 MSCI 百度隐私与数据安全议题排名全球行业第四，在 S&P Global 企业可持续发展评估（CSA）的内容责任议题排名全球行业第六。2022 年，百度集团-SW（09888）获纳入恒生指数成分股。

4. 国家权威认可

百度成为首批获中国信息通信研究院的数据安全治理能力等级证书优秀评级企业之一；百度隐私态势感知系统、联邦计算产品等多个产品及解决方案入选国家工信安全中心报告；2022 年，百度获得了“护童计划优秀案例”、数据安全共体计划活跃协助单位等 18 项安全领域荣誉奖项。

百度在产品安全治理方面取得的成效为广大用户提供了更加可靠和安全的产品和服务，同时展现了百度在产品安全治理方面的示范性、创新性和可推广性。

（1）完善管理架构，将 ESG 理念融入业务发展。百度将技术、业务、雇员的可持续发展作为 ESG 管理目标，从宏观环境和业务实践中总结经验，并通过利益相关方反馈，不断优化 ESG 管理模型及工具，助力业务可持续运营。

（2）利用自身优势，创新安全技术。通过 AI 创新技术赋能数据安全及平台治理，为行业数据安全技术提供借鉴，为市场提供优质的 AI 安全产品及服务。

（3）加强相关方互动，提升产品质量影响力。对内，百度围绕数据安全、产品质量等关键议题，通过跨业务体系的议题工作组，持续识别运营中的风险和机遇；对外，百度加强与评级机构、权威媒体、投资人和股东互动，针对性地输出百度技术与 ESG 影响力，助力公司持续创造经济价值和社会价值，回馈股东、用户、伙伴等利益相关方。

（4）赋能行业发展，共建良好互联网产品生态。百度于业界率先提出了 Security、Safety 和 Privacy 三大 AI 安全研究维度，从多维度探寻解决方案并实践落地，助力合作伙伴安全发展。

B.12
饮水思源，做可持续发展理念的搬运工

——以农夫山泉股份有限公司为例

课题组*

摘　要： 农夫山泉始终将可持续发展作为立身之本，对内不断完善社会责任管理，对外坚持立足自身企业特点，开展有特色的ESG实践。建立全产业链发展共同体，实现食品行业健康发展良性循环；注重加强生产经营各个环节的管理、监控，致力实现业务运营与自然生态相和谐；切实履行企业社会责任，积极吸纳就业、与员工共同成长、助力乡村振兴等。

关键词： 农夫山泉　ESG　可持续发展

一　企业简介

农夫山泉股份有限公司（以下简称"农夫山泉"）成立于1996年，是香港联交所上市企业、中国饮料10强之一，在中国包装饮用水市场连续多年保持占有率第一，茶饮料、功能饮料及果汁饮料均居中国市场前三位。除"农夫山泉"包装饮用水外，旗下创立"尖叫""维他命水""东方树叶""茶π""100%NFC""17.5°橙"等知名产品，均受到消费者广泛认同。

---

* 课题组成员及执笔人：郑漾，中华环保联合会ESG专业委员会委员，河南省企业社会责任促进中心副理事长、常务副主任，研究方向为企业ESG案例开发、推广、传播；郭莹莹，中华环保联合会ESG专业委员会委员、全联正道（北京）企业咨询管理有限公司ESG研究部副主任，研究方向为企业信息披露、ESG报告编制。报告在企业提供材料的基础上编辑完成。

农夫山泉长期坚持“天然、健康”的品牌理念，在全国前瞻性地布局了十二大水源地和两大农业种植基地，为包装饮用水和果汁产品提供天然原料，奠定了为消费者提供天然健康产品的基础，也带动水源地、原料产地所在区域快速发展，为食品饮料行业的高质量发展作出了积极贡献。

二　治理篇：夯实基础，创建可持续发展治理特色样本

作为国内食品饮料行业的领军企业，农夫山泉从创立至今，跟随国内快速发展的步伐，获得了经济成长和社会进步带来的发展机遇。农夫山泉始终将可持续发展作为立身之本，坚持立足自身企业特点，充分发挥自身优势，在产业链上下连接经销商、供应商、零售商，建立发展共同体，实现食品行业健康发展良性循环，以企业带动行业、水源地和产地以及社会的共同发展。

农夫山泉高度重视可持续发展组织和管理体系建设，公司设立了直属董事会管理的公共政策与可持续发展办公室，负责统筹规划和推进公司社会责任工作。同时，农夫山泉已形成由董事会把握方向，公共政策与可持续发展办公室牵头，各职能部门与附属公司深度参与执行的三级企业社会责任管理模式，并取得了良好的成效。

在集团整体政策引领方面，农夫山泉依据各利益相关方的诉求和识别出的可持续发展实质性议题确立并于公司官网公开以《可持续发展政策》为统领的一系列可持续发展公共政策，为引导和推动农夫山泉的可持续发展提供了保障，也同时向价值链内合作伙伴提供了借鉴与参考。

在环境议题方面，农夫山泉制定了《环境气候变化政策》与《包装材料可持续发展政策》，明确公司在环境可持续发展方面的工作原则。

在社会议题方面，农夫山泉发布了有关员工聘用及发展、职业健康与安全、供货商健康安全与环境影响、产品责任以及社区投资的政策。

在管治方面，农夫山泉制定和发布了《反贪污政策》和《举报政策》，

保障公司的合规运行与廉洁管理。

截至2023年，农夫山泉已连续三年发布可持续发展报告，向社会展现公司可持续发展相关成果，总结并推广良好的企业运营实践，取得了良好的传播效果，得到利益相关方、投资者和各社会力量的高度认可。2022年，农夫山泉作为国内唯一包装饮用水及饮料行业代表，入选《中国民营企业社会责任优秀案例（2022）》，展现民营企业立足自身产业，践行社会责任的高质量发展之路。同时，农夫山泉探索绿色发展新模式，低碳转型的良好实践以“Leading the charge towards reduced emissions in China”为题呈现在国际顶尖学术期刊《自然》（Nature）2022年12月刊中。2023年，农夫山泉入选标普全球（S&P Global）《可持续发展年鉴2023（中国版）》及获颁“饮料行业最佳进步企业”称号，体现了农夫山泉在ESG领域的持续深耕，长期的责任经营和履职成效。

表1　农夫山泉2022年度治理成效

农夫山泉2022年度治理成效	营业收入332.39亿元人民币
	归属于上市公司股东的净利润84.39亿元人民币
	基本每股收益0.76元/股

三　产业篇：引领行业，推动食品饮料产业高质量发展

（一）引领品质升级，以技术提升茶饮天然健康价值

茶是地地道道的国饮，但在十几年前，茶饮料在中国市场上远不如可乐、咖啡等舶来品。除了市场不成熟，主要因为瓶装茶饮要想保留原本风味，对原料和工艺的要求极高，当时的茶饮以含糖茶的方式出现，是因为可以用甜味覆盖口味上的缺陷。

为了做好传统中国茶，农夫山泉研发团队在国际先进技术的基础上做了进一步革新，引进建设了国内首条 Log6 级别的无菌生产线，其标准严苛至生产 100 万瓶饮料不能有 1 瓶被微生物污染。为了避免高温状态下茶饮料风味的丧失，农夫山泉采用了无菌冷灌技术，通过料液、环境、包装三道高标准无菌生产，使得茶饮料无须热灌灭菌，极大程度保留了茶汤的口感和营养，口味还原传统的中国茶饮。

图 1　“东方树叶”生产采用 Log6 级别的无菌生产线

在技术创新的基础上，农夫山泉推出了“东方树叶”系列无糖茶产品。“东方树叶”在不添加防腐剂、稳定剂、色素和香精的前提下，茶汤能够存放数月而不改变原有品质，开创了“0 糖、0 脂、0 卡、0 香精、0 防腐剂”的“5 个 0”茶饮新标准。同时，农夫山泉从 2011 年开始至 2022 年陆续申请了近 30 件与“无菌技术”相关的专利，保有量和价值远高于行业平均水平。

因为高品质的产品和农夫山泉的长期坚持，越来越多的消费者认识到了无糖茶的价值，“东方树叶”逐步成为年轻人的时尚饮品，带动了整个无糖茶饮料市场的飞速扩大。2023 年上半年，农夫山泉茶饮料板块（含“东方

树叶”“茶 π”）营收高达 52.86 亿元，同比增长 59.8%。

在农夫山泉的带动下，饮料行业也纷纷开启技术升级，将无菌生产线应用于行业产品，为消费者提供更好口感、更少防腐剂的饮料产品，提升行业品质，进一步提高了为消费者提供高品质产品的标准。

（二）创新驱动发展，推动赣南脐橙加工产业化发展

我国江西赣南脐橙是世界范围内优质的鲜食橙品种，但由于脐橙里的天然化合物在果汁加工时会转化成柠檬苦素，每年赣南脐橙集中上市时以鲜食为主，产业附加值较低。而国内果汁饮料大多进口巴西、美国的浓缩甜橙汁，经浓缩运输到国内加水复原而成，不仅营养价值大大降低，橙汁的风味也难以保留。

农夫山泉经过多年研究，于 2014 年开发出包括“榨汁装备与压榨技术”在内的七大核心工艺，可去除绝大多数脐橙中的柠檬苦素。通过 10 年时间自主形成了 100%NFC 果汁鲜果冷压榨技术。2016 年，农夫山泉推出了世界第一款脐橙橙汁——17.5°100%鲜果冷压榨果汁。这是一款以赣南脐橙为原料的非浓缩还原（NFC）果汁，保留了脐橙鲜食的良好风味，上市后广受消费者欢迎。

图 2　农夫山泉 100%NFC 生产技术解决榨汁苦味难题

农夫山泉不断将创新技术推广，带领脐橙产业转型，共取得国家发明专利、实用新型专利 2 项；主导建立江西省地方标准 DB 36/T 1221—2019《100%非浓缩还原（NFC）橙汁生产技术规范》、农业部行业标准 NY/T 3907—2021《非浓缩还原果蔬汁用原料》、NY/T 3909—2021《非浓缩还原果蔬汁加工技术规程》等一系列标准，以标准化、规范化促使产业转型。

农夫山泉在果汁产业的长期投入，促使国内脐橙产业实现了从简单初级农产品向高附加值果蔬汁深加工领域发展的转变，通过科技创新使国内脐橙果汁快速发展，为消费者提供天然健康的果汁产品。

表 2　农夫山泉 2022 年度产业发展成效

<table>
<tr><td rowspan="6">农夫山泉 2022 年度产业发展成效</td><td>研发支出 2.77 亿元人民币</td></tr>
<tr><td>全职研发人员 122 人</td></tr>
<tr><td>持有有效国内专利数量 363 件</td></tr>
<tr><td>无糖／低糖、无钠／低钠、无脂肪／低脂产品销售重量占比:85%以上</td></tr>
<tr><td>产品全年国家抽检合格率达到 100%,第三方体系审核获证率达到 100%,0 起因产品安全与质量问题发生的召回事件</td></tr>
<tr><td>食品安全与质量相关培训总时长 66419 小时</td></tr>
</table>

四　环境篇：和谐自然，推进水源地绿色运营

（一）绿色发展，做水源地不留痕迹的搬运工

20 余年来对水源和森林的探索，让农夫山泉保持了对大自然的敬畏，每一座农夫山泉工厂在设计时都充分考虑与周边环境的和谐。在运营中，农夫山泉特别注重加强对取水、用水、污染物和温室气体排放等各个环节的管理、监控，致力于实现业务运营与自然生态相和谐。截至 2022 年底，农夫山泉及其下属所有生产性工厂已全部获取 ISO14001 环境管理体系审核认证。

在可持续用水方面，农夫山泉在整个生产价值链中开展水资源管理，持

续对水源地附近生态环境、水源质量进行监控，将运营对生态的影响降至最低。同时，农夫山泉积极实施循环利用水资源，在生产过程中开展冷凝水回收、水资源三级利用和中水回用等项目，减少了生产用水量。

在低碳节能方面，农夫山泉各工厂在运营时充分考虑节能低碳，在加热、冷却工艺过程设计有余热利用、预冷却等工艺，降低蒸汽和冰水消耗。此外，农夫山泉各工厂也因地制宜采用低碳的用能方式和节能的储运方式。在主要水源地利用当地铁路优势，产品生产下线即运送至铁路车厢中，相比公路运输减少仓储和运输的能耗及温室气体排放。

案例 1：因地制宜，使用绿色清洁能源

农夫山泉河源工厂根据广东当地日照强度高、天数多的特点，在厂房安装光伏发电系统，年发电量可达 272 万千瓦时，大幅降低碳排放。同时，农夫山泉位于东北的工厂，积极利用当地自然资源优势，使用生物质燃料产生热能以供两个工厂的生活供暖及生产，年消耗生物质燃料 2000 余吨，大幅减少温室气体排放。

图 3　农夫山泉广东河源工厂有效利用太阳能资源

在资源循环利用方面，农夫山泉积极开展废弃物循环利用行动，探索消费端包装回收机制，建立了 PC（聚碳酸酯）类塑料包装材料回收处理机制，形成PC大桶水包装“工厂—水站—消费者”的闭环回收链条。2022年，公司将生产过程中淘汰的部分废塑料提供给合作方重新制成文具水笔，实现废物资源的高值化利用。据估计，每只报废19LPC桶可制成约156支笔杆，减少1825克碳排放。

（二）心系水源，坚持水源地保护与环保教育

自2014年以来，农夫山泉积极投入研发水源地研学课程，在全国建有水文化科普教育基地、国家水情教育基地共计15座。各教育基地以“天然、健康”为方向，将食品工业生产参观与水源地环境保护体验相结合，培养来访者对饮水健康知识、水源地保护的科学认知。截至2022年底，农夫山泉各大教育基地已累计接待300余万人次，全国约有100万名学生体验了“寻源水文化研学课程”，为水情教育以及饮水健康理念的传播做出了贡献。

农夫山泉科普教育团队还主动走出工厂，将水源地环境保护、科学饮水、食品安全等知识搬运至校园和社区，2022年在全国义务进行了超过3万场教育活动，影响300余万人，将健康的生活观念传递给社会，助力实现“健康中国”的目标。

案例2：“寻源水文化研学课程”入选联合国可持续发展精品课程项目

农夫山泉积极响应联合国可持续发展目标，将农夫山泉“寻源水文化研学课程”融入联合国可持续发展教育区域专业中心“培育地球公民”教育课程集。

农夫山泉聚焦联合国可持续发展目标（SDGs）12“负责任消费和生产”，展示农夫山泉进行水源保护与可持续水资源利用的良好实践。学生可以通过探索包装饮用水的水源与生产过程，了解水源地、水文化、人类活动和生态环境之间的相互联系，在现实生活的应用中培育可持续发展理念。

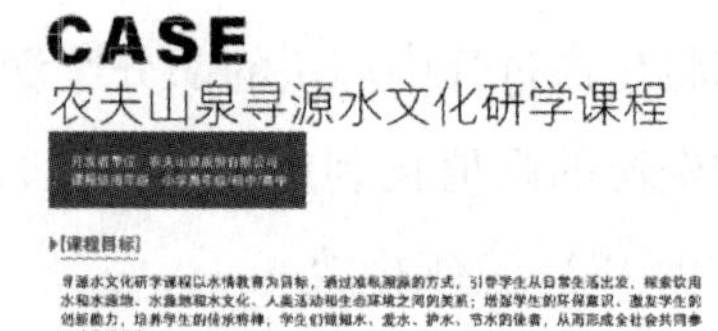

图4　农夫山泉入选联合国《培养地球公民》可持续发展教育课程

表3　农夫山泉2022年度环境成效

农夫山泉 2022年度 环境成效	相比2019年,2022年农夫山泉温室气体排放强度下降11.9%,达到0.0431吨二氧化碳当量／吨合格产品产量;综合能耗强度下降4.9%,达到0.0117吨标准煤／吨合格产品产量
	相比2020年,2022年农夫山泉用水强度下降12.7%,达到1.86吨取水量／吨合格产品产量
	水和饮料产品可回收塑料包装材料占比99%
	减少食品浪费约52884吨

五　社会篇：饮水思源，以公益回馈消费者和水源地

（一）兴工建业，为水源地及原料产地发展注入活力

农夫山泉至今在全国布局了12大水源地和两大种植基地，通过兴建工厂、培育供应链、吸纳就业等方式，为当地经济注入活力。

饮用水及饮料产业是具有长期稳定发展特点的民生产业，也是环境负担较小、吸纳就业人口较多的优质产业。农夫山泉在自然环境优美、工业开发相对较少的各大水源地和原料产地布局产业，可快速将当地优质自然资源转化为经济发展动力，同时培育一批高质量的产业工人，促进水源地和产地发展。

此外，农夫山泉积极开展教育扶贫，并吸引学成人才回归水源地。自2014年开始，农夫山泉与湖北轻工职业技术学院共办“农夫山泉班”，每年为工厂水源地提供近百个名额，毕业后直接分配至家乡农夫山泉工厂入职，体现出“毕业即就业，就业在家乡”的人才培养特色。截至2022年末，“农夫山泉班”已培养出6届毕业生，近500名同学已奔赴北起吉林长白山、南至广东万绿湖的各大水源地就业，不仅为农夫山泉提供了一大批极具潜力的技术骨干和专业人才，也为这些同学的家乡提供了发展前进的原动力。

在产业上下游，农夫山泉在保证质量的前提下，尽量就近开发本地供货商，以帮扶本地企业，坚持与供应商合作共赢，同时抵御运输和供货周期风险。

案例3：培育本地供应商产业上下游共同发展

农夫山泉一家位于湖北省的本地供货商，其主要负责人是一位残疾人。在合作过程中，农夫山泉积极给予对方产品质量管理方面的指导，该企业规模也随着双方的合作逐步壮大。

成效：随着合作的不断深入，农夫山泉的业务已占该供货商销售额的90%左右，其每年业绩从合作之初的不足百万元，到现在提高了几十倍。

（二）助力“三农”产业，以产业发展推动乡村振兴

农夫山泉在赣南多年种橙，助力“三农”产业，指导农户科学种植，打造集约化、品牌化、标准化的脐橙产业，推动当地脐橙种植绿色转型，助力赣南乡村振兴和精准扶贫。

在过去，果农的收入与当年的脐橙品质、供求需要有很大关系，收入不确定，常常面临“增产不增收”的局面。农夫山泉进入赣南以来，形成了“产业园+农户+企业”新型现代化农业模式，当地农户在农夫山泉专家的示范与指导下进行专业种植，积极性大大提高，脐橙的产量和质量都得到了质的提升，合作果园的规模逐年扩大。

农夫山泉在江西信丰县打造了中国赣南脐橙产业园，被评为首批国家现

代农业产业园、国家 4A 级旅游风景区、江西省省级工业旅游示范基地。该项目囊括高标准脐橙种植示范园、脐橙文化博览馆、玻璃温室种植园和网室种植园等，为当地脐橙提供果蔬培养、育种育苗、技术示范、虫害防治等研究服务，形成了脐橙种植、加工、销售、旅游的全产业链产业集群，有效带动了当地脐橙产业的整体发展和居民就业。

图 5　农夫山泉赣南脐橙产业园

（三）企业与员工共同成长

作为饮用水及饮料的龙头企业，农夫山泉在全国各地直接吸纳 2 万余名员工就业，同时也带动了供应商、经销商、零售商等工作岗位，切实履行促进就业的企业社会责任。农夫山泉以“人才是公司持续发展原动力”为理念，致力于为员工提供公平公正的职业发展机会、内部晋升途径和能力提升平台。建立了完善的员工福利保障体系和职业健康与安全制度，通过福利与关爱增强员工工作积极性、认同感和归属感。

同时，农夫山泉为公司员工及其家属推出“大病医疗救助/慰问计划”，当公司员工及其直系家属发生重大疾病时，农夫山泉公司将给予医疗救助金或家属关爱慰问金。农夫山泉坚持与员工持续努力，从点滴做起、坚定利他之心，共同建设更有温度的文化氛围。

表 4　农夫山泉 2022 年度社会成效

农夫山泉 2022 年度社会成效	员工人数 22490 人
	员工年培训总时数 544258 小时
	员工志愿者活动时数 87614 小时

未来，农夫山泉将践行可持续发展理念，继续把责任经营融入企业的发展使命中，进一步通过科技创新助力行业品质升级、积极推广大众科普教育、关爱员工、持续助力乡村振兴、促进社区发展等社会事业，为高质量健康发展再发新力、再立新功。

B.13

创造价值，服务社会

——以牧原食品股份有限公司为例

课题组*

摘　要： 牧原聚焦猪肉食品产业，结合公司业务和各利益相关方诉求，从食品安全、绿色低碳、合作共赢、员工关怀、社会公益五个方面，建立“五坚持”社会责任战略，在战略层面规范企业社会责任工作，持续完善ESG管理体系，推进ESG实践，促进经济效益、生态效益、社会效益同步提升，全面推进可持续发展。

关键词： 牧原食品　ESG　社会价值

一　企业简介

牧原食品股份有限公司（以下简称“牧原”或“公司”）始创于1992年，于2014年1月在深交所上市，总部位于河南省南阳市。公司历经30余年发展，现已形成集饲料加工、种猪育种、商品猪养殖、屠宰肉食于一体的猪肉产业链。其中，养猪业务遍及全国24省区103市217县（区）。截至2022年末，公司已有全资及控股子公司288家，员工14万人，总资产达1929亿元。2022年，公司实现营业收入1248亿元，净利润149亿元。

---

* 课题组成员及执笔人：郑漾，中华环保联合会ESG专业委员会委员，河南省企业社会责任促进中心副理事长、常务副主任，研究方向为企业ESG案例开发、推广、传播；郭莹莹，中华环保联合会ESG专业委员会委员、全联正道（北京）企业咨询管理有限公司ESG研究部副主任，研究方向为企业信息披露、ESG报告编制。报告在企业提供材料的基础上编辑完成。

牧原秉承“让人们吃上放心猪肉”的愿景，致力于为社会生产安全、美味、健康的高品质猪肉食品，提升大众生活品质，让人们享受丰盛人生。2022 年，出栏生猪 6120.1 万头，出栏规模全球第一。2023 年 1~8 月，出栏生猪 4163.6 万头。

牧原延伸产业链，积极向下游布局屠宰板块，做到猪肉食品安全、可知、可控、可追溯。目前，已成立 26 家屠宰子公司，屠宰肉食业务遍及 11 省区 22 市 26 县（区）。其中，10 家屠宰厂已投产，设计产能合计 2900 万头/年，猪肉销售覆盖 20 省区 67 市。

图 1　牧原肉食厂区

二　治理篇：完善公司治理，强化合规管理

牧原坚持合规运营，不断优化公司治理体系和运行机制，提高公司可持续发展能力。在董事会层面，设立由董事长担任主任委员的可持续发展委员会，统筹监督管理企业可持续发展相关工作。董事会成员在性别、年龄、教育背景、专业技能、国籍等多方面呈现多元化特征，含 6 名男性、1 名女性，具备技术、管理、法律、财务等多种专业背景，能够从不同方面对公司经营及未来发展提出专业建议。

牧原是 A 股养殖板块首个设立可持续发展委员会的上市公司，也是业内首个公布绿色低碳行动报告的上市公司。

牧原积极履行信息披露义务，不断优化信息披露管理。截至目前，已连续 10 年发布社会责任/ESG 报告，系统、全面、有针对性地披露企业在环境、社会和公司治理方面的履责实践和成效；在公司官方网站设立社会责任专栏，披露可持续发展和社会责任履行情况；通过微信公众号推送、线下寄送、英文版报告发布、与评级机构交流、媒体传播等方式，增加受众的信息触点，增进利益相关方的了解，让全社会了解、认知、认可牧原。

牧原结合 GRI 标准、国内外 ESG 评级指标和自身业务特点，建立符合企业自身特点的 ESG 信息披露体系，切实履行信息披露义务，推进 ESG 信息披露标准化，将 ESG 融入业务实践，促进管理提升，促进行业绿色可持续发展。此外，牧原 ESG 指标采取关注重点、动态调整的原则，与时俱进，持续更新，让 ESG 信息披露更翔实、更深入。

牧原先后获得“2020 年第六届中国畜牧行业先进企业——装备技术创新企业”“2020 年河南省科技进步一等奖”“2020 年度河南省科学技术奖”“河南省节能减排科技创新示范企业”“2018～2020 年度河南省畜禽养殖废弃物资源化利用技术创新特别贡献奖” “2022 年全国农牧渔业丰收奖”“2023 年中国民营企业 500 强”等荣誉称号。

三　环境篇：环保技术升级，助推可持续发展

牧原集团历经 31 年的探索，以“减量化生产、无害化处理、资源化利用、生态化循环”为原则，持续创新环保技术，提升环保标准，强化环境管理，大力发展“养殖—沼肥—绿色农业”循环经济模式，实现绿色低碳高质量发展，助力乡村振兴和美丽中国建设。截至 2022 年，公司累计投入 88.5 亿元用于养殖场环保设施建设，对运营过程中产生的废气、废水及固体废弃物严格管控，全年无重大环保事故。

牧原积极探索农业发展，将高效养殖和农业发展有机融合，通过因地制

宜推广水肥粪肥贮存还田技术模式，开展“猪养田，田养猪”生态化循环，将养殖过程中产生的废弃物变废为宝，实现高价值的资源化利用。搭建“测土配方、实验示范、农技服务、精准施肥、生态改良、环境评估”完整体系，成立农业服务站，推进农技服务落地，积极对农户进行作物种植、生产管理等技术培训，解决减化肥促生产的问题，助力培养新型农民，帮助农民实现减投增收。

牧原深入研究粪肥还田技术，积极推进生态恢复项目，开展盐碱地改良及沙漠化防治。截至 2022 年末，累计实现盐碱地改良 22.44 万亩，沙漠化治理 7.2 万亩，实现藏粮于地、藏粮于技。

公司遵守国家相关法规及环境影响评价的相关要求，履行企业责任，每年定期开展持续监测，通过采集地下水、土壤，测定污染物指标，判断水肥还田对生态环境的影响程度，及时发现场区运营中存在的环保问题，指导科学还田、风险预警、提前规避，确保生产运营不对当地产生负面影响。同时，通过对检测数据进行持续分析对比，建立全公司范围的环保数据库，指导公司环保运营。牧原致力于做好项目建设的全生命周期管理，采取相应的生物多样性和生态环境保护措施，确保最大限度减轻或消除影响。2022 年，牧原未发生任何危害生物多样性事件。

农业是生态产业，农村是生态系统的重要一环。我国力争于 2030 年前实现“碳达峰”，2060 年前实现“碳中和”，农业农村减排固碳，既是重要举措，也是潜力所在。牧原自创立伊始，始终坚持环境友好的经营方式，持续创新环保工艺技术，研发应用及推广一系列技术、管理措施等。牧原成立可持续发展委员会，下设碳资源管理团队，制定企业低碳发展行动纲领，全面评估猪肉产业可持续发展生态，推动行业绿色低碳发展。2022 年，牧原碳减排量 410.29 万吨 CO_2-eq，公斤肉碳排放强度仅为 0.998 千克 CO_2-eq。

基于国家的“双碳”目标，牧原持续创新工艺技术升级，降低生产运营过程中的碳排放量。积极开展节能降耗管理工作，推进资源高效利用，推行清洁生产，提升厌氧效率与沼气利用，利用养殖废水产生的沼气替代天然气及电力使用，降低传统化石能源消耗强度；推进分布式光伏项目，利用猪

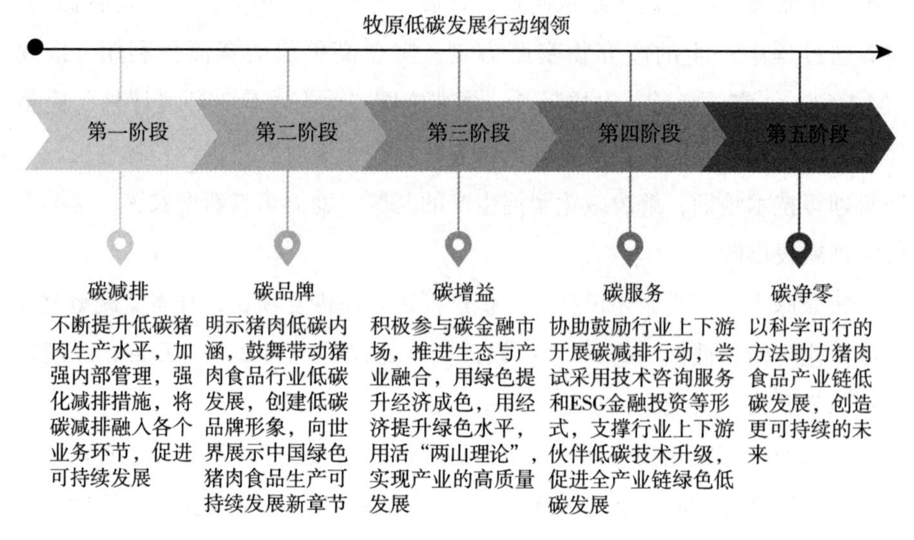

图 2　牧原低碳发展行动纲领

舍屋顶大力发展光伏发电，加大太阳能利用；持续采用自主研发的无供热猪舍，回收利用猪舍排风热量，减少化石燃料燃烧产生的温室气体。多措并举，构建可持续发展的绿色新格局，以生态循环为核心理念，创建独特的牧原环保模式。

牧原坚守“创造价值，服务社会，内方外正，推进社会进步”的核心价值观，公开废气净化技术方案，向行业推广核心研发技术，帮助同行降低猪肉温室气体排放水平。2022 年河南省农业农村厅、生态环境厅联合发文推广牧原猪舍废气净化成套技术工艺，要求 2025 年全省大型规模化养殖场氨排放总量比 2020 年下降 5%。

表 1　牧原 2022 年度低碳成效

2022 年牧原低碳成效	无供热猪舍： 牧原猪舍 100%配套应用热交换系统，2022 年完成猪舍热交换系统升级 4055 个单元，覆盖生猪出栏规模 332.4 万头。相较于传统猪舍使用化石燃料供热的模式，每平方米的无供热猪舍可节省 35.4 千克标煤；2022 年相当于减少标煤使用 28.58 万吨，减排温室气体 76.02 万吨 CO_2-eq

续表

2022年牧原低碳成效	废气净化： 当前所有场区已完成灭菌除臭系统升级改造，通过集气室将舍内出风统一收集，废气经过除臭墙循环装置后，达到出风洁净无臭的目的。灭菌除臭系统，对生产养殖过程中产生的废气进行管控，可达到氨气去除率97.3%，2022年累积减少氨排放2.37万吨，相当于减排温室气体11.10万吨 CO_2-eq
	废弃物管理： 2022年利用沼气2531.9万立方米，节省天然气1519万立方米；公司累计有69个沼气利用项目完成建设并投入运营，2022年新建沼气工程13个，沼气发电工程5个，累计装机容量9兆瓦，年最大可发电量4354万度，可减排温室气体2.53万吨
	种养循环： 2022年，粪肥施用面积526万亩；减投增收年均合计295.06元/亩；改良盐碱地面积22.44万亩；沙漠化防治面积7.2万亩；土壤固碳总量148万吨 CO_2-eq；每出栏一头猪土壤固碳量为27.42千克 CO_2-eq
	光伏发电： 牧原自主建设分布式光伏发电总装机容量20.8兆瓦，年最大发电量2100万千瓦时，可实现温室气体减排1.22万吨，相当于5000亩森林每年的固碳总量

四　社会篇：勇担社会责任，推进社会进步

（一）科技赋能养猪，创新引领发展

牧原高度重视科技创新，积极促进传统产业高位嫁接。在智能研发应用方面，公司探索、研发并应用智能环控、智能饲喂、智能屠宰等多种智能化设备；在产学研融合方面，牧原主导建设河南省智慧养猪技术创新中心，与西湖大学、河南农业大学等院校开展校企合作，共建产业研究院，探索前沿科技研发与应用，推进传统农牧业的数智化升级。截至2022年末，牧原已累计承担国家重点专项课题3项，获得河南省科技进步奖4项，申请国家专利2000余项。

牧原积极推广低蛋白日粮技术，将其无偿贡献给行业，助力行业高质量发展，共筑商业文明；坚持价值育种，以肉猪价供种，向社会低价提供优质种猪。2020~2022年，牧原共计向社会提供127万头优质种猪，不仅助力稳产保供，为百姓端稳“肉盘子”作出贡献，而且帮助客户降低引种成本，助力行业发展。

（二）融入乡村振兴，共建美好乡村

牧原全面主动融入国家乡村振兴战略，围绕产业兴、人才兴、文化兴、生态兴、组织兴，积极开展有益探索，让更多的企业和民众共享发展成果。在产业和人才方面，充分发挥龙头企业的产业带动优势，吸纳10余万名农民就业，积极推进高标准农田建设和订单农业，吸引4万名优秀大学生投身农业产业，并携手上下游企业共建产业生态，带动就业30余万人；在文化、生态及社区方面，累计投入12496万元促进乡村公共文化基础设施提档升级，为村民提供环境优美、安全便捷的居住环境。

图3　内乡高标准农田丰收

（三）投身社会公益，打造公益生态

牧原持续开展“聚爱助学”系列项目，覆盖25省区110市220县，资助大学生6万余人，中小学生54万人次，奖励优秀教师2.6万人次；捐赠9亿元股权支持西湖大学发展；捐赠1亿元用于郑州、周口、新乡等灾情严重地区的防汛救灾；捐赠2亿元助力新冠疫情防控，用实际行动彰显新时代民营企业的担当。

（四）携手合作伙伴，共筑商业文明

牧原致力于构建可持续供应链，通过践行负责任采购、发布《供应商行为准则》等措施，传递可持续发展理念及要求，引导合作商将可持续发展纳入业务战略，提升全产业链的可持续发展水平，为社会创造价值，共同推进商业文明。

（五）带动社会就业，支持员工发展

猪-屠宰全产业链发力，充分发挥民营企业的积极作用，直接创造就业岗位14万余个，助力共同富裕；员工持股累计惠及1.3万余人次，与员工共享企业发展成果。截至2022年12月，牧原累计吸纳1.8万余名退役军人，其中400余人走上各级管理岗位，800余人成长为优秀工程师。

创造价值是企业发展的本源，服务社会是企业的根本。未来，牧原将继续坚守为大众生产安全健康猪肉食品的初心，踔厉奋发，勇毅前行，不断提升ESG管理，促进经济效益、生态效益、社会效益同步提升，助推企业、行业和产业可持续发展，助力中国从养猪大国迈向养猪强国。

B.14

诚勤朴慎，善行致远

——以龙湖集团控股有限公司为例

课题组*

摘　要： 龙湖集团坚持走可持续发展道路，从责任管理、绿色人居、智慧城市、美好家园四个方面推进ESG体系建设与绩效表现。完善公司ESG管治架构，持续提升公司ESG治理水平，践行绿色、低碳的发展理念，积极应对气候变化，布局低碳产业发展，竭力做到善待环境、善待客户、善待员工、善待社会，以“善”共赋美好未来。

关键词： 龙湖集团　ESG　可持续发展

一　企业简介

龙湖集团控股有限公司（以下简称“龙湖集团”）1993年创建于重庆，发展于全国。2009年，龙湖集团控股有限公司于香港联交所主板上市，2021年被纳入恒生指数成分股，连续3年入选《财富》世界500强，连续13年位列《福布斯》全球企业2000强。

龙湖集团构建高质量发展模式，聚焦开发、运营、服务三大板块，形成

---

* 课题组成员及执笔人：郑漾，中华环保联合会ESG专业委员会委员，河南省企业社会责任促进中心副理事长、常务副主任，研究方向为企业ESG案例开发、推广、传播；郭莹莹，中华环保联合会ESG专业委员会委员、全联正道（北京）企业咨询管理有限公司ESG研究部副主任，研究方向为企业信息披露、ESG报告编制。报告在企业提供材料的基础上编辑完成。

“1+2+2”业务格局，发挥地产开发、商业投资、长租公寓、物业管理、智慧营造五大航道协同效应，实现一、二线高能量城市的全面布局。与此同时，龙湖持续提升各航道行活能力，实现经营性现金流为正的内生式增长，并不断优化提升资产质量，实现企业的可持续发展。

龙湖集团积极履行社会责任，作为恒生 ESG 指数成分股之一，在环境保护、社会责任、企业管治、公益慈善等方面屡获市场认可，连续两届荣获中国公益慈善领域的最高政府奖“中华慈善奖”，入选首届《福布斯》中国 ESG 50。

二　治理篇：诚勤朴慎，夯实责任管理

龙湖集团持续提升公司 ESG 治理水平，完善公司 ESG 管治架构，成立了董事会层面的 ESG 委员会，负责统筹管理 ESG 相关事宜。集团设立有 ESG 工作小组，联动公司各业务线及职能部门共同推动 ESG 工作的落实，并设置环境、社会及管治多维度目标，全方位、多层次地提升龙湖集团 ESG 管理能力。截至 2023 年 4 月，龙湖集团 MSCI ESG 为 BBB 级，Sustainalytics 为低风险评级，得分 15.2 分，为内地房企最优；GRESB 为绿色三星，披露评分为 A 等级。

为实现“善待你一生”的企业使命，龙湖集团以联合国 2030 可持续发展目标（SDGs）为指引，形成可持续发展战略的五大核心支柱，即“至善服务”“至善公益”“至善合作”“至善自然”“至善关怀”，并以“合规管理”和“可持续发展”为战略底座，夯实集团发展根基，推动企业实现永续绿色高质量发展。

2020 年，龙湖集团成立可持续发展（ESG）委员会，由独立非执行董事担任委员会主席，其他成员包括董事会主席、一名执行董事及两名独立非执行董事，协助董事会监督可持续发展的管理方针，充分保障 ESG 决策的平衡性和有效性。截至 2023 年，集团已连续三年编制并发布《龙湖集团 ESG 可持续发展报告》。

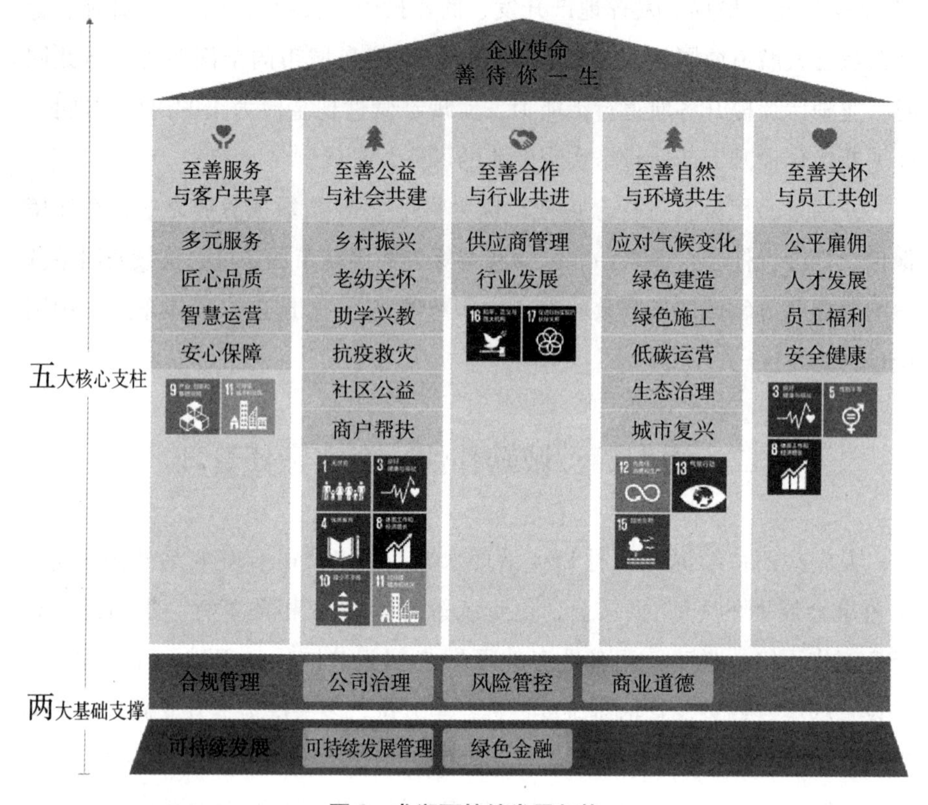

图 1　龙湖可持续发展架构

在持续推动可持续发展工作的进程中，集团高度重视与利益相关方的沟通交流，不断完善各项沟通机制，积极倾听利益相关方的声音、了解其关注点，及时收集整理各方反馈信息，并采取应对措施，满足利益相关方的合理期望与诉求。2020 年起，龙湖制定并发布《龙湖集团环境政策》《龙湖集团人权政策》《龙湖集团供应商行为规范》等可持续发展政策，与利益相关方共同践行可持续发展理念。

龙湖集团积极投身公益事业，于 2020 年成立龙湖公益基金会，结合自身优势开展了一系列具有龙湖特色的公益慈善活动，覆盖乡村振兴、老幼关怀、助学兴教、抗疫救灾、社区公益等多个领域，以实际行动诠释企业的责任与担当，与社会共建至善愿景。2021 年，龙湖公益基金会向清华大学教育基金会捐赠设立“清华大学龙湖基金”专项基金，助力清华大学学生创新创意培养、高层次人才激励、创新人才引进以及碳中和等国家战略前沿技术的探索。

龙湖集团践行绿色、低碳的发展理念，积极应对气候变化，布局低碳产业发展。集团从设计规划、建造施工、运营等各个环节，不断挖掘降碳空间，提升清洁能源使用比例，助力社会构建更舒适、更环保的生活空间。2021年，龙湖集团建立“双碳”团队，积极开展气候风险的识别与应对工作，推动“碳中和”目标的事项规划及落地，主动响应国家“双碳”目标。

三 环境篇：善待环境，打造绿色人居

龙湖积极响应国家号召，将可持续发展与建筑全生命周期相结合，秉承“低碳、绿色、健康”的发展理念制定实施策略，完成低碳绿色健康产品体系迭代，同时加大对超低能耗设计、低排放建筑、智慧运维等方面的探索，打造健康社区，实现低碳、绿色、健康发展的愿景，致力于成为业内领先的空间营造服务企业，树立健康人居典范。

高碑店市列车新城一期项目为新建住宅小区，位于高碑店高铁新城核心地块，京港澳G4高速出口与高碑店东站之间。项目规划用地面积13.46万平方米，总建筑面积44.13万平方米，建设场地用途及性质为住宅，建筑类别包括低层、多层、高层住宅及低层配套公建。其中住宅36.7万平方米，公建3850平方米实施超低能耗建筑。

该项目为全球范围内体量最大的超低能耗三星级绿色建筑园区，采用绿色智慧、海绵城市理念和近零能耗建筑技术体系，综合运用数字智慧技术、生态自然修复技术、新能源技术等多项国际前沿节能技术与理念。项目技术体系先进，节能减碳效果明显。

2017年，项目入选科技部“十三五”国家重点研发计划“近零能耗建筑技术体系及关键技术开发”项目示范工程。荣获中建联被动式超低能耗建筑联盟颁发的“被动式超低能耗建筑”标识证书；荣获国标绿色建筑最高等级三星级认证；获得2020年“全国绿色建筑创新奖二等奖”。

图 2　高碑店市列车新城一期项目鸟瞰图

（一）节能降碳效果

按照 GB/T51366-2019《建筑碳排放计算标准》的要求进行计算。建筑物碳排放的计算范围应为建设工程规划许可证范围内能源消耗产生的碳排放量和可再生能源及碳汇系统的减碳量。建筑运行阶段碳排放计算范围应包括暖通空调、生活热水、照明及电梯、可再生能源、建筑碳汇系统在建筑运行期间的碳排放量。项目年供冷供暖节约电能约为 198.7 万千瓦时。按照华北区域电网 CO_2 排放因子为 0.8843 千克 CO_2/千瓦时进行计算，项目年减排 CO_2 约为 1757.1 吨。按照项目使用寿命为 50 年计算，CO_2 总减排量约为 87855.2 吨。

（二）经济效益

该项目围护结构采用超低能耗绿色建筑技术体系，将建筑冷热负荷大幅度降低之后，采暖采用空气源热泵，项目年供冷供暖节约电能约为 198.7 万千瓦时，节能效益显著。按照每度电 0.5 元计算，年节约费用为 99.35 万元。

（三）社会效益

实施超低能耗绿色建筑，关注地球资源，保护环境，是对国家践行

“绿水青山就是金山银山”理念的积极响应。项目中建筑品质得到提升，能源效率获得提高，居住者获得更好的舒适性体验，更加契合人民群众对美好生活的向往需求，同时让节能减排的责任意识深入人心，减少资源消耗与环境污染，与环境和谐共生。

四　社会篇：善待公益，与社会共建

龙湖公益基金会响应国家政策，持续推进乡村振兴工作，为促进乡村教育提升、经济发展和人民生活幸福稳定贡献龙湖力量。

欣芽计划——困难地区大病儿童医疗救助

龙湖始终关注乡村儿童医疗问题。2022 年，龙湖“欣芽计划”持续聚焦困难家庭大病儿童医疗救助，为他们打造系统性解决方案，有效解决儿童大病医疗的五大核心问题，让大病儿童“早发现、早治疗，不出省就能看好病”。

截至 2022 年 12 月，“欣芽计划”已陆续在重庆、河南、云南、青海、深圳、浙江、上海等 20 余个省市落地，为超过 11200 名儿童提供义诊筛查服务，培训基层医务人员近 300 人次，救助大病儿童 436 人，组织志愿者开展 20 余场患儿回访活动。

湖光计划——县域教育帮扶

“湖光计划”聚焦乡村教育问题，以“教育管理者+教师+学生”为一体的闭环帮扶为基础，整合企业、名校及优质公益资源，通过管理赋能培训、名校跟岗、专家入校、学校发展资源支持等内容，全方位助力县域教育整体提升。

截至目前，“湖光计划”已助力四川、重庆、贵州等乡村振兴重点帮扶县的 32 所学校校长及领导班子领导力提升、216 名乡村教师专业能力发展以及 3422 名乡村学生素养改善。

展翅计划——青年职业发展

龙湖集团重视乡村青少年职业发展，开展了“展翅计划”职业教育项目。2021 年，龙湖公益基金会与重庆机械高级技工学校、重庆五一高级技工学校、重庆医药卫生学校等7所职校合作设立"龙湖展翅飞翔班"，通过设置奖助学金、开展心理健康及职业素养教育、支持实习就业等方式，帮助超2000名职校学生掌握一技之长，找到自己的职业道路。

2022年，龙湖公益基金会持续与高校开展交流与合作，促进人才引进与培养、教育改革与发展，为建设教育强国贡献龙湖力量。迄今，基金会已与清华大学、上海交通大学、浙江大学、同济大学、哈尔滨工业大学、华南理工大学、北京邮电大学、电子科技大学、武汉大学、华中科技大学、中国科学技术大学共11所重点高校展开合作，设置"龙湖奖学金""龙湖奖教金"等各类创新基金和活动基金，助力大学生实现自我价值。

溪流计划——乡村产业帮扶

2011年开始，龙湖"溪流计划"持续为乡村地区困难、残疾人群提供支持和帮助，改善其经济条件和生活状况。截至2022年，龙湖通过"创业基地帮扶+产业人才培养+助农平台"产业帮扶模式，已累计帮扶4121户残疾人家庭户均增收超1.5万元，巩固脱贫成果。

万年青计划——城镇老旧小区适老化改造

"万年青计划"城镇老旧小区适老化改造项目，整合龙湖空间建造及服务优势，通过社区公共空间改造、居家环境适老化改造、养老服务中心改造、社区关爱及志愿服务等措施，针对性解决社区环境老旧及功能缺失、居家环境适老化程度低、文化环境老年友好度低等实际问题，为老人提供更安全、方便、舒心的居住环境，助力老人生活质量和幸福指数的提升。

截至2022年底，"万年青计划"已在重庆、沈阳、苏州等13个城市近60个老旧小区落地，打造出一系列标准化、可复制、易推广的公共空间及居家环境适老化改造产品，受助老人超过7.5万人。

案例1：重庆市合川区名人丽都小区

2022年5月，龙湖公益基金会出资100万元，完成了对名人丽都小区公共区域的适老化改造。原本黄桷树下的空地，整改后安装了软胶跑道、健身设施、棋牌桌椅、便民扶手。

改造前，社区内没有休闲健身场所，景观不佳，人车不分流，人性化设施不足等，这些问题被龙湖公益基金会施工人员发现并记录下来，并派出项目工作队，分别与街道、社区多次沟通，召集居民共聚一堂，出点子，提要求，收集建议并修改施工方案。最终让杂草丛生、环境脏乱的小区公区焕然一新，将其改造为安全、舒适、宽广的活动场地。焕然一新的社区环境，激发了社区居民的主动维护意识，自觉组织成立“文明纠察队”，共同维护社区秩序与环境。

抗疫救灾

2022 年是全国人民齐心抗疫、共克时艰的一年，龙湖集团密切关注各地疫情和灾情动态，恪尽企业公民责任，与政府及社会各界一同维护全民健康。集团累计投入超 3500 万元，陆续为上海、长春、香港、苏州等 42 个城市的医护人员及民众提供物资与资金保障，以支持一线防疫及救灾工作。

“一老一小”友好社区建设

龙湖公益基金会发挥自身优势，探索“一老一小”友好社区项目，助力新时代优质社区建设。集团还积极开展各类公益活动，以公益善举传达“公益，因行动而简单”的理念。

2022 年，龙湖公益基金会积极响应《“十四五”积极应对人口老龄化工程和托育建设实施方案》政策中“扩大养老托育服务有效供给”的相关要求，联合北京师范大学中国公益研究院启动“一老一小”友好社区试点项目，建立物业友好服务标准，健全以物业为枢纽的养老和儿童社区服务递送模式。

案例 2：“以善行，助新生”公益捐步活动

2022 年 4 月 26 日，龙湖公益基金会“以善行，助新生”公益捐步季正式启动。基金会联动全国 60 座城市，贯穿龙湖天街、冠寓、智创生活、塘鹅租售各个业务的多维空间场景，号召龙湖员工、业主、租户、消费者、合作伙伴等生态客户群体超 4 万人，通过 51 天的共同努力，达成了超 14.2 亿的公益捐步总步数，成功解锁龙湖公益基金会超 142 万元配捐额度（1000 步 = 1

元）。本次活动捐款全部用于支持“欣芽计划”，助力大病患儿重获新生。

此外，龙湖公益基金会在微博上发起了“走一步捐一步”互动话题，鼓励用户分享自己的捐步经历，为救助大病患儿贡献点滴力量。活动期间，微博互动话题已获得45.7万人次关注，激发了更广泛人群的公益愿力。

B.15

守本创新，开创可持续发展新模式

——以浙江中南建设集团有限公司为例

课题组*

摘　要： 中南集团坚持“绿色建筑”“数字建筑”的发展思路，深入实施创新驱动发展战略，充分发挥党建引领作用，坚持走可持续发展道路；构建“绿色管理、绿色生产、绿色经营”三位一体的发展体系，驱动全产业链绿色共赢；积极践行“大爱中南”的企业理念，积极投身社会公益活动，用实际行动彰显责任与担当。

关键词： 中南集团　ESG　可持续发展

一　企业简介

浙江中南建设集团有限公司（以下简称“中南集团”）创建于1984年，多年来秉承“诚信立业　创新发展　自强不息　开创未来”的企业宗旨，发展成为以工程建设、文化创意两大核心产业为主导，集幕墙装饰、市政园林、钢构工程、商贸服务、房地产业等于一体的多元化现代企业集团。

集团连续25年荣膺中国民营企业500强，同时入围中国建筑装饰行业

* 课题组成员及执笔人：郑漾，中华环保联合会ESG专业委员会委员，河南省企业社会责任促进中心副理事长、常务副主任，研究方向为企业ESG案例开发、推广、传播；郭莹莹，中华环保联合会ESG专业委员会委员、全联正道（北京）企业咨询管理有限公司ESG研究部副主任，研究方向为企业信息披露、ESG报告编制。报告在企业提供材料的基础上编辑完成。

100 强、中国幕墙行业 50 强、中国民营企业社会责任 100 强、中国建筑业竞争力 100 强、中国建筑装饰设计机构 50 强、浙江省民营企业 100 强、浙江民营企业社会责任领先企业 100 家，是国家建筑工程施工总承包特级资质企业、国家文化产业示范基地、国家装配式产业基地，旗下拥有多家国家高新技术企业。

二　治理篇：激活红色引擎，赋能创新发展

中南集团以“诚信立业，创新发展”为核心发展理念，充分发挥党建引领作用，始终坚持合规经营，完善质量管理体系，推进创新转型。近年来，中南积极探索社会责任管理体系，坚持报告管理和制度管理双循环，将社会责任贯穿于公司治理始终，自 2020 年起连续编制发布社会责任报告，强化与利益相关方的沟通机制，逐步实现可持续高质量发展。

表 1　中南集团 2022 年度治理绩效

中南集团 2022 年度 治理绩效	营收总额 1390295 万元
	利润增长率 3. 38%
	纳税总额 35884 万元
	研发投入 12038 万元
	信用评估等级 AAA

（一）强化党建，凝聚发展合力

中南集团始终将党组织建设视为公司治理的重要组成部分。自 1991 年成立支部委员会至今，中南集团党委不断探索党建治理体系新边界，探索出了以集团党委为核心，以各分公司支部和项目临时支部为基础的组织体系和“建点连群”的基层党组织体系。经过不断探索与发展，中南现已实现组织建设不断完善、日常管理规范有序、党日活动特色鲜明、党建品牌持续优化的稳健局面。2022 年，中南集团坚持党建统领，深化“党建+”模式，创新

“红色桩基”党建品牌，推动党建与业务工作的“双向奔赴”、有机融合、共同发展，引领集团党建工作创新发展。

（二）治理有方，保障品质安全

多年来，中南集团不断优化治理结构，坚持诚信合规，加强企业反腐败及反不正当竞争体系构建，深化内控体系建设，防范风险，为持续打造精品提供基础保障。集团积极贯彻实施 ISO9000 标准，在严格规范的质量管理下，工程验收合格率均保持在 100%。集团参与建设杭州奥体中心（第 19 届亚运会主场馆）、委内瑞拉客车工厂等多项国内外重大工程项目和地标性建筑，荣获国家级、省级 300 余项专业奖项。同时集团认真落实安全教育培训、安全交底、安全考核、作业环境评估；完善安全台账，落实安全费用使用及安全文明施工情况；制定安全应急演练等措施。

（三）科技转型，提升创新能力

近年来，中南集团持续进行技术创新、产品创新、管理创新，建立中南集团技术中心，拥有先进的技术和科学管理。2022 年，中南绿建集团被授予“2022 年建筑钢结构行业科技创新优秀企业”；中南机电智能公司被评为“杭州市 2022 年度创新型中小企业”。杭州奥体中心体育场作为杭州市新时代地标建筑，中南参与的工程创造了四大亮点，入选“2022 中国新时代 100 大建筑”。

- 每年承担和参与省部级科研项目*10余项*
- 主编、参编国家、行业、地方标准和规范 *50余项*
- 在行业核心期刊发表论文 *60余篇*
- 取得软件著作权*80余项*
- 获得发明专利*40余项*
- 实用新型专利*400余项*

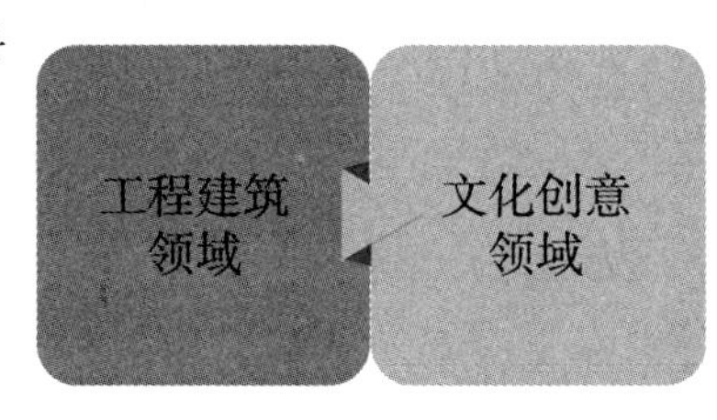

- 拥有专利 *235项*
- 其中发明专利 *1项*
- 实用新型专利 *17项*
- 另有软件著作权 *29项*

图 1　中南集团创新成效

另外，集团旗下中南卡通立足国际、国内动漫市场，以自主知识产权为核心，不断提升创新能力，积极推动数字文化产业创新发展。中南卡通先后取得“2022年杭州市重大科技创新项目”等，连续18年获评国家文化出口重点企业，动画产品自营出口量位居全国第一，占全国动画片自营出口总额的80%以上。原创动画作品先后获得190多个国内外奖项，市场反响颇佳，远销近70个国家和地区。

案例1：“元虎”系列数字藏品首次亮相第十八届中国国际动漫节（CICAF2022）

2022年，中南卡通以“国潮+科技”为抓手，以数字藏品赛道为切入点入局“元宇宙”，推出了以中国虎年形象为主题的“元虎”系列头像类数字藏品产品，构建起了一个横跨虚拟与现实的元虎元宇宙。

（四）价值共享，打造责任链条

中南集团积极搭建供应商生命周期管理系统，提高供应商管理效率，实现合作共赢，助力发展；积极参加标准化活动，参与并协办国内行业论坛及展会，牵头成立元宇宙产业专业委员会，推动行业发展。2022年，集团不断优化采购模式，进一步规范采购程序，建立更加有序高效的采购机制。为实现共赢长远发展，集团实施资源共享、信息互通，优势互补，邀请全国优秀项目经理（团队）加入中南集团，为集团的发展提供优质高效的供应服务，打造可持续发展利益共同体。

三　环境篇：落实环保行动，助力“双碳”目标

中南集团将“绿色中南”的发展理念融入全产业链价值创造过程中，构建“绿色管理、绿色生产、绿色经营”三位一体的发展体系，按照ESG发展理念推动供应链可持续发展，驱动全产业链绿色共赢。

为切实践行绿色发展理念，中南集团以绿色建筑作为推进集团高质量发展的核心战略之一，以标准化设计、工厂化生产、装配化施工、数字化管理为发展途径，开创构建建筑生态产业链。集团通过了 GB/T24001-2016/ISO14001：2015 环境管理体系认证，建立了符合国家和地区标准的环境保护管理制度，完善从选址筹备、产品设计、建设施工到运营办公的全链条环境管理体系，定期回顾和评估环境管理成果，持续提升环境管理水平。

（一）产品研发，实现绿色建筑

中南集团在建筑工程全生命周期内进行绿色建筑实践，通过科技创新，开发包括装配式建筑自研产品、光伏幕墙在内的绿色建筑产品体系，从整个装配式建筑的墙板、外墙板、幕墙板、楼板、门窗系统、内墙涂料和油漆及智能应用上实现绿色环保无污染，推动绿色建筑在集团各业务板块实施落地，走新型工业化道路，着力打造具有中南特色的绿色建筑高质量发展之路。

2023 年 9 月 23 日晚，备受瞩目的杭州第 19 届亚运会在杭州奥体中心体育场正式拉开帷幕，杭州亚运会把浙江厚重的历史文化底蕴和亚运元素融入各个环节。杭州奥体中心体育场是杭州市新时代地标建筑。其中中南幕墙参与施工总面积约 20 万平方米，中南装饰承建了其中 8.6 万平方米的装饰工程，创造了四大亮点。

图 2　中南集团“大莲花”幕墙、装饰

（二）技术改造，促进节能减排

中南集团主动作为、积极布局，集团研发团队一方面立足既有建筑节能改造，积极开展建筑节能减排探索与研究，开发装配式建筑产品，自主研发绿色创新技术；另一方面研发新型零碳建筑，降低能源消耗，提高能源利用率，推动建筑产业绿色发展，为中国建筑业高质量发展贡献中南力量。

案例2：中南集团参与打造国内再生能源利用行业新标杆

——宝山再生能源利用中心项目

2022年，中南集团参与打造宝山再生能源利用中心项目，该项目总投资额30.41亿元，总建筑面积16万平方米，兼具垃圾处理和发电两项功能，可日处理干垃圾3000吨，协同处理湿垃圾800吨，年处理生活垃圾100万吨，年发电8亿度，是上海正式实施垃圾分类后的首座生活垃圾无害化处置项目，是国内再生能源利用行业新标杆。

项目建成后将成为长三角地区一座集科技、环保、生态、时尚、领先于一体的环保园区，将大大缓解上海日益增长的生活垃圾处置压力，提升上海市垃圾无害化处理及资源化利用水平，对于上海市未来实现生活垃圾零填埋目标，提升土地利用率，促进区域经济、社会环境可持续发展具有重大意义。

（三）优化布局，拓宽“双碳”领域

近年来，中南集团为响应国家低碳号召，主动作为、积极布局，于2022年成立浙江中南绿碳科技有限公司和浙江中南新能源有限公司。中南绿碳是林业碳汇全流程数字化服务商，具有碳汇数字监测体系建设、数字大数据平台开发运营等碳中和综合服务能力，与浙江省林业科学院等高校的科研团队共建了森林碳汇精准计量与遥感分析实验室等多个创新平台。中南新能源是绿色能源运营服务商，以投资持有绿色能源项目、承建能源建设工程、智慧运维能源项目等为主营业务，深入绿色能源全域，积极拓展新能源等双碳领域的业务。

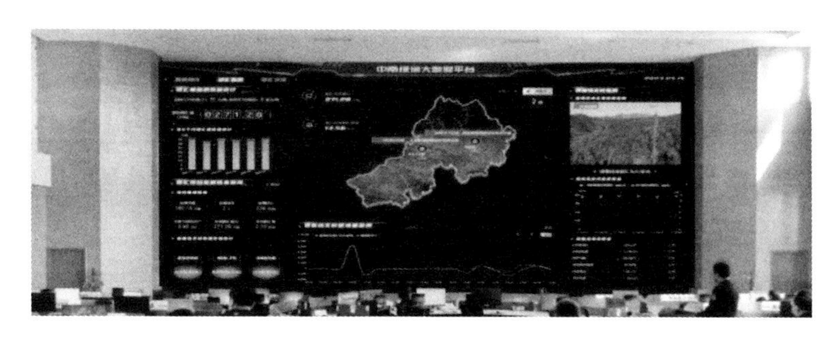

图 3　中南集团绿碳大数据平台

中南绿碳和中南新能源拥有融资、研发、咨询、施工、运维等整体解决方案，为客户提供绿色能源全面服务，积极落实“双碳”目标，实现科技赋能绿色能源，践行绿色能源推进高质量发展。

四　社会篇：传递中南大爱，共筑和谐社会

中南集团在发展过程中始终不忘初心，积极践行“大爱中南”的企业理念，将企业社会责任的履行看作一项长期的承诺，近年来通过编制发布企业社会责任报告的形式积极披露相关绩效，强化责任管理，推动企业可持续发展。此外，中南集团董事局主席吴建荣积极投身捐资助学、抗震救灾、精准扶贫等社会公益活动，用实际行动彰显责任与担当，成功入选“2020 中国民营企业社会责任优秀案例”。

中南集团在稳健发展的同时，着力构建员工与企业的命运共同体，热衷公益事业，先后启动“筑基圆梦”“筑基助学”“筑基共富”等公益项目，助力乡村振兴，推动共同富裕，获得了全国“万企帮万村”精准扶贫行动先进民营企业等荣誉称号。

表 2　中南集团 2022 年度社会绩效

中南集团 2022 年度 社会绩效	为员工发放工资 53 亿元
	入职人数 627 人
	女性职工占比 25%
	吸纳特殊人群就业 400 余人
	慈善捐赠金额 120 余万元
	投入乡村振兴帮扶资金 100 万元

（一）平等多元，和谐劳动再深化

中南集团始终秉持公开、公平、平等的用工原则，着力构建和谐共赢的劳动关系，不断深化民主管理工作体系，集团工会定时召开职工代表大会，畅通沟通渠道，切实保障员工权益；不断构建多元模式，强化培训，促进员工成长成才；实施帮扶计划，创新活动，提升员工幸福感。中南集团用实际行动塑造平等多元的职场环境，助力企业在可持续发展的道路上稳步向前。

在员工帮扶方面，集团切实贯彻《中南集团员工爱心互助基金管理办法》等相关制度，落实领导干部结对帮扶、“春风送岗位”、走访慰问等工作，并组织员工疗休养、体检，举办“迎新春送福”活动等。同时建设志愿者服务团队，建设关心困难职工、关爱社会的“诚信之家”。2022 年，集团慰问困难员工金额 50000 元，为困难职工申请困难救助金 10000 元，申请专项困难救助金 6000 元，17 名员工在职工医疗互助活动中领取补助金 25626 元。

在员工成长方面，建立了系统化、全方位的员工培训机制，匹配不同层级和场景制定培养方向和发展计划，人才培养与梯队建设并举，为各层级员工提供学习与发展的机会。2022 年，集团陆续开展公司健康与安全、职业发展等专项培训，培训覆盖率保持在 100%。

案例 3：“星火计划”新人成长训练营开营

2022 年 11 月 1 日至 4 日，中南集团第十一期“星火计划”新人成长训练营培训顺利开展。培训以课堂授课、团队活动、实战演练等多种形式展开，让新员工在团队合作、竞争中诠释团队精神，在速度和脑力的较量中收获喜悦，全面了解中南的发展历程、企业文化和规章制度，充分感受“人才为基、服务为本，开心工作、快乐生活”的文化氛围。

（二）扶志扶智，教育帮扶稳推进

中南集团重视青少年的基础教育和帮扶工作，致力于青少年文化事业的发展，利用自身独特的文化产业优势，积极向青少年开展教育援助，向需要帮助的贫困地区捐资助学，无偿捐赠中南集团出品的正能量动画片和云课堂教室，持续帮助贫困学子圆梦求学。

中南集团连续20年每年向杭州市滨江区慈善总会“春风行动”项目捐赠10万元，至今已累计投入200余万元，先后资助1000多名困难学生圆了大学梦；出资100万元为青川县未成年人校外活动中心建设4D影院，为未成年人智力开发和健康成长提供了有力的文化保障；在湖北恩施、贵州黔东南等杭州对口援建地区以及杭州淳安、建德、临安、桐庐等地援建的20个“爱心书房”和杭州主城区内30家“米粒图书馆”捐赠图书，推进贫困地区和困难群众在物质脱贫致富的同时加强精神文明建设，实现从扶贫到扶志、扶智的拓展和延伸。

案例4：新疆生产建设兵团优秀学子们走进中南集团开展研学活动

中南连续多年捐助新疆生产建设兵团贫困大学生，至今累计捐款200余万元，资助近200人踏入了大学的殿堂。2022年7月20日，新疆生产建设兵团第一师阿拉尔市优秀学子们来到中南集团，参观中南集团企业文化馆，顺利开展2022年夏季研学活动。学子们在行走的中南课堂中开阔视野、了解科技与动漫融合，获益匪浅。

（三）奔赴美好，乡村振兴显成效

中南集团一直把助力乡村振兴，推动共同富裕作为重要的工作内容，近年编制完成了中南集团《共同富裕计划行动纲领》，具体指导中南帮扶行动，制定“建立 1 个公益平台、结对 10 个相对欠发达乡村、输出 100 名回乡带头致富人才、助力 1000 名困难学生完成大学学业、落实 10000 个就业岗位”的共同富裕“五个一”计划，助力全社会实现共同富裕。

近年来，中南集团通过产业、就业、消费等精准扶贫方式，推动乡镇、村经济社会的发展，助力国家脱贫攻坚和乡村振兴，促进实现共同富裕。截至目前，集团已连续 13 年参加“联乡结村”活动。资助建德市大同镇 144 万元，用于联村结队和改造农村道路建设等；资助杭州淳安县左口乡 130 万元，帮助左口乡改写交通历史；向寿昌镇投入资金 300 万元，用于高田畈自然村生态修复，提升乡村基础设施建设和推动乡村产业发展。在持续多年的精准帮扶下，淳安县、寿昌镇低收入农村家庭人均纯收入每年增长 30%。中南集团也连续多年被评为杭州市“联乡结村”共建工作先进集体。

图 4　寿昌镇高田畈村现状

多年来，中南集团切实践行“大爱中南”的发展理念，积极承担社会责任。同时，紧扣自身主营业务，不断推进技术创新，牢牢把握绿色发展战略，持续挖掘中南潜力。未来，中南集团将以 ESG 发展理念为指引，坚定不移地沿着高质量发展之路砥砺前行，为建设成为以创新技术、精细化管理为核心竞争力的行业领军企业，打造具有国际影响力的百年中南而奋进！

B.16

以光伏智慧，致力全球可持续绿色发展

——以天合光能股份有限公司为例

课题组 *

摘　要： 天合光能秉承“用太阳能造福全人类”的初心愿景，始终将ESG及可持续发展理念视为公司长期稳定发展的重要保障，更多承担企业公民的社会责任。在环境、社会与公司治理方面，以关心员工、关爱地球，与合作伙伴、各利益相关方合作共赢为抓手，贡献光伏智慧，致力全球低碳高质量的可持续发展。

关键词： 天合光能　ESG　光伏智慧

一　企业简介

天合光能股份有限公司（以下简称“天合光能”）创立于1997年，主要业务包括光伏产品、光伏系统、智慧能源三大板块。光伏产品包括光伏组件的研发、生产和销售；光伏系统包括电站业务及系统产品业务；智慧能源主要由光伏发电及运维、储能智能解决方案、智能微网及多能系统的开发和销售等业务构成。

2020年6月10日，天合光能登陆上海证券交易所科创板，成为首家在

* 课题组成员及执笔人：郑漾，中华环保联合会ESG专业委员会委员，河南省企业社会责任促进中心副理事长、常务副主任，研究方向为企业ESG案例开发、推广、传播；郭莹莹，中华环保联合会ESG专业委员会委员、全联正道（北京）企业咨询管理有限公司ESG研究部副主任，研究方向为企业信息披露、ESG报告编制。报告在企业提供材料的基础上编辑完成。

科创板上市的涵盖光伏产品、光伏系统以及智慧能源的光伏企业。天合光能以“打造天合主导的行业新生态，促进天合成为光伏智慧能源领先者”为战略目标，致力于成为全球光伏智慧能源解决方案的领导者，助力新型电力系统变革，创建美好零碳新世界。

天合光能从中国起步，逐步实现市场、制造、研发与人才、资本的全球化，公司在瑞士、美国、阿联酋迪拜、新加坡、日本设立了区域总部，并在十几个国家设立了办事处和分公司，在泰国、越南建立海外生产制造基地。近年来，天合光能引进来自 60 多个国家和地区的国际化高层次管理和研发人才，业务遍布全球 150 多个国家和地区。

二　治理篇：责任治理，以技术创新引领行业标准

天合光能将 ESG 及可持续发展理念视为公司长期稳定发展的重要保障，将 ESG 因素纳入决策和日常运营过程中，不断提升公司的抗风险能力与成长韧性。

2022 年，天合光能董事会以自身发展战略结合各利益相关方诉求、期望，以及国家“碳达峰、碳中和”发展要求，全面提升 ESG 治理水平。董事会牵头开展可持续发展实质性议题识别与评估，判定风险，加强供应链管理，努力实现环境目标，识别气候风险及机遇，充分将 ESG 及可持续发展融入常态化工作与管理。2023 年 4 月，董事会审议通过《天合光能 2022 年可持续发展报告》并发布。

多年来，天合光能坚持以负责任的方式治理公司，始终恪守诚信透明原则运营业务。其中包括对可持续发展相关议题开展强有力的治理、积极主动地与主要利益相关方沟通、业务开展中遵循商业道德准则，以及保护公司及利益相关方的信息安全。

天合光能以创新引领作为第一发展战略和核心驱动力量，搭建全面领先的科创体系。产业技术革命的发展需要基础技术研发的不断突破，设立在天合光能总部的“一室两中心”即光伏科学与技术国家重点实验室、新能源

物联网产业创新中心和国家企业技术中心，在前沿技术领域的研究方面始终处于行业领先水平，不断在绿色能源的开发中生成技术输出。2022 年，公司与中国能建、宁德时代一起，联合发起成立中国新型储能产业创新联盟，从光伏行业的跟随者变为引领行业的推动者。

天合光能与世界一流的研发和认证测试机构合作，搭建了以海内外优秀科研人员为骨干的技术创新队伍，引领中国光伏企业开启了参与制定国际标准的先河，成为全球太阳能行业的创新引领者和标准制定者，有效发明专利拥有量持续居中国光伏行业领先地位。至今，天合光能在光伏电池转换效率和组件输出功率方面先后 25 次创造和刷新世界纪录。

2018 年，天合光能荣获中国工业大奖，成为首个获此殊荣的光伏企业。天合光能注重在安全生产、环境友好、员工健康方面的投入，在全球太阳能制造商产品安全评比中，综合排名位列前三，在欧洲第三方独立评估机构 EcoVadis 的全球性企业社会责任（CSR）评估中多次荣获金奖。2021 年，在 2020 年度国家科学技术奖励大会上，天合光能“高效低成本晶硅太阳能电池表界面制造关键技术及应用”项目荣获国家技术发明奖，这是中国光伏技术领域首次获得国家技术发明奖。

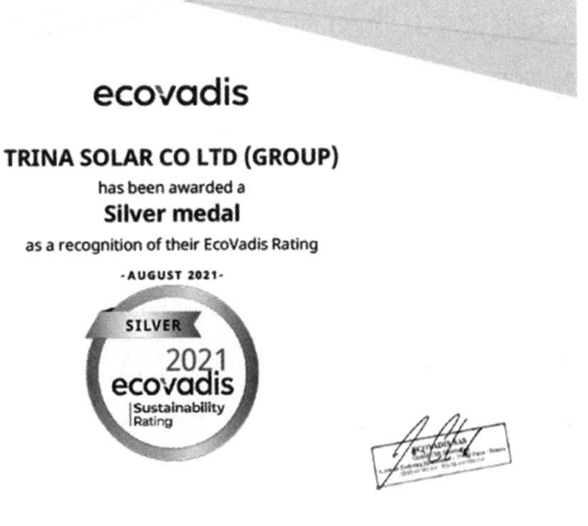

图 1　天合光能被授予 2021 年度 EcoVadis 企业社会责任成就银奖

天合光能一直积极承担企业社会责任，持续编制及披露企业社会责任报告。2020 年 12 月，获得人民日报社指导、人民网主办的“2020 人民企业社会责任绿色发展奖”。2021 年 8 月，再次被授予 2021 年度 EcoVadis 企业社会责任成就银奖。这一奖项为 2021 年光伏企业参评获得的最高奖项，充分肯定了天合光能作为一名负责任的企业社会公民在推动可持续发展方面所做的贡献。

表 1　天合光能 2022 年度治理绩效

天合光能 2022 年度 治理绩效	营业收入 850.52 亿元人民币
	归属于上市公司股东的净利润 36.80 亿元人民币
	基本每股收益 1.72 元/股
	加权平均净资产收益率 16.16%
	研发投入占营业收入的比例 5.43%

三　环境篇：绿色发展，天合光能共担共创共享

作为全球领先的光伏智慧能源整体解决方案提供商，天合光能以“太阳能造福全人类”为使命，坚持践行绿色发展理念，用清洁能源守护绿水青山。公司制定了从 2020 年至 2025 年的可持续发展目标，包括碳排放管理、能源管理、水资源管理、废弃物管理等，均设置了具体指标。2022 年，天合光能在环境保护方面投入 4.05 亿元人民币，全年无重大环境违规事故。

天合光能建立了完善的质量管理体系（ISO90001）、环境管理体系（ISO140001）、能源管理体系（ISO50001）、企业温室气体排放核算（ISO14064），系统地管控生产经营过程中可能出现的质量、环境、能源风险，满足客户对产品质量和环境保护的要求。公司承诺落实《产品监管政策》，将产品质量、环境保护落实到企业产品生命周期的每一个阶段。

2020 年，天合光能顺利获得了由美国 UL 与意大利 EPD 颁发的 3 个系列组件产品的环保产品声明认证，以负责任的态度和方式保护公司的员工、客户和社区。2020 年 12 月 12 日，在人民日报社指导、人民网主办的

“2020人民企业社会责任高峰论坛暨第十五届人民企业社会责任奖颁奖典礼”上，天合光能凭借对可持续发展的突出贡献荣获“绿色发展奖”。

在工业和信息化部公示的2022年度绿色制造名单中，天合光能凭借在绿色供应链领域的卓越表现，成功入选“国家级绿色供应链管理企业”。这是天合继2018年荣获国家绿色工厂、2021年荣获国家绿色设计产品、2022年荣获国家工业产品绿色设计示范企业之后，再度荣登国家级绿色制造名单，成为常州首家绿色制造体系大满贯企业。

2022年12月，天合光能联同世界自然基金会（WWF）、国际商业机器公司（IBM）等在内的国际机构、国内国际企业与产业园区、科研机构共同参与并发起“清洁能源多一小时”联合倡议，旨在呼吁全球关心气候变化、热心低碳事业的社会各界共同参与，增强人们使用清洁能源的意识，共同为“碳中和”未来作出贡献。

图2 “清洁能源多一小时”启动会

案例1：2022年，唯一一家光伏企业荣获WWF颁发的气候创行者大奖

2022年10月31日至11月1日，由世界自然基金会（瑞士）北京代表处（以下简称“WWF”）与凤凰卫视主办的2022零碳使命国际气候峰会在京举行。天合光能受邀参会，并凭借在应对气候变化方面的技术创新实力获得“气候创行者奖”，成为本年度唯一一家获得该奖项的光伏企业。

图 3　天合光能获 WWF 气候创行者大奖

表 2　天合光能 2022 年度环境绩效

天合光能 2022 年度 环境绩效	截至 2023 年第一季度，天合光能光伏组件全球累计出货量超 140 吉瓦，相当于 6.1 个三峡水电站的装机量，约等于在全球种了 103 亿棵树，为 100 多个国家及地区带去清洁能源
	2022 年，天合光能的电池产品单位产量温室气体排放强度降至 23.76 吨 CO_2-eq/兆瓦，组件产品单位产量温室气体排放强度降至 9.20 吨 CO_2-eq/兆瓦，分别较 2020 年基准下降 50.81%及 61.88%，均提前达到甚至超越公司的碳排放管理目标
	2022 年，公司单位电池产品水耗强度为 384.89 吨/兆瓦，较基准年下降 62.72%；单位组件产品水耗强度为 39.83 吨/兆瓦，较基准年下降 53.20%

四　社会篇：达济天下，与国与民与社会同行

员工关爱。天合光能业务遍布全球，积极吸纳多元学历、民族、国籍背景的人才。截至 2022 年底，天合光能正式合同员工总数为 23077 人，女性员工占比 30%；外籍员工 2592 人；少数民族员工 308 人，残疾员工 28 人，实现了多元化的雇佣方针。2022 年，公司为员工持续提供专业的培训教育、

完善的绩效薪酬制度，全方位保障员工合法权益。

公司建立了完善的职业健康与安全管理体系（ISO45001），为所有员工缴纳五险一金，提供涵盖补充医疗、意外伤害、重疾及定期寿险在内的补充组合商业险（部分保障涵盖员工家属）。2022 年，公司共开展健康与安全培训 1032 场，总时长 2965 小时，总人次达 29977 人次，覆盖天合光能员工及外包供应商，员工职业健康与安全投入总计达 4975 万元。

2022 年，天合光能为员工举办多场与不同业务范畴相关的职业健康主题教育及意识推广培训。例如，从职业健康形式、职业健康知识及法规要求、职业危害因素及防护及职业健康体检告知四大方面，为员工梳理职业健康的知识要点，将安全理念深植于每位员工内心与日常行动中。

案例 2：天合光能 ESG 类培训项目

天合光能鼓励全体员工学习 ESG 知识，积极提升自身 ESG 及可持续发展意识，践行可持续发展。

2022 年，公司将信息安全、商业行为与道德守则、EHS 管理等可持续发展议题纳入“新员工 90 天成长记”培训体系中，夯实新员工的可持续发展认知。此外，推出“天合光能安全生产、环境保护责任制及 EHS 主要法律法规介绍”在线培训课程，员工可在企业微信端或电脑端学习安全生产、环境保护责任、法律法规等可持续发展知识。同时，设置考核与考试及格证书发放模块，提高员工的学习积极性。

绿色供应链管理。天合光能积极构建以客户为中心的供应链新生态。与国内 1382 家供应商进行持续和定期的沟通，是天合光能保障供应链协同性和敏捷性的基础。公司通过资讯分享、线上线下辅导等方式，对供应商进行培训，帮助供应商提高社会责任管理等各方面能力。

2022 年 1 月，以“继往开来，开放创新，携手共建光伏行业新生态”为主题，天合光能全球供应商大会在常州线上举行。大会设立了联合创新奖、最佳协同奖、卓越质量奖、优秀供应商四项大奖，感谢供应商合作伙伴们一如既往的精诚合作。

案例3：天合光能入选国家级绿色供应链管理企业，同时荣获有“采购行业奥斯卡”之称的卓越采购奖最佳成本节约创新奖

2022年，天合光能成功入选工业和信息化部颁布的“国家级绿色供应链管理企业”，成为中国常州首家绿色制造体系大满贯（包括绿色工厂、绿色设计产品、绿色供应链管理企业及绿色设计示范企业）的企业，在产业链发挥主导作用，推进工业绿色发展，助力工业领域碳达峰碳中和。

此外，11月，天合光能凭借优秀的成本节约案例荣获享有“采购行业奥斯卡”之称的亚太卓越采购峰会颁发的最佳成本节约创新奖，成为光伏行业首家获得该项荣誉的企业。

光伏扶贫。作为我国十大精准扶贫工程之一，光伏扶贫在脱贫攻坚期担任着无可替代的重要角色，利用太阳能的自身优势，既发展了绿色清洁能源又实现了精准务实扶贫，实现扶贫、自然生态、社会与经济收益的多丰收。

作为光伏行业的领跑者，天合光能积极响应国家号召，凭借雄厚的技术实力与可靠的产品应用，深入开展光伏扶贫，建起一个个村电站、大型集中电站、户用模式、屋顶电站等光伏扶贫项目。历年来，天合光能分别在甘肃、河北、四川等地区开展了光伏扶贫工作，结合地方产业特点、资源优势，选择具备光伏建设条件的贫困地区积极开展光伏扶贫项目。如甘肃武威100兆瓦扶贫电站，一期惠及800户贫困户，二期惠及13个县市共计3200户贫困户。

2020年10月，户用光伏扶贫项目登陆丰宁县杨木栅子乡高栅子村和黑牛山村，天合光能在每个村建设9.2万元村级电站，用于分户式光伏建设，捐献给黑山嘴镇13户、汤河乡10户、胡麻营镇10户、小坝子乡10户，共计43户，每户1.2万元。2020年5月6日，央视新闻直播间报道了天合光能在四川省甘孜州雅江县建设光伏扶贫电站，采用了高效单晶切半组件，帮助当地贫困村脱贫、拿到集体经济分红，收入稳定。

2021 年，天合光能捐资 500 万元驰援河南抢险救灾及灾后重建工作；承建的“绿色益惠——澜湄合作光伏离网发电项目”之柬埔寨工程建设完成，为当地学校提供清洁电力；为“西部乌镇”项目选择购房的 350 户村民捐赠家电，共计 350 套 1050 件，总价值近 180 万元等。一项项举措推动我国乡村振兴、助力共同富裕。

案例 4：点亮光伏校园——天合光能助力新能源科普教育生动范本

多年来，由于地理环境，四川省凉山彝族自治州西昌市响水乡木耳小学一直面临电量供应不足、时常发生断电情况的难关。

2022 年，天合光能向木耳小学援助建设 13.5 千瓦光伏电站，年均发电量可达 1.79 万度。该项目采用“自发自用，余电上网”模式，在点亮校园、确保教学用电稳定的同时，亦可以为学校带来持续收益，助力国家“双碳”目标与乡村绿色发展。

案例 5：阳光银行——天合光能至尊组件照亮乡村振兴路

2022 年，山东淄博油马村和朱家北村的居民每家每户安装并使用上天合光能超高功率至尊组件。在源源不断生产清洁能源的同时，一排排光伏组件也成了当地村民的“阳光银行”。

其中，油马村户用项目年总发电量约 280 万度，为村民创收约 110 万元；朱家北村 1 兆瓦村级光伏发电项目预计年发电总量可达 150 万度，所发电量采取集中汇流方式全部汇入国家电网。此举能够充分利用农村房屋屋顶，为村民带来房屋租赁费收入，发展当地低碳经济。

教育扶贫。天合光能通过创业基金的设立和教育捐赠，升级绿色科技的创新技术和提高贫困地区的教育设施水平。2018 年，天合光能“思源阳光创业基金”向贵州黔西县新仁乡群益村捐赠建设文化活动中心，于

2019 年 12 月正式落成，惠及周边群众 2 万余人，为当地社区创造更多就业机会。

2019 年 7 月，公司参加印度 World On Wheels 公益活动，改造大巴车顶安装太阳能组件，为车内 PC 电脑供电，为印度边远农村孩子普及计算机知识。2020 年 10 月，公司向南京大学捐资 100 万元，设立天合光能前沿科学基金，旨在支持南京大学化学化工学院国际学术研究和校企创新合作，助力学院邀请国际知名学术专家开展新能源领域学术交流和研讨。

由于天合光能在西部贫困学子就业支持、创业帮扶、提高学习课程教育质量等方面作出了突出贡献，在 2020 年脱贫攻坚总结表彰大会上，中华思源工程扶贫基金会为天合光能颁发“脱贫攻坚爱心集体”荣誉称号。

表 3　天合光能 2022 年度社会绩效

天合光能 2022 年度 社会绩效	员工人数 23077 名
	员工年培训总时数 176103 小时
	2022 年职业健康与安全投入 4975.86 万元人民币
	国内供应商总数 1382 家
	社区贡献与公益投入资金总数 479.5 万元人民币

25 年来，从为西藏等地建设捐助光伏电站，到设立阳光思源基金；从支援汶川抗震救灾，到驰援河南水灾抢险救灾，天合光能人始终不忘初心、牢记使命，努力践行社会责任。未来，天合光能将继续聚焦公益扶贫、创业就业、社会服务，同时积极探索 ESG 工作的系统化建设，致力于构建一个可持续的企业社会责任体系，用太阳能造福全人类！

B.17

以实业兴邦，为产业赋能，构建ESG新发展格局

——以海澜集团有限公司为例

课题组*

摘　要： 海澜集团立足企业发展历程，致力打造可持续的产业价值生态，开辟具有自身特色的ESG发展之路。作为服装行业龙头，海澜连接上下游，全面推进绿色环保的产业革命；作为工业互联网建设参与者，海澜积极赋能传统产业“智改数转绿提”；作为企业公民，海澜建立完善的社会责任管理体系，通过乡村振兴、扶老助幼关爱员工等多种方式回馈社会。

关键词： 海澜集团　ESG　产业赋能

一　企业简介

海澜集团有限公司（以下简称“海澜集团”或“海澜”）成立于1988年，是一家致力于实体经济发展的现代控股集团，总部位于江苏省江阴市新桥镇，是国内服装行业龙头企业、全国文明单位。海澜现有总资产1000亿元，全国各地员工6万余名。2022年，海澜营业总收入超1200亿元，利税

* 课题组成员及执笔人：郑漾，中华环保联合会ESG专业委员会委员，河南省企业社会责任促进中心副理事长、常务副主任，研究方向为企业ESG案例开发、推广、传播；郭莹莹，中华环保联合会ESG专业委员会委员、全联正道（北京）企业咨询管理有限公司ESG研究部副主任，研究方向为企业信息披露、ESG报告编制。报告在企业提供材料的基础上编辑完成。

超 78 亿元，是无锡地区首家营业收入超千亿元的企业，产品销售连续多年稳步增长。

经过 30 余年的经验沉淀，海澜积累了强大的产业运营、品牌运营能力，并以服装本业为起点，逐步输出核心能力，为产业赋能，助力实体经济转型。海澜不仅在服饰与生活领域持续打造头部品牌、孵化新品牌和代理全球优质品牌，还为智慧能源、文体旅游、商业管理等产业注入新的运营思维与活力，致力成为实体经济的建设者和产业转型的赋能者。

在服装主业上，海澜先后成功创建了海澜之家、OVV、海澜优选等品牌，完整覆盖男装、女装、童装、职业装、家居服和居家用品等细分领域。旗下海澜之家集团股份有限公司于 2000 年在上海证券交易所挂牌上市。截至 2022 年末，海澜旗下服装品牌门店覆盖全国 80%以上的县、市，并进一步拓展了东南亚海外市场，门店总数达 8219 家。

旗下海澜智云科技有限公司以“工业互联网碳中和服务商”为定位，以工业互联网平台为载体，开发出一系列具备专业性、系统性的产品与服务，覆盖了数字化、智能化、工艺优化、节能减碳等各个维度，广泛地为各大流程型行业、离散型行业提供一站式、系统性的行业解决方案，从生产和管理等方面帮助企业提质增效、降耗减排。

二　环境篇：科技赋能，打造绿色全产业链

海澜重视减污降碳的各项工作，严格遵守国家相关规定，联动产业上下游，进行智能化改造，推动全产业链的绿色化及可持续，致力实现科技转型，绿色发展。

根植绿色基因。海澜集团以“和谐自然”作为管理方针，旗下服装品牌始终奉行“让可持续时尚触手可及”的理念，将绿色低碳发展理念根植于品牌基因之中，从战略高度到原材料、工艺、包装、运输等细节，全面推进绿色环保的产业革命，带动整个产业格局变化，引导服装行业走产业创新发展与绿色可持续并行的道路。

原材料的选择是海澜践行可持续发展理念的基础，海澜旗下各服装品牌均选用可再生资源，织造绿色环保面料。海澜之家使用的索罗娜面料通过植物收割提取糖分的方法，高效地制成了生产索罗娜所需的 PDO，从而为化纤领域注入了环保的新概念。利用生化法生产的索罗娜聚合物的环保价值在于，部分原料来自天然和再生资源，由此可以减少对石油资源的依赖性，同时大量减少温室气体的排放。

案例 1：从原材料推进绿色环保的产业革命

海澜之家品牌采用创新技术“水果染”，从天然有机水果中提取果汁染布料，环保亲肤，回归自然穿衣本真。同时，生产过程中减少水资源的利用，不添加任何化学助剂，且排放物对环境零污染，从生产源头阻断对环境的破坏。

图 1　海澜之家采用水果染料生产服装

赋能绿色发展。党的二十大报告强调，要加快发展方式绿色转型，积极稳妥推进碳达峰碳中和。海澜集团以此为目标，以自身智慧科技赋能产业绿色转型，帮助传统企业进行数字化变革。由海澜智云与海澜电力构成的集团智能低碳板块，积极响应并承担绿色发展责任，呈现出良好的发展态势。

作为海澜集团多元化发展战略在工业互联网和新能源领域的重要布局，海澜智云以工业互联网平台为基础载体，深度挖掘应用工业数据，根据不同的工艺流程，通过数据驱动形成机理模型，应用多变量实时优化控制系统HL-RTO，优化提升生产过程中各生产要素，降低单位物耗、能耗，达到提质增效、降本降耗、减排减污的应用效果。

图 2　海澜智云实时数据监控平台

目前，海澜智云已着手“双碳”目标规划与实施、碳核查、碳资产管理、碳交易、碳捕集利用等业务。与中国工业互联网研究院合作共建工业互联网碳中和产业联合实验室，进行碳中和前沿关键性技术研发，提供碳中和企业应对综合方案等，不断推动传统企业向智能化、数字化、绿色化迈进。

案例 2：智能循环水系统，助力化工企业降本降耗

江苏华昌化工股份有限公司是以基础化工为主，精细化工、生物化工并举的上市企业。海澜智云对华昌化工的制氧、联碱、尿素生产工艺循环水系统实施了数字化减碳改造方案，将循环水泵以及相关动力设备、管网等数据接入到海澜智云工业互联网平台，运用平台监控反馈技术，结合流体换热三维数据建模技术，对每台循环水泵功率进行精确控制。

经海澜智云的数字化减碳改造后，华昌化工年均节电量约 5400 万千瓦时，折合标煤 1.8 万吨，减碳排约 5 万吨，年经济效益 3200 万元。

推动能源转型。为响应国家电力体制改革，加快建设新型能源体系，海澜集团旗下海澜电力作为综合能源服务商，涵盖从智慧售电、电力工程到智慧运维等一站式服务，可为企业提供优质、高效、智慧综合能源布局的深度服务，同时开展绿色能源交易，助力企业“绿色、环保、低碳”生产。目前，已向客户提供约 10 亿千瓦时绿色电力，减少标煤燃烧约 30 万吨，减排二氧化碳约 76 万吨。

三　治理篇：创新引领，践行可持续发展管理

海澜集团秉持依法合规经营的理念，制定内部合规管理和风险控制体系，明确管理人员与各岗位员工的合规责任，并督促责任有效落实，以保障企业高效稳健发展。

高度重视科技创新。海澜重视对知识产权的保护，通过对专利、商标等知识产权进行规范管理，全面提升公司整体的知识产权合规管理水平。提升知识产权保护力度，同时充分尊重他人的知识产权，抵制侵权行为的发生。公司已获得 GB/T 29490—2013 知识产权管理体系，并通过了第三方权威机构认证。截至 2022 年末，海澜及其主要子公司拥有有效专利总数 384 项，其中发明专利 34 项，实用新型专利 61 项，外观设计专利 289 项。

综合来看，海澜集团在创新科研层面取得了丰硕的成果。截至目前，海澜及其控股子公司支持或参与国家级火炬计划项目 3 项，获得省级“科学技术进步奖”4 项、中国服装协会“科技进步奖”4 项、中国纺织工业联合会“科学技术奖”6 项等诸多荣誉。

严格保证产品质量。海澜集团严格遵循《中华人民共和国产品质量法》，并已通过 1S0 9001 质量管理体系认证，全面施行质量管控和监督措施。公司设有产品质量管控中心，对封样、试穿、检测、跟单、检品等多个环节进行严格的质量把控。

2022 年，海澜制定了“针织裤”“弹力裤”“羽绒内胆大衣”“冰爽棉系列 T 恤”4 项企业标准，将吸湿排汗、弹力、抗菌、凉感等功能性列入标

准的考核指标之中，弥补国家和相关行业标准的空白，体现了海澜对产品质量的更高追求。

持续研发优质新品。海澜持续加码研发与技术突围，打造集新型材料研发、面料研发、服装设计与开发、数字化服装等于一体的综合研发基地，加速向“科技、时尚、绿色”转型提升，致力于创造更多服务于用户及行业的产品。2022 年，公司研发投入 1.94 亿元，目前共有研发人员 963 人，不断进行迭代创新，推动产品研发和技术创新。

案例 3：成立海澜云服实验室，助力服装主业整体升级

2022 年 11 月 11 日，公司正式成立海澜云服实验室，全力攻坚前瞻性、综合性的服饰战略问题，深入与行业一流的科研机构以及高等学府合作。海澜云服实验室成立后，已确立七项相关研究项目，且不断提出专利申请，助力公司从面料研发、服装设计、智能制造等方面整体升级，为服装注入科技力、为产业注入生命力。

切实保障信息安全。海澜尊重和保护客户隐私，通过多种技术措施保障信息安全和客户隐私，对核心数据的处理建立相应的管理流程，将客户数据存储于信息系统中，通过持续完善信息安全技术防护体系，有效地保障核心数据安全。公司内部定期开展大量渗透测试，进行攻防演练，确保本地数据得到有效防护。

与此同时，海澜在软硬件层面采取有效措施确保核心信息安全，加强员工信息安全意识，以及细化核心岗位内部系统权限，严防信息被盗。此外，海澜制定专门的客户信息管理制度和操作规范，通过数据加密、数据脱敏等方法，保障客户个人数据安全。

四　社会篇：以人为本，与社会共奋斗同成长

海澜集团坚持以人为本，将人才资源作为企业未来最具竞争力的核心资

源。携手合作伙伴，积极推进行业间多元合作探索，促进共同发展、价值共创。同时不断寻找与社会共同发展的契合点，倾情公益志愿，积极承担社会责任，携手共建美好社会。

构建和谐劳动关系。海澜集团不断完善人才管理体系，积极引进优秀科研人才、优化内部人才结构、完善人才梯队，为员工提供公平的就业机会和有竞争力的薪酬福利体系。坚持将安全管理理念贯彻至企业生产运营各个方面，实行安全生产责任制，将安全生产责任纳入绩效考核。建立完善的培训体系和人才职业成长路径，激发员工内在动能，落实公司人才强企战略。

截至目前，海澜集团员工总数 24371 人，其中女性员工 18916 人，管理层员工中女性占比 58%。员工培训总时长达 70144 小时，车间班组长平均培训 80 小时，中层干部平均培训 72 小时。

校企合作致力人才培育。“产、学、研”合作是实现创新驱动发展的重要途径，海澜集团紧密围绕国家发展需求，将企业发展特色与校园课题研究接轨，致力于社会人才的培育与共创。

在服装行业智慧化路径亟待探索的当下，由海澜云服实验室（YUNFU LAB）牵头，与东华大学、清华大学等知名学府展开深入合作，共同开展对中华传统服饰文化的研究。通过与各大高校的持续合作，从理论到实践的多维度深耕，同时进一步落实“产、学、研”一体化的人才培养优势，在更多领域为企业及社会培养发展需要的高科技人才和管理型人才。

关爱青少年成长。自 2014 年起，海澜之家联合中国社会福利基金会“暖流计划”共同发起“多一克温暖”大型公益活动，通过捐赠御寒冬衣，帮助偏远地区师生温暖过冬。十年来，“多一克温暖”的脚步从未停歇，目前已扩展到中西部 24 个省份，1615 所偏远学校，为贫困地区师生共计送出 10 万余件冬衣与物资。

海澜不仅为山区师生捐赠定制羽绒服暖身，还发起冬令营、引进教育资源、开展多项文化主题活动，公益理念从最初的“穿得暖”升级为现如今的“穿得美”，公益模式也从“多一克温暖”转变为“多一课知识”，关注并温暖每一个儿童的内心，带领孩子们去探索更为广阔的星辰大海。

图 3　海澜集团“多一克温暖”特色课程

助力灾后救援。海澜集团一直热心社会公益事业，每当国内遭遇重大灾害时，都会迅速响应，以实际行动参与灾后救援。2021 年 7 月，河南发生重大洪涝灾害，海澜派出 120 余人的救援队伍，连夜奔赴受灾严重地区；2021 年 10 月，山西多地出现洪涝灾情，海澜调集 26000 多件羽绒服、帐篷、被褥等紧缺物资，总价值超过 2038 万元，连夜送往灾区一线；2023 年 8 月，河北发生洪涝灾害，海澜第一时间组织价值 300 万元生活物资，送往灾情比较严重的保定定兴县。

图 4　海澜集团救援队在河南洪灾期间转运人员、运输物资

同心抗击疫情。2020 年初疫情发生后，海澜集团当即组织人员紧急购买急缺的医疗物资，调度御寒装备，按照“急缺物资、定点急送”的原则，

37 个小时就调度价值 1500 万元的紧缺医疗物资，紧急送抵火神山医院、雷神山医院、同济医院、协和医院等定点医院。

2022 年 2 月和 5 月，无锡和江阴先后发生局部疫情，海澜紧急筹备总价值超 1600 万元的羽绒服和速干 T 恤送到抗疫一线工作人员手中，助力疫情防控。

面对疫情反复，在海澜集团党委号召下，全国门店员工上下一心，快速响应。党员以身作则，带头参与当地疫情防控，带领员工积极投入到防疫志愿者的队伍中。

投身乡村振兴。海澜集团将推动乡村振兴作为公司社会责任战略的重点。在服务中国乡村之路上，海澜通过建立文化展示通道、以企带村、投资建设服装生产基地、完善人才培养计划等多种形式，持续带动产业、人才、文化、生态的发展。

海澜集团结合自身实际情况，帮助多个乡村焕发全新经济生命力。海澜将自身园区建设融入所在的江阴新桥镇总体规划中，建设以飞马水城为主、集文商体旅于一体的文化输出重要展示通道，成为新桥镇一大文化特色。年游客量已超 300 万人次，累计接待量约 1000 万人次，带动周边乡村餐饮、民宿等产业的发展。海澜集团与江阴市乡村振兴“共富基金”的首批扶持对象蒲市村组成“企村 CP”，结合企业自身商业渠道、营销策划能力和旅游流量等资源，助力蒲市村发展具有当地特色的文化旅游，共创文旅品牌。

在现代化服装制造、服装供应链发展等领域，海澜正结合乡村及产业特点，展开深层次、多元化的战略合作。海澜建设洛阳服装生产基地，目标为当地提供 2.8 万个就业岗位。通过与河南“巧媳妇”工程合作，带动当地妇女就地就近就业，改善地方留守儿童和空巢老人的状况。

社会责任是企业永恒的担当。在高质量发展的同时，海澜集团重视与社会环境的和谐友好。未来，海澜集团将立足当下，脚踏实地谋发展，持续以党建引领为统揽，以实业报国为宗旨，以发展企业为使命，以凝心聚力为要务，以回馈社会为责任，坚持走可持续发展之路。

附录一　ESG 指数及榜单编制说明

（一）指数模型

聚焦共同富裕、乡村振兴、新发展理念和“双碳”等核心议题，以双重重要性原则为指导，既关注社会、环境等对企业财务的影响，也关注企业经营活动对社会、环境等产生的影响，并借鉴国际经验，结合中国国情，构建了一套具有风险、机遇和影响的“三位一体”ESG 评价模型（见图 1）。这一模型旨在为企业提供一个科学、全面、客观的评价体系，促进企业在可持续发展道路上取得更加稳健的进展。

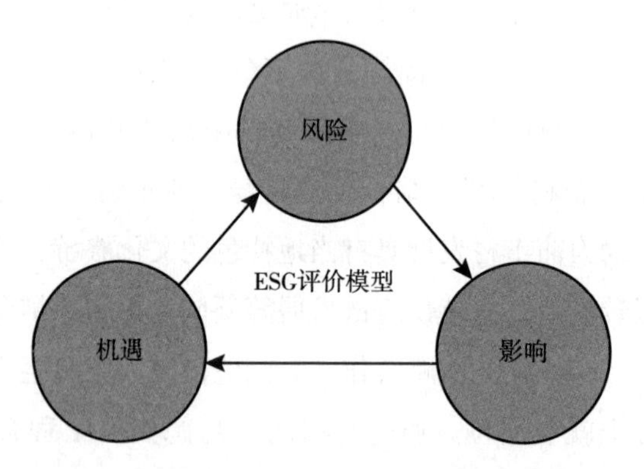

图 1　中安正道自然科学研究院 ESG 评价模型

（二）数据来源

样本以大中型企业为主，覆盖 31 个省、自治区、直辖市，18 个行业，3669 家企业，其中包含 534 家上市公司和 307 家国有企业。主要数据来源为：

1. 中华环保联合会 ESG 调研收集 425 家企业数据；

2. 中安正道自然科学研究院 ESG 数据库 3244 家。

（三）指标体系

1. 指标选取原则

评价指标的选取，主要参照了香港联合交易所《环境、社会及管治报告指引》、全球报告倡议组织《GRI 标准（2021 版）》、国务院国资委《央控上市公司 ESG 专项报告参考指标体系》、国际可持续准则理事会《国际财务报告可持续披露准则第 1 号——可持续相关财务信息披露一般要求》和《国际财务报告可持续披露准则第 2 号——气候相关披露》等国内外 ESG 标准指引。同时，我们也借鉴了明晟、汤森路透、富时罗素、商道融绿、万得等国内外 ESG 评价体系，以确保接轨国际标准的同时，更全面地评估企业的 ESG 绩效水平。

为了更全面地评估中国企业的 ESG 绩效水平，选取乡村振兴、区域协调发展等具有中国特色的 ESG 指标，并结合不同行业的特征设置了 ESG 特色指标，以更好地反映各行业的特点和需求。此外，我们还特别关注 ESG 争议事件，根据争议事件的严重程度，降低企业相应指标上的得分，以确保评估结果的准确性和客观性。

2. 指标选取和判断矩阵构建

指标选取和权重确定采用德尔菲法和层次分析法。首先邀请中华环保联合会 ESG 专业委员会专家依据指标选取原则，解析企业 ESG 内涵，多次商讨后达成共识，初步筛选出 ESG 评价指标（见表 1）。并对社会、环境和治理三个层面的评价指标重要性按照 1~9 分进行打分，得到判断矩阵。

表 1　ESG 评价体系

一级指标	二级指标
环境	资源利用
	废弃物及排放
	环境管理
	绿色机遇

续表

一级指标	二级指标
社会	员工责任
	产品与客户
	创新研发
	公益慈善
	乡村振兴
公司治理	风险管理
	财务表现
	商业道德
	供应链管理
	治理结构
	ESG 管理

3. 一致性检验

第一步：计算判断矩阵一致性指标 $CI=\frac{\lambda max-n}{n-1}$（λ 为矩阵的特征值，n 为矩阵的阶数）。

第二步：查找对应的平均随机一致性指标 RI。

第三步：计算一致性比例 $CR=\frac{CI}{RI}$。

如果 $CR<0.1$，则认为判断矩阵的一致性可以接受，否则需要修正。

4. 计算权重

使用算术平均法、几何平均法、特征值法分别求出权重后计算平均值，再根据得到的权重矩阵计算各指标最终权重。

（四）指数合成

1. 数据处理

首先，对本次收集到的 ESG 数据进行清洗。在这个过程中，主要会处理三个方面的问题：缺失值、异常值和重复值。对于缺失值，采用插补的方法来填补这些空缺的信息，如使用均值、中位数或众数等方法。对于异常值，通过统计分析来判断这些值是否确实存在问题，如果存在问题，则会将其替换为合理的数值。对于重复值，则删除重复的数据，以保证数据的唯一性。

为了确保数据清洗的质量，在完成数据清洗后，将处理后的数据提交给人工进行复核，审核人员会对数据进行检查，确保数据的准确性和一致性。

最后，在经过人工复核确认无误后，将清洗后的数据存储到数据库中，以便于后续的分析和挖掘。

2. 指标评分

对于定性指标，采用等级赋分法，确立不同值域，以提升中间层的区分度。

对于定量指标则根据实际情况选取等比例映射、等距分类、等差排序、行业缩放系数法等方法进行测评，以最大限度消除极值和行业特征等因素影响。比如对于碳排放、水资源消耗等数据，根据累积分布函数计算行业缩放系数，基于行业缩放系数计算该项得分；对于慈善捐赠和乡村振兴等数据，则一方面考察企业的投入总额，另一方面考察企业的相对贡献程度，然后综合计算得出该项分值。

对于争议事件，则根据其所产生的影响程度进行适当的减分。对于那些对环境、社会等产生较大负面影响的事件，我们将给予较高的减分。相反，对于那些虽然存在争议，但对环境、社会等影响较小的事件，我们则给予较低的减分。

3. 指数计算

本次指数采用千分制，总指数是基于各个一级、二级和三级指标得分层层汇总而得，指数得分为各项指标加权平均总分。计算公式为：

$$G = \sum_{i=1}^{m} W_i P_i - T_i$$

式中，G 代表指数得分，W_i 代表第 i 个指标的权重，P_i 代表第 i 个指标的评分值，T_i 代表第 i 个指标的争议事件评分值，m 代表指标的个数。

4. 模型检验

在对建立的模型进行验证和调整的过程中，我们结合国内外主流机构的 ESG 评级结果，使用这些 ESG 评级数据来验证我们建立的模型的准确性和可靠性。

最后，根据验证和调整的结果，对模型进行进一步优化和完善，包括更新模型的参数、改进数据处理方法或引入新的分析工具等，不断改进和提升模型的质量和性能。

5. 结果输出

在模型调整到相对稳定合理的情况下，根据模型评价结果，使用算数平均法计算出本次调研的总指数。然后将企业得分按照从高到低的顺序进行排序，生成 ESG 榜单。

附录二　引用案例企业索引

序号	章节	案例名称
1	B. 2	通威股份:首创“渔光一体”发展模式
2	B. 2	腾讯控股:科技推动可持续社会价值创新
3	B. 2	龙源电力:高质量 ESG 管理推动公司价值提升
4	B. 3	洛阳钼业:将 ESG 事宜上升为董事会管治层级
5	B. 3	浙江中南:以党建促进企业健康发展
6	B. 4	华利达集团:安全第一、预防为主、综合治理
7	B. 4	国仪量子:推行“陪产检假”,创新“关怀高招”
8	B. 4	华宇集团:责任华宇、幸福一生
9	B. 4	美丽魔方集团:以公益活动弘扬红色精神
10	B. 4	佳新集团:关注民生　回馈社会
11	B. 4	天伦集团:“气电协同”真惠农
12	B. 5	国森矿业:净化废水循环利用
13	B. 5	建邦集团:坚持绿色发展,打造生态钢厂
14	B. 5	上海百奥恒:整合科研资源,研发绿色技术
15	B. 5	邦天农业:打造彩色森林,保持生物多样性
16	B. 6	中国电建:小投入撬动大投资,筑牢乡村振兴产业基础
17	B. 6	新希望集团:实施“五五工程”助推乡村振兴
18	B. 6	龙湖集团:“湖光计划”,一场关于乡村教育的集体探路
19	B. 6	宝武碳业:助力宁洱搭建“双碳振兴生态圈”
20	B. 6	伊利集团:党建引领机制下的乡村振兴党建联合体
21	B. 7	大唐集团:推动绿色低碳发展,保障国家能源安全
22	B. 7	南钢股份:坚定绿色低碳发展理念,加快产业绿色转型
23	B. 7	中国石油:全面布局,推动公司绿色低碳转型发展
24	B. 7	住宅产业化集团:助力“双碳”目标,科技创新赋能绿色建筑
25	B. 7	宇通集团:宇通氢燃料客车引领能源变革新时代
26	B. 7	兴业银行:助力“双碳”发展,擦亮“绿色银行”名片
27	B. 7	中国移动:为国家实现“双碳”战略目标贡献“移动力量”

后　记

全球视野下对企业的考量，以往习惯于聚焦其商业价值，如今更多地开始关注企业的经济社会环境的综合价值和公司的治理实践，更注重公司的长期价值，ESG 正在成为企业核心竞争力的考量标准。越来越多的企业以此为风向，通过落地 ESG 实践，创造自己的长期价值，赢得竞争先机。

围绕上市公司的 ESG 研究层出不穷，对非上市公司的 ESG 研究却很少见。虽然现阶段上市公司是我国 ESG 实践的主力军，非上市公司发展起步相对较晚，但是非上市公司具备巨大的发展潜力。我国企业数量突破 5000 万家，量大面广，产业链和价值链相互依存，整体规模可观，所有企业在 ESG 实践中迈出一小步，汇聚成一股强大的力量，将推动我国 ESG 发展迈出一大步。

中华环保联合会 ESG 专业委员会是由国内从事企业社会责任、ESG 和可持续发展研究的高等院校、科研机构、认证机构、企事业单位及专家学者发起成立，以促进企业积极履行社会责任、实现可持续高质量发展为使命的公益性社会组织，是作为拥有联合国经济与社会理事会特别咨商地位、联合国环境规划署咨商地位及联合国气候变化大会观察员身份的中华环保联合会在企业可持续发展领域职能的延伸和支撑。为充分发挥中华环保联合会的组织优势，贯彻落实习近平生态文明思想和新发展理念，引导企业加快低碳绿色转型，实现环境、社会与公司治理可持续发展，助力国家推进“双碳”目标发展进程，中华环保联合会 ESG 专业委员会启动 ESG 课题研究，编写《中国企业环境、社会与治理报告（2023）》，以此梳理总结中国企业 ESG 发展现状和典型实践，助力企业实现自身发展与社会进步、环境改善的有机统一。

本项研究是一项持续性研究，旨在持续跟踪企业的 ESG 意识和 ESG 实践，分析企业 ESG 发展的特征，探求企业 ESG 发展与社会其他主体之间的相互作用，通过价值观引领强化企业可持续发展的内生动力。每年开展的 ESG 调查也是一次基线调查，可为未来对中国企业 ESG 实践的持续观测提供基础参照值。

本报告得以顺利面世，主要得益于全国各级生态环境部门、各类环保组织、学术研究机构和广大企业的支持与参与，离不开社会各界的热心支持和帮助，在此表示衷心的感谢。报告编写过程中也得到了中安正道自然科学研究院、中国质量认证中心、财联社政经研究院、中国工业经济联合会碳达峰碳中和促进中心、北京大学环境科学与工程学院、清华大学碳中和研究院、北京师范大学中国公益研究院、北京交通大学碳中和科技与战略研究中心、北京工商大学国际经管学院、中央财经大学绿色金融国际研究院、中国社会科学院工业经济研究所企业管理研究室、北京融智企业社会责任研究院、南方周末中国企业社会责任研究中心、河南省企业社会责任促进中心、北京企业管理咨询协会、全联正道（北京）企业咨询管理有限公司、郑州全联云域大数据科技有限公司等机构和专家学者的指导和帮助，在此深表感谢！

中华环保联合会 ESG 专业委员会

2023 年 9 月

Abstract

Environmental, Social and Governance (ESG) is the core framework of corporate sustainable development, and plays an increasingly important role in promoting green and low-carbon transformation and sustainable development. From the perspective of guiding the sustainable development of corporate ESG, this book carries out research from the aspects of research and analysis, index construction, and typical cases, summarises and refines the ways and means of corporate ESG practices and path models, and provides replicable, referenceable and promotable experiences for corporate ESG development.

The report based on a special investigation conducted by the China Environmental Protection Federation on the ESG status of enterprises nationwide, as well as a wealth of first-hand data and materials obtained from the ESG database of Zhongan Zhengdao Institute of Natural Science Research. It combines public information from relevant departments such as the Ministry of Ecology and Environment and the China Securities Regulatory Commission. The ESG Professional Committee of the Chinese Environmental Protection Federation and the Political and Economic Research Institute of Caixin, in conjunction with the China Quality Certification Center (CQC), constructs an index system and compiles rankings based on the group standard of CEPF's "Guidelines for the Evaluation of Corporate ESG". The report analyzes and summarizes the current status, characteristics, and trends of ESG development in Chinese enterprises.

First of all, based on the macro perspective, we comprehensively sort out the progress of China's ESG ecosystem, measure the ESG development index of China's enterprises, and analyze the problems faced by China's ESG development and put forward development suggestions. Based on the ESG evaluation model of Zhongan

Zhengdao Institute of Natural Science, we select 100 listed companies and 100 non-listed companies with outstanding performance, quantitatively analyze their development status, and summarize the practice highlights of the companies on the list in an all-round way. Secondly, the data is structured and analyzed from three aspects, namely, environment, society and governance, based on the internal and external conditions and stage characteristics of the current ESG practices of enterprises, and the data, charts and cases are combined to sort out, summarize and analyze the progress and development trend of the practices of the enterprises in assuming environmental responsibility, fulfilling social responsibility and perfecting corporate governance. At the same time, it focuses on the participation of enterprises in rural revitalization and the practice of "dual-carbon" action to conduct systematic research, analyze and summarize the practice patterns and development paths of enterprises, and provide reference experiences for reference. In addition, 10 enterprises with sound governance systems, innovative, typical and exemplary ESG practices and outstanding ESG results will be selected as typical cases to summarize their experiences and set up examples for more enterprises to learn from.

The study has found that China's ESG development is entering the fast lane, with the ESG ecosystem initially taking shape and showing trends of localization, standardization, compatibility, digitalization, and specialization. Under the "top-down" policy guidance and market-driven ESG investments, China's corporate ESG development has gradually formed a pattern with state-owned enterprises and listed companies taking the lead, large enterprises as the backbone, and small and medium-sized enterprises following suit. This development stage is characterized by a late start, rapid progress, and an overall upward trajectory, with the highest scores in the social dimension and relatively lower scores in the governance dimension. However, in specific practices, differences are more likely to arise in the social and environmental dimensions.

The report points out that the development of ESG in China is still in its early stages and there is still a certain gap compared to leading international companies. This affects the understanding and implementation efficiency of ESG in Chinese enterprises, primarily manifested in unbalanced and insufficient ESG awareness, unbalanced and insufficient practice entities, and unbalanced and insufficient ESG

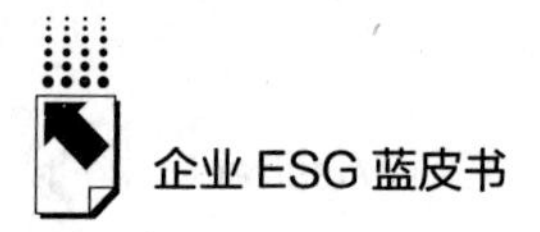

capabilities. Based on the analysis of the problems faced by ESG development in China, the report focuses on addressing the issue of ESG incentive mechanism and proposes relevant recommendations to enhance the understanding of the importance of ESG, promote continuous information disclosure, leverage market mechanisms, and increase policy incentives and support.

Keywords: China Corporate; ESG; Social Value; Environmental Governance; CSR

Contents

Ⅰ General Teport

Abstract: This report comprehensively examines the progress of China's ESG ecosystem from the perspectives of policies, investments, markets, and companies. It quantitatively analyzes the main characteristics, outstanding highlights, and development trends of ESG development by constructing an index system. The study reveals that the social dimension has the highest score, while the governance dimension has a relatively lower score. Qualitative indicators have much higher scores than quantitative indicators. The financial industry demonstrates outstanding performance, state-owned enterprises are leading overall, and the eastern region has a clear advantage. Listed companies also perform well. Based on the analysis of the challenges in China's ESG development, the report puts forward development recommendations to enhance the understanding of the importance of ESG, continuously promote information disclosure, leverage the role of market mechanisms, and increase policy incentives and support.

Keywords: China Corporate; ESG Ecosystem; Index

Ⅱ Evaluate Report

B.2 Analysis of the Top 100 ESG Companies in China (2023)

Zhang Xuejian, *Zhang Guocun* / 031

Abstract: Based on the ESG evaluation model of Zhongan Zhengdao Institute of Natural Sciences, this report analyzes the data on ESG of 100 listed companies and 100 non-listed companies that were selected. It examines the current development status of these companies in terms of ESG. The study reveals that the social indicators have the highest scores, followed by environmental indicators and governance indicators. Differences in the levels of ESG practices among companies are more likely to be observed in the social and environmental dimensions. Specifically, there is not much difference in the hard constraints aspect of environmental indicators, but there are significant differences in the soft constraints aspect. There are noticeable differences in the indicators related to rural revitalization and employee responsibilities, while supply chain management stands out as a highlight. However, there is room for improvement in governance structure and financial performance, and controversies mainly revolve around environmental and governance issues.

Keywords: Unlisted Company; Listed Company; Top 100

Ⅲ Research Reports

B.3 China Corporate Governance Report (2023)

Li Yaping, *Li Enhui* / 051

Abstract: Under the ESG context, corporate governance emphasizes the decision-making structure and management mechanisms of companies. This report primarily analyzes the requirements, current status, and characteristics of corporate governance to conclude that companies are increasingly considering ESG as an important aspect of corporate development. The role of the board of directors in ESG governance is gradually being emphasized, and various measures are being taken to promote compliance management and risk governance. Companies proactively conduct compliance training internally, although there may be relatively less training provided to upstream and downstream companies. The majority of companies have implemented robust anti-bribery and anti-corruption governance mechanisms. However, there is still a need to enhance the importance placed on ESG information disclosure by companies.

Keywords: China Corporate; Corporate governance; ESG

B.4 China Corporate Social Value Report (2023)

Abstract: Under the ESG context, social value emphasizes the relationships between companies and employees, suppliers, communities, customers, and other stakeholders. This report combines relevant policies, research data, and case studies to analyze the findings. It reveals that companies perform well in safeguarding employee rights, promoting employee growth, and providing employee care. Companies also strictly manage product quality and actively conduct customer satisfaction surveys, although the surveys are predominantly conducted by the companies themselves. Charitable donations are the main way for companies to engage in philanthropic activities. Additionally, more and more companies are actively directing their philanthropic activities towards rural areas guided by government policies.

Keywords: China Corporate; Social Value; ESG

B.5 China Corporate Environmental Governance Report (2023)

Li Enhui, *Xu Yanjun* / 094

Abstract: Under the ESG context, environmental governance emphasizes a company's focus on the impact of its business activities on the environment and internal management. This report combines policy background, research data, and case studies to reveal that companies have established dedicated environmental departments and are promoting environmental governance through internal and external collaboration. They have obtained multiple green certifications and have implemented measures such as upgrading and renovating energy-saving equipment, guiding the decarbonization of the supply chain, and advocating green commuting to effectively achieve the "double carbon" goals. Companies actively encourage consumers to engage in green consumption and demonstrate an increasing commitment to ecological conservation.

Keywords: China Corporate; Environmental Governance; ESG

Ⅳ Special Reports

B.6 Special Report on Businesses Promoting Rural Revitalization Practices *Wei Bin*, *Han Mei and Mao Shiwei* / 115

Abstract: Comprehensive rural revitalization is a major historical task aimed at building a socialist modernized country and promoting common prosperity for all people. This report analyzes the current status of corporate participation in rural revitalization and finds that companies are fully leveraging their own resources, technology, and other advantages to attract and cultivate various talents. They are continuously assisting in the revitalization of rural industries, talents, culture, ecology, and organizations. Moreover, they are exploring new ways and models for corporate participation in rural revitalization through innovative approaches.

Keywords: Corporate; Rural Revitalization; Common Prosperity

Abstract: As a key force in achieving China's "30-60" carbon peak and carbon neutrality goals, companies play an important role in achieving the "double carbon" targets. This report, based on methods such as questionnaire surveys and interviews, finds that carbon neutrality is transitioning from a global consensus to diverse actions by businesses. Policy and regulations have the most significant impact on companies, leading to a new trend of establishing specialized institutions. However, the effectiveness of low-carbon transformation in most companies is still unclear, and there are still challenges in their actions, indicating a need to further improve the governance system.

Keywords: Corporate; "Dual carbon" Targets; Operational Practices

V Typical Cases

Abstract: Qinshan Nuclear Power Station, a subsidiary of China Nuclear Power, is jointly constructing the Zhejiang Haiyan Nuclear Energy Heating Demonstration Project with Haiyan County. This project aims to promote the comprehensive utilization of nuclear energy and achieve low-carbon sharing. By utilizing the surplus heat power from the nuclear power units in winter, it provides heat energy to local residents, effectively addressing the heating challenges in southern regions. Additionally, it establishes China's first nuclear energy industrial heating demonstration platform, supplying heat energy to multiple heat-

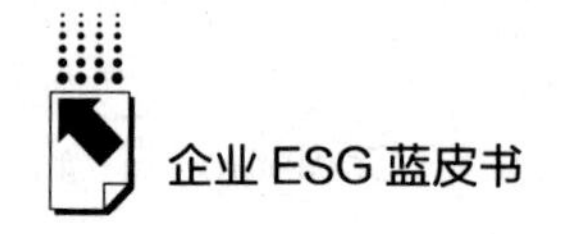

consuming enterprises within the Qinshan Industrial Park. This project aims to drive the diversified development and application of nuclear energy heating, as well as to become a benchmark for centralized nuclear heating demonstration in China.

Keywords: Chinese Nuclear Power; ESG; Nuclear Power For Heating

B.9 Joint Power-supply Efforts to Beautify "Zero-Carbon Scenic Spot", Creating a New Model of Net Carbon Management of Scenic Spots

—Taking State Grid Yangzhou Power Supply Company as an Example

Research Team / 169

Abstract: State Grid Yangzhou Power Supply Company, with the iconic tourism landmark, Slender West Lake Scenic Area in Yangzhou as a pilot, has innovated a net carbon management model for scenic areas. They have developed a carbon emission monitoring system for the Slender West Lake Scenic Area and established a digital platform for carbon neutrality demonstration in the scenic area. This aims to strengthen the foundation of low-carbon management. They have also developed "zero-carbon" tourism routes in the area, creating a practical demonstration of a "zero-carbon scenic area." In collaboration, they have compiled the "White Paper on Carbon Emissions in Slender West Lake Scenic Area, Yangzhou," summarizing low-carbon development practices and achievements. This endeavor injects green vitality into the sustainable development of urban tourism industry.

Keywords: State Grid Yangzhou Power Supply Company; ESG; Net Carbon Management

Abstract: NaaS, through innovative technologies, products, and business models, serves enterprises throughout the entire value chain of new energy. It actively expands into emerging businesses such as energy storage and promotes the greening of the energy source, charging stations, and usage. This enables effective integration of green electricity supply and demand. NaaS also develops and promotes innovative mechanisms for carbon inclusiveness, establishing carbon accounts for charging. This incentivizes users to participate in carbon reduction efforts, thereby supporting the comprehensive development of global transportation energy in a green and low-carbon manner. It continuously drives the transformation of the new energy industry.

Keywords: NaaS; ESG; Green and Low-Carbon

Abstract: Baidu adheres to the belief of "using technology to make the complex world simpler" and employs sustainable development thinking to confront uncertainties and discover new opportunities. By enhancing data governance and safeguarding user privacy and security, Baidu strives to govern platform content and uphold AI ethics. This effort aims to construct a secure, healthy, and diverse internet ecosystem, providing users with more reliable and safe products and

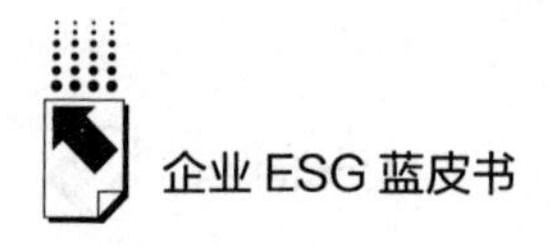

services. Baidu also sets an example, brings innovation, and offers experiences that can be applied and referenced in the industry's security governance.

Keywords: Baidu Group; ESG; Internet Ecosystem

B.12 Think of the Source of Water, be the Mover of the Concept of Sustainable Development

—Taking Nongfu Spring Co., Ltd. as an Example

Research Team / 190

Abstract: Nongfu Spring always regards sustainable development as its foundation. Internally, it continuously improves its social responsibility management, while externally, it adheres to its own corporate characteristics and carries out distinctive ESG practices. It establishes a community for the development of the entire industry chain, aiming to achieve a healthy and sustainable cycle in the food industry. Nongfu Spring emphasizes the management and monitoring of various stages of production and operation, striving to harmonize business operations with natural ecology. It fulfills its corporate social responsibilities by actively creating employment opportunities, promoting the growth of employees, and contributing to rural revitalization, among other efforts.

Keywords: Nongfu Spring; ESG; Sustainable Development

B.13 Creating Value, Serving Society

—Taking Muyuan Foods Co., Ltd. as an Example

Research Team / 202

Abstract: Muyuan focuses on the pork food industry and, based on the company's business and the demands of various stakeholders, has established a "Five Commitments" social responsibility strategy. This strategy revolves around food safety, green and low-carbon initiatives, win-win cooperation, employee care, and social welfare. At the strategic level, Muyuan regulates corporate social responsibility efforts, continuously improves the ESG management system, promotes ESG practices, and enhances economic, ecological, and social benefits in a synchronized manner. Muyuan is committed to comprehensive sustainable development.

Keywords: Muyuan Group; ESG; Social Value

Abstract: Longfor Group adheres to the path of sustainable development and promotes the construction of the ESG system and performance in four aspects: responsibility management, green living, smart cities, and beautiful homes. Longfor improves the corporate ESG governance structure and continuously elevates its ESG governance level. It practices green and low-carbon development concepts, actively addresses climate change, and promotes the development of low-carbon industries. Longfor strives to be environmentally friendly, customer-centric, employee-oriented, and socially responsible, aiming to create a better future through the concept of "doing good".

Keywords: Longfor Group; ESG; Sustainable Development

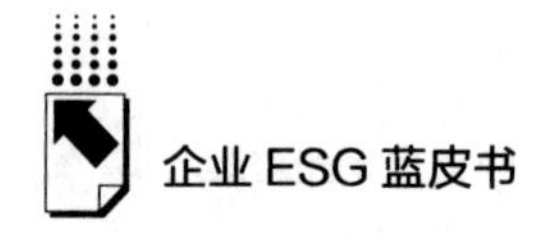

B.15 Abiding by the Principle of Innovation, Creating a New Model of Sustainable Development

—*Taking Zhejiang Zhongnan Construction Group Co. as an Example*

Research Team / 219

Abstract: Zhongnan Group adheres to the development path of "green building" and "digital building" and implements the innovation-driven development strategy. It fully leverages the leadership role of party building and insists on sustainable development. Zhongnan Group constructs a development system that integrates "green management, green production, and green operation," driving green and win-win outcomes across the entire industry chain. The company actively practices the corporate philosophy of "Great Love, Zhongnan" and engages in social welfare activities, demonstrating responsibility and commitment through practical actions.

Keywords: Zhongnan Group; ESG; Sustainable Development

B.16 Committed to Global Sustainable Green Development with Photovoltaic intelligence

—*Taking Trina Solar Co., Ltd. as an Example*

Research Team / 229

Abstract: Trina Solar Power upholds the original vision of "benefiting all mankind with solar energy" and considers ESG and sustainable development concepts as important guarantees for the company's long-term and stable growth. The company takes on more corporate social responsibilities as a corporate citizen. In terms of environmental, social, and corporate governance aspects, Tianhe Solar Power focuses on caring for employees and the planet while fostering win-win cooperation with partners and stakeholders. By contributing solar photovoltaic intelligence, the company is committed to global low-carbon, high-quality, and sustainable development.

Keywords: Trina Solar; ESG; Photovoltaic Intelligence

Abstract: Heilan Group, based on its development journey, is committed to creating a sustainable industrial value ecosystem and pioneering its own path of ESG development. As a leader in the apparel industry, Heilan Group connects the upstream and downstream sectors and comprehensively promotes the green and environmentally friendly industrial revolution. As a participant in industrial Internet construction, Heilan Group actively empowers traditional industries through intelligent transformation, digitalization, green development, and optimization. As a corporate citizen, Heilan Group has established a comprehensive social responsibility management system and gives back to society through various means such as rural revitalization and caring for the elderly, children, and employees.

Keywords: Heilan Group; ESG; Industrial Empowerment

皮 书

智库成果出版与传播平台

❖ 皮书定义 ❖

皮书是对中国与世界发展状况和热点问题进行年度监测，以专业的角度、专家的视野和实证研究方法，针对某一领域或区域现状与发展态势展开分析和预测，具备前沿性、原创性、实证性、连续性、时效性等特点的公开出版物，由一系列权威研究报告组成。

❖ 皮书作者 ❖

皮书系列报告作者以国内外一流研究机构、知名高校等重点智库的研究人员为主，多为相关领域一流专家学者，他们的观点代表了当下学界对中国与世界的现实和未来最高水平的解读与分析。截至 2022 年底，皮书研创机构逾千家，报告作者累计超过 10 万人。

❖ 皮书荣誉 ❖

皮书作为中国社会科学院基础理论研究与应用对策研究融合发展的代表性成果，不仅是哲学社会科学工作者服务中国特色社会主义现代化建设的重要成果，更是助力中国特色新型智库建设、构建中国特色哲学社会科学“三大体系”的重要平台。皮书系列先后被列入“十二五”“十三五”“ 十四五”时期国家重点出版物出版专项规划项目；2013~2023 年，重点皮书列入中国社会科学院国家哲学社会科学创新工程项目。

皮书网

（网址：www.pishu.cn）

发布皮书研创资讯，传播皮书精彩内容
引领皮书出版潮流，打造皮书服务平台

栏目设置

◆关于皮书

何谓皮书、皮书分类、皮书大事记、
皮书荣誉、皮书出版第一人、皮书编辑部

◆最新资讯

通知公告、新闻动态、媒体聚焦、
网站专题、视频直播、下载专区

◆皮书研创

皮书规范、皮书选题、皮书出版、
皮书研究、研创团队

◆皮书评奖评价

指标体系、皮书评价、皮书评奖

◆皮书研究院理事会

理事会章程、理事单位、个人理事、高级
研究员、理事会秘书处、入会指南

所获荣誉

◆2008 年、2011 年、2014 年，皮书网均在全国新闻出版业网站荣誉评选中获得“最具商业价值网站”称号；

◆2012 年，获得“出版业网站百强”称号。

网库合一

2014年，皮书网与皮书数据库端口合一，实现资源共享，搭建智库成果融合创新平台。

皮书网

“皮书说”
微信公众号

皮书微博

权威报告·连续出版·独家资源

皮书数据库

ANNUAL REPORT(YEARBOOK) DATABASE

分析解读当下中国发展变迁的高端智库平台

所获荣誉

- 2020年，入选全国新闻出版深度融合发展创新案例
- 2019年，入选国家新闻出版署数字出版精品遴选推荐计划
- 2016年，入选“十三五”国家重点电子出版物出版规划骨干工程
- 2013年，荣获“中国出版政府奖·网络出版物奖”提名奖
- 连续多年荣获中国数字出版博览会“数字出版·优秀品牌”奖

皮书数据库

“社科数托邦”
微信公众号

成为用户

登录网址www.pishu.com.cn访问皮书数据库网站或下载皮书数据库APP，通过手机号码验证或邮箱验证即可成为皮书数据库用户。

用户福利

- 已注册用户购书后可免费获赠100元皮书数据库充值卡。刮开充值卡涂层获取充值密码，登录并进入“会员中心”—“在线充值”—“充值卡充值”，充值成功即可购买和查看数据库内容。
- 用户福利最终解释权归社会科学文献出版社所有。

社会科学文献出版社 SOCIAL SCIENCES ACADEMIC PRESS (CHINA) 皮书系列
卡号：911537354286
密码：

数据库服务热线：400-008-6695
数据库服务QQ：2475522410
数据库服务邮箱：database@ssap.cn
图书销售热线：010-59367070/7028
图书服务QQ：1265056568
图书服务邮箱：duzhe@ssap.cn

中国社会发展数据库（下设 12 个专题子库）

紧扣人口、政治、外交、法律、教育、医疗卫生、资源环境等 12 个社会发展领域的前沿和热点，全面整合专业著作、智库报告、学术资讯、调研数据等类型资源，帮助用户追踪中国社会发展动态、研究社会发展战略与政策、了解社会热点问题、分析社会发展趋势。

中国经济发展数据库（下设 12 专题子库）

内容涵盖宏观经济、产业经济、工业经济、农业经济、财政金融、房地产经济、城市经济、商业贸易等12个重点经济领域，为把握经济运行态势、洞察经济发展规律、研判经济发展趋势、进行经济调控决策提供参考和依据。

中国行业发展数据库（下设 17 个专题子库）

以中国国民经济行业分类为依据，覆盖金融业、旅游业、交通运输业、能源矿产业、制造业等 100 多个行业，跟踪分析国民经济相关行业市场运行状况和政策导向，汇集行业发展前沿资讯，为投资、从业及各种经济决策提供理论支撑和实践指导。

中国区域发展数据库（下设 4 个专题子库）

对中国特定区域内的经济、社会、文化等领域现状与发展情况进行深度分析和预测，涉及省级行政区、城市群、城市、农村等不同维度，研究层级至县及县以下行政区，为学者研究地方经济社会宏观态势、经验模式、发展案例提供支撑，为地方政府决策提供参考。

中国文化传媒数据库（下设 18 个专题子库）

内容覆盖文化产业、新闻传播、电影娱乐、文学艺术、群众文化、图书情报等 18 个重点研究领域，聚焦文化传媒领域发展前沿、热点话题、行业实践，服务用户的教学科研、文化投资、企业规划等需要。

世界经济与国际关系数据库（下设 6 个专题子库）

整合世界经济、国际政治、世界文化与科技、全球性问题、国际组织与国际法、区域研究 6 大领域研究成果，对世界经济形势、国际形势进行连续性深度分析，对年度热点问题进行专题解读，为研判全球发展趋势提供事实和数据支持。

法律声明

“皮书系列”（含蓝皮书、绿皮书、黄皮书）之品牌由社会科学文献出版社最早使用并持续至今，现已被中国图书行业所熟知。“皮书系列”的相关商标已在国家商标管理部门商标局注册，包括但不限于LOGO（ ）、皮书、Pishu、经济蓝皮书、社会蓝皮书等。“皮书系列”图书的注册商标专用权及封面设计、版式设计的著作权均为社会科学文献出版社所有。未经社会科学文献出版社书面授权许可，任何使用与“皮书系列”图书注册商标、封面设计、版式设计相同或者近似的文字、图形或其组合的行为均系侵权行为。

经作者授权，本书的专有出版权及信息网络传播权等为社会科学文献出版社享有。未经社会科学文献出版社书面授权许可，任何就本书内容的复制、发行或以数字形式进行网络传播的行为均系侵权行为。

社会科学文献出版社将通过法律途径追究上述侵权行为的法律责任，维护自身合法权益。

欢迎社会各界人士对侵犯社会科学文献出版社上述权利的侵权行为进行举报。电话：010-59367121，电子邮箱：fawubu@ssap.cn。

社会科学文献出版社